甲種
危険物取扱者

合格テキスト

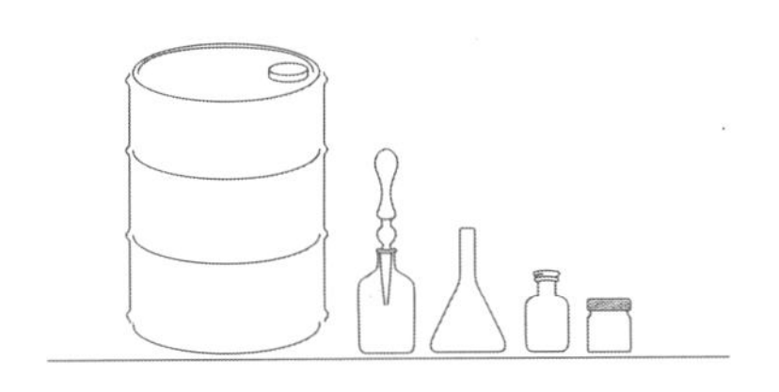

コンデックス情報研究所　編著

成美堂出版

本書の特徴

第１章

この章では、危険物に関する法令として、消防法その他の法令による危険物の定義や、危険物を貯蔵し、または取り扱う施設である製造所等の区分、危険物取扱者制度の概要、製造所等の位置・構造・設備に関する技術上の基準、危険物の貯蔵・取扱いに関する技術上の基準などについて、項目ごとに解説しています。

また、「本試験攻略のポイントはココ！」と題して、過去の出題例に基づいて出題傾向を分析するとともに、例題として、後に続く「こんな問題がでる！」で項目ごとにいくつかの出題パターンを挙げました。

第２章

この章では、物理学及び化学について、甲種試験によくでる内容に重点をおいて解説しています。「計算してみる」などの例や「こんな問題がでる！」などを活用することにより、各項目ごとに確認をしながら学習していく方式です。苦手なテーマは繰り返して取り組み、理解を深めましょう。

物理学では、静電気に関する問題がほぼ毎回出題されており、化学では、化学反応式や有機化合物（官能基）に関する問題、燃焼理論、消火理論の問題がよくでているので、重点的に解説しています。

第３章

この章では、 危険物の性質並びにその火災予防及び消火の方法について、危険物の類ごと、品名ごとの各論としてまとめています。類ごとの性質・特徴をつかんだ後は、物品の表を利用して、各物品のそれぞれの特徴を重点的に覚えていきましょう。

甲種で学ぶ危険物にはどのようなものがあるか、その品名と物品などを具体的な一覧によって示したものが、「甲種で学ぶ危険物一覧表」です。この一覧表をいつも繰り返し見ながら学習をすすめましょう。

模擬試験問題

模擬試験２回分の問題、別冊には解答・解説と解答一覧を掲載しています。マーク・カード方式の解答用紙をコピーして利用し、実際の試験問題を解くつもりで取り組んでみてください。自分の実力をはかるとともに、試験に慣れておくことが大切です。

CONTENTS

CONTENTS

第3章　危険物の性質並びにその火災予防及び消火の方法

Section1 甲種で学ぶ危険物一覧

Section2 類ごとの共通性質の概要

Section3 類ごとの各論

模擬試験問題

甲種危険物取扱者　試験ガイダンス

●危険物取扱者とは

一定数量以上の危険物を貯蔵し、または取り扱う化学工場、ガソリンスタンド、石油貯蔵タンク、タンクローリー等の施設には、危険物を取り扱うために必ず危険物取扱者を置かなければいけません。

●危険物取扱者免状の種類

危険物取扱者は消防法に基づく国家資格です。資格の種類には、甲種、乙種第１類～第６類、丙種があり、甲種はすべての危険物を貯蔵しまたは取り扱うことができます。

免状の種類		取扱いのできる危険物
甲種		全種類の危険物
乙種	第1類	塩素酸塩類、過塩素酸塩類、無機過酸化物、亜塩素酸塩類、臭素酸塩類、硝酸塩類、よう素酸塩類、過マンガン酸塩類、重クロム酸塩類などの酸化性固体
	第2類	硫化りん、赤りん、硫黄、鉄粉、金属粉、マグネシウム、引火性固体などの可燃性固体
	第3類	カリウム、ナトリウム、アルキルアルミニウム、アルキルリチウム、黄りんなどの自然発火性物質及び禁水性物質
	第4類	ガソリン、アルコール類、灯油、軽油、重油、動植物油類などの引火性液体
	第5類	有機過酸化物、硝酸エステル類、ニトロ化合物、アゾ化合物、ヒドロキシルアミンなどの自己反応性物質
	第6類	過塩素酸、過酸化水素、硝酸、ハロゲン間化合物などの酸化性液体
丙種		ガソリン、灯油、軽油、重油など

●試験方法（甲種）

試験時間：2時間30分
試験方法：マーク・カードを使う筆記試験（五肢択一式）
実技試験：なし

●試験科目・合格基準（甲種）

試験科目	問題数
危険物に関する法令	15
物理学及び化学	10
危険物の性質並びにその火災予防及び消火の方法	20

合格基準：試験科目ごとの成績が、それぞれ60%以上の者

●受験資格（甲種）

甲種を受験するためには、次の受験資格が必要となります。

対象者	大学等及び資格詳細	証明書類
〔1〕 大学等において化学に関する学科等を修めて卒業した者	大学、短期大学、高等専門学校、専修学校、高等学校の専攻科、中等教育学校の専攻科、防衛大学校、職業能力開発総合大学校、職業能力開発大学校、職業能力開発短期大学校、外国に所在する大学等	卒業証明書 又は 卒業証書 （学科等の名称が明記されているもの）
〔2〕 大学等において化学に関する授業科目を15単位以上修得した者	大学、短期大学、高等専門学校（高等専門学校にあっては専門科目に限る）、大学院、専修学校 大学、短期大学、高等専門学校の専攻科、防衛大学校、防衛医科大学校、水産大学校、海上保安大学校、気象大学校、職業能力開発総合大学校、職業能力開発大学校、職業能力開発短期大学校、外国に所在する大学等	単位修得証明書 又は 成績証明書 （修得単位が明記されているもの）
〔3〕 乙種危険物取扱者免状を有する者	乙種危険物取扱者免状の交付を受けた後、危険物製造所等における危険物取扱いの実務経験が2年以上の者	乙種危険物取扱者 免状　及び 乙種危険物取扱 実務経験証明書
	次の4種類以上の乙種危険物取扱者免状の交付を受けている者 ○第1類又は第6類 ○第2類又は第4類 ○第3類 ○第5類	乙種危険物取扱者 免状
〔4〕 修士・博士の学位を有する者	修士、博士の学位を授与された者で、化学に関する事項を専攻したもの（外国の同学位も含む。）	学位記等（専攻等の名称が明記されているもの）

●受験の手続き

危険物取扱者試験は、(一財）消防試験研究センターが実施しており、試験に関する業務（願書の受付や試験会場の運営など）は各道府県支部、および東京都の場合は中央試験センターで行われています。

受験地：現住所・勤務地にかかわらず希望する都道府県において受験可能です。
試験日程：都道府県ごとに異なります。

願書・受験案内などの入手先
各道府県：（一財）消防試験研究センター各道府県支部及び関係機関・各消防本部
東京都：（一財）消防試験研究センター本部・中央試験センター・都内の各消防署

受験の申請：書面による各支部への申請のほか、（一財）消防試験研究センターのホームページから行う電子申請が利用可能です。
受験手数料：6,600 円

※試験に関する情報は変わることがありますので、受験する場合には、事前に必ずご自身で試験実施機関などの発表する最新情報をご確認ください。
なお、試験に関する詳細な情報は、試験実施機関の HP 等でご確認ください。

（一財）消防試験研究センター
ホームページ：https: //www.shoubo-shiken.or.jp

※各道府県支部および中央試験センターは、（一財）消防試験研究センターのホームページで確認することができます。

本書は、一般財団法人全国危険物安全協会発行の『危険物取扱必携』に基づき、原則として令和 3 年 4 月時点での情報により編集しています。

第1章 危険物に関する法令

1 消防法上の危険物

ココを押さえる！

消防法上の危険物は、消防法別表第一の品名欄に掲げられている物品で、性質により第１類から第６類に分類されています。それぞれの類の危険物の品名や、類ごとの危険物の性状に関する定義などを覚えておきましょう。

1 各類の危険物の定義と品名

消防法上の危険物は、「（消防法）別表第一の品名欄に掲げる物品で、同表に定める区分に応じ同表の性質欄に掲げる性状を有するもの」と定義されている（消防法第２条第７項）。**消防法別表第一**とは、消防法の条文の末尾に付け加えられている、次ページ（表1）のような表で、この表からもわかるように、危険物は第１類から第６類に分類され、それぞれ異なる性質をもっている。

危険物は、それ自体が燃焼したり、爆発したりする物質だけでなく、他の物質と混在することによって、その物質の燃焼を促進させる物質も含まれている。また、危険物はすべて、**1気圧、20℃**の状態において固体または液体であり、気体は含まれない。

それぞれの危険物の性状は、消防法別表第一の備考に、以下のように類ごとに定義されている。

第1類　酸化性固体：固体で、**酸化力**の潜在的な危険性を判断するための政令で定める試験において政令で定める性状を示すもの、または**衝撃**に対する敏感性を判断するための政令で定める試験において政令で定める性状を示すものをいう。

第2類　可燃性固体：固体で、火炎による**着火**の危険性を判断するための政令で定める試験において政令で定める性状を示すもの、または**引火**の危険性を判断するための政令で定める試験において**引火性**を示すものをいう。

第3類　**自然発火性物質及び禁水性物質**：固体または液体で、空気中での発火の危険性を判断するための政令で定める試験において政令で定める性状を示すもの、または**水**と接触して**発火**し、もしくは**可燃性ガス**を発生する危険性を判断するための政令で定める試験において政令で定める性状を示すものをいう。

第4類　引火性液体：液体で、引火の危険性を判断するための政令で定める試験において**引火性**を示すものをいう。

第5類　自己反応性物質：固体または液体で、**爆発**の危険性を判断するための政令で定める試験において政令で定める性状を示すもの、または**加熱分解**の激しさを判断するための政令で定める試験において政令で定める性状を示すものをいう。

第6類　酸化性液体：液体で、**酸化力**の潜在的な危険性を判断するための政令で定める試験において政令で定める性状を示すものをいう。

● 表1.消防法別表第一の概要

※消防法別表第一の詳細については、「第3章 Section1 甲種で学ぶ危険物一覧 表1.甲種で学ぶ危険物一覧表（p.246～250）」参照。

類　別	性　質	品　　名
第1類	酸化性固体	塩素酸塩類、過塩素酸塩類、無機過酸化物、亜塩素酸塩類、臭素酸塩類、硝酸塩類、よう素酸塩類、過マンガン酸塩類、重クロム酸塩類、その他のもので政令で定めるもの、前各号に掲げるもののいずれかを含有するもの
第2類	可燃性固体	硫化りん、赤りん、硫黄、鉄粉、金属粉、マグネシウム、その他のもので政令で定めるもの、前各号に掲げるもののいずれかを含有するもの、引火性固体
第3類	自然発火性物質及び禁水性物質	カリウム、ナトリウム、アルキルアルミニウム、アルキルリチウム、黄りん、アルカリ金属及びアルカリ土類金属、有機金属化合物、金属の水素化物、金属のりん化物、カルシウムまたはアルミニウムの炭化物、その他のもので政令で定めるもの、前各号に掲げるもののいずれかを含有するもの
第4類	引火性液体	特殊引火物、第一石油類、アルコール類、第二石油類、第三石油類、第四石油類、動植物油類

第5類	自己反応性物質	有機過酸化物、硝酸エステル類、ニトロ化合物、ニトロソ化合物、アゾ化合物、ジアゾ化合物、ヒドラジンの誘導体、ヒドロキシルアミン、ヒドロキシルアミン塩類、その他のもので政令で定めるもの、前各号に掲げるもののいずれかを含有するもの
第6類	酸化性液体	過塩素酸、過酸化水素、硝酸、その他のもので政令で定めるもの、前各号に掲げるもののいずれかを含有するもの

消防法に定める危険物は、1気圧、20℃の状態において固体または液体であり、気体は含まれません。

2 危険物の品名ごとの定義

第2類の危険物のうち、**鉄粉**については、消防法別表第一の備考3に、「鉄粉とは、鉄の粉をいい、粒度等を勘案して総務省令で定めるものを除く」と記されている。「総務省令で定めるもの」については、「危険物の規制に関する規則」第1条の3において、「目開きが**53μm**の網ふるいを通過するものが50%未満のものとする」と定義されており、これに該当するものは、鉄粉であっても危険物には含まれない。鉄粉は粒度が**細かい**ほど危険性が増すので、このように、**細かい粒子を多く含む**ものが危険物とされている。

鉄粉の他に、品名ごとにその性状が定義されている危険物には、以下のものがある。

金属粉（第2類）：アルカリ金属、アルカリ土類金属、鉄及びマグネシウム以外の**金属の粉**で、銅粉、ニッケル粉、目開きが**150μm**の網ふるいを通過するものが50%未満のものを除く。

マグネシウム及びマグネシウムを含有するもの（第2類）：目開きが**2mm**の網ふるいを通過しない塊状のもの、直径が**2mm**以上の棒状のものを除く。

引火性固体（第2類）：**固形アルコール**その他1気圧において引火点が**40℃**未満のものをいう。

特殊引火物（第４類）：ジエチルエーテル、二硫化炭素その他１気圧において発火点が100℃以下のもの、または引火点が－20℃以下で沸点が40℃以下のものをいう。

第一石油類（第４類）：アセトン、ガソリンその他１気圧において引火点が21℃未満のものをいう。

アルコール類（第４類）：１分子を構成する炭素の原子の数が１個から３個までの飽和１価アルコール（変性アルコールを含む）をいい、以下のものを除く。

①１分子を構成する炭素の原子の数が１個から３個までの飽和１価アルコールの含有量が60％未満の水溶液

②可燃性液体量が60％未満であって、引火点及び燃焼点（タグ開放式引火点測定器による燃焼点をいう）がエタノールの60％水溶液の引火点及び燃焼点を超えるもの

第二石油類（第４類）：灯油、軽油その他１気圧において引火点が21℃以上70℃未満のものをいい、塗料類その他の物品であって、可燃性液体量が40％以下で、引火点が40℃以上かつ燃焼点が60℃以上のものを除く。

第三石油類（第４類）：重油、クレオソート油その他１気圧において引火点が70℃以上200℃未満のものをいい、塗料類その他の物品であって、可燃性液体量が40％以下のものを除く。

第四石油類（第４類）：ギヤー油、シリンダー油その他１気圧において引火点が200℃以上250℃未満のものをいい、塗料類その他の物品であって、可燃性液体量が40％以下のものを除く。

動植物油類（第４類）：動物の脂肉等または植物の種子もしくは果肉から抽出したものであって、１気圧において引火点が250℃未満のものをいい、以下のものを除く。

①屋外タンク貯蔵所、屋内タンク貯蔵所、地下タンク貯蔵所において、タンクに加圧しないで常温で貯蔵保管されているもの

②規則に定める容器に、規則に定める表示をし、収納の基準にしたがって収納され、貯蔵保管されているもの

このような、危険物の品名ごとの定義も試験に取り上げられることがあるので、しっかり覚えておきましょう。

本試験攻略のポイントはココ！

甲種危険物取扱者の試験では、危険物の**類別と品名の関係**がよく出題されている。

- **第1類から第6類まで**のすべての類の危険物に関する問題がでる。
- **品名**を見ただけで、その危険物が第何類に属しているかわかるようにしておくことが必要。
- 類ごとや品名ごとの**危険物の定義**に関する出題も多い。

こんな問題がでる！

問題1

消防法別表第一に掲げられる危険物の類別、性質、品名の組合せとして誤っているものは、次のうちのどれか。

1　第1類　—　酸化性固体　—　過塩素酸塩類
2　第2類　—　可燃性固体　—　赤りん
3　第4類　—　引火性液体　—　特殊引火物
4　第5類　—　自己反応性物質　—　ナトリウム
5　第6類　—　酸化性液体　—　過塩素酸

解答・解説

4が誤り。**ナトリウム**は第3類の危険物である。

問題2

次の文の空欄A～Cに当てはまる語句の組合せとして、正しいものは次のうちのどれか。

「自己反応性物質とは、［A］で、［B］の危険性を判断するための政令で定める試験において政令で定める性状を示すもの、または［C］の激しさを判断するための政令で定める試験において政令で定める性状を示すものをいう。」

1　A 固体　B 引火　C 加水分解
2　A 固体または液体　B 爆発　C 加熱分解
3　A 固体　B 爆発　C 加熱分解
4　A 固体または液体　B 発火　C 加熱分解
5　A 固体または液体　B 発火　C 加水分解

解答・解説

2が正しい。

語呂合わせで覚えよう　消防法上の危険物

危険なので、
(危険物)
二重のドアを
(20)　(℃)
固く閉めておきたい
(固体)　(液体)

危険物は、1気圧において、温度20℃で固体または液体の状態にある。

② 指定数量

ココを押さえる！

危険物には、その危険性に応じて指定数量が定められており、指定数量以上の危険物を貯蔵し、または取り扱う場合は、消防法による規制の対象になります。ここでは、指定数量の倍数を求める計算をしっかりマスターしましょう。

1 指定数量

指定数量とは、「危険物についてその危険性を勘案して政令で定める数量」である（消防法第9条の4）。この規定を受けて、危険物の規制に関する政令の別表第三に、指定数量の具体的な数値が定められている（「表2.危険物の指定数量（p.17）」参照）。

指定数量は「危険性を勘案して定める数量」であるから、**危険性が高い危険物ほど少ない値**になっている。指定数量の**単位**は、第4類危険物は**L**、他の類の危険物は**kg**である。

指定数量以上の危険物を貯蔵し、または取り扱う場合は、**消防法による規制**を受ける（p.21参照）。

2 指定数量の倍数

指定数量の**倍数**とは、次の値をいう。

①同一の場所で1種類の危険物を貯蔵し、または取り扱う場合

その危険物の数量を、その危険物の指定数量で割った値。

〔例〕貯蔵所で灯油5,000Lを貯蔵している場合

灯油の指定数量は1,000Lなので、指定数量の倍数は次の式で求められる。

$$指定数量の倍数 = \frac{5000}{1000} = 5$$

この例では、当該貯蔵所において、指定数量の5倍の危険物（灯油）を貯蔵していることになる。

● 表2.危険物の指定数量（危険物の規制に関する政令別表第三）

類別	品名	性質	指定数量
第1類		第1種酸化性固体	50kg
		第2種酸化性固体	300kg
		第3種酸化性固体	1,000kg
第2類	硫化りん		100kg
	赤りん		
	硫黄		
		第1種可燃性固体	
	鉄粉		500kg
		第2種可燃性固体	
	引火性固体		1,000kg
第3類	カリウム		10kg
	ナトリウム		
	アルキルアルミニウム		
	アルキルリチウム		
		第1種自然発火性物質及び禁水性物質	
	黄りん		20kg
		第2種自然発火性物質及び禁水性物質	50kg
		第3種自然発火性物質及び禁水性物質	300kg
第4類	特殊引火物		50L
	第一石油類	非水溶性液体（ガソリン・ベンゼン・トルエン等）	200L
		水溶性液体（アセトン等）	400L
	アルコール類		400L
	第二石油類	非水溶性液体（灯油・軽油・キシレン等）	1,000L
		水溶性液体（酢酸・アクリル酸等）	2,000L
	第三石油類	非水溶性液体（重油・クレオソート油等）	2,000L
		水溶性液体（グリセリン等）	4,000L
	第四石油類		6,000L
	動植物油類		10,000L
第5類		第1種自己反応性物質	10kg
		第2種自己反応性物質	100kg
第6類			300kg

②同一の場所で２種類以上の危険物を貯蔵し、または取り扱う場合

それぞれの危険物の数量を、それぞれの危険物の指定数量で割った値の合計。

〔例〕取扱所でガソリン2,000L、灯油3,000L、重油5,000Lを取り扱っている場合

ガソリンの指定数量は200L、灯油の指定数量は1,000L、重油の指定数量は2,000Lなので、指定数量の倍数は次の式で求められる。

$$\text{指定数量の倍数} = \frac{2000}{200} + \frac{3000}{1000} + \frac{5000}{2000} = 10 + 3 + 2.5 = 15.5$$

この例では、当該取扱所において、指定数量の15.5倍の危険物を取り扱っていることになる。なお、同一の場所で２種類以上の危険物を貯蔵し、または取り扱う場合は、上記の計算方法により求めた指定数量の**倍数が１以上**となる場合に、指定数量以上の危険物を貯蔵し、または取り扱っているものとみなされ、消防法による**規制の対象**になる。

危険物を貯蔵し、または取り扱う場合の規制は指定数量の倍数により異なります。

 本試験攻略のポイントはココ！

指定数量に関する出題例で最も多いのは、同一の場所で２種類以上の危険物を貯蔵し、または取り扱う場合の、**指定数量の倍数**を計算して求める問題である。

●**指定数量**を覚える。

それぞれの危険物の指定数量が問題文に明示されることは少ないため、「表2.危険物の指定数量（p.17）」の第１類から第６類までのすべての指定数量をすべて頭に入れておくことが必要。

●特に、出題頻度が高い**第４類危険物**の指定数量は確実に覚える。

指定数量の単位は、第４類危険物はL、他の類の危険物はkgです。

計算してみる

同一の場所でメタノール1,000Lとガソリン1,000Lを貯蔵している場合、指定数量の倍数はいくつか。

➡ メタノール（アルコール類）の指定数量は400L、ガソリン（第一石油類・非水溶性）の指定数量は200L。

この場合、指定数量の倍数は、

$\frac{1000}{400}+\frac{1000}{200}=2.5+5=7.5$（倍）となる。

こんな問題がでる！

問題 1

同一の場所に次の危険物を貯蔵した場合の指定数量の倍数として、正しいものはどれか。

黄りん………100kg
過酸化水素…3,000kg
重油…………10,000L

1　10倍
2　15倍
3　20倍
4　25倍
5　30倍

解答・解説

3が正しい。指定数量は、黄りんが20kg、過酸化水素が300kg、重油が2,000Lなので、指定数量の倍数は次のように求められる。

$$\frac{100}{20}+\frac{3000}{300}+\frac{10000}{2000}=5+10+5=\mathbf{20}(\text{倍})$$

問題2

指定数量の倍数が最も小さくなる危険物の組合せは、次のうちどれか。

1　灯油3,000L　　ガソリン2,000L
2　灯油3,000L　　重油10,000L
3　灯油3,000L　　軽油3,000L
4　軽油5,000L　　重油8,000L
5　重油10,000L　シリンダー油12,000L

解答・解説

3の組合せが指定数量の倍数が最も小さくなる。指定数量の倍数は、**1**は13、**2**は8、**3**は6、**4**は9、**5**は7となる。

指定数量の倍数は、法令によるさまざまな規制に関係し、倍数が大きいほど規制がきびしくなります。

③ 危険物規制の法令体系

ココを押さえる！

指定数量以上の危険物を貯蔵しまたは取り扱う場合と、指定数量未満の危険物を貯蔵しまたは取り扱う場合、危険物を運搬する場合のそれぞれについて、どのような規制を受けるか覚えましょう。

1 危険物を規制する法令

消防法第10条により、「指定数量以上の危険物は、貯蔵所以外の場所でこれを貯蔵し、または、製造所、貯蔵所及び取扱所以外の場所でこれを取り扱ってはならない」と定められている。このように、消防法には、危険物の規制に関する基本的なことがらが規定され、細かい規定は、**危険物の規制に関する政令**(以下、この章において政令とする)、**危険物の規制に関する規則**(以下、この章において規則とする)、危険物の規制に関する技術上の基準の細目を定める告示(以下、この章において告示とする)等により定められている。

なお、指定数量未満の危険物の貯蔵・取扱いについては、**市町村条例**により規制されている。

危険物の貯蔵・取扱いについては上記の通りであるが、危険物を運搬(p.134参照)する場合は、数量にかかわらず、つまり、指定数量未満であっても、消防法、政令、規則、告示により規制される。

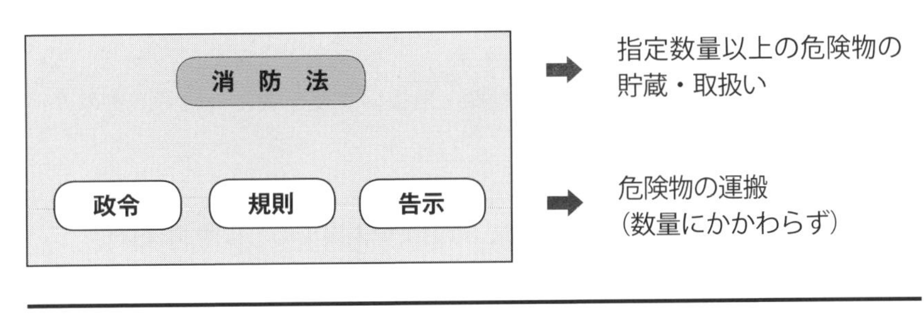

■ 図1.危険物の規制

2 危険物の仮貯蔵・仮取扱い

前述の「指定数量以上の危険物は、貯蔵所以外の場所でこれを貯蔵し、または、製造所、貯蔵所及び取扱所以外の場所でこれを取り扱ってはならない」という**消防法**第10条の規定には例外があり、「ただし、**所轄消防長または消防署長の承認**を受けて指定数量以上の危険物を、**10日以内**の期間、仮に貯蔵し、または取り扱う場合は、この限りでない」とされている。

この規定にしたがって仮貯蔵・仮取扱いの申請を行うことを、仮貯蔵・仮取扱い承認申請という。

本試験攻略のポイントはココ！

指定数量未満の危険物の**貯蔵・取扱い**に対する規制、危険物の**運搬**に関する規制、危険物の**仮貯蔵・仮取扱い**の規定に関する問題がよくでる。

必ず覚える！

①指定数量未満の危険物の貯蔵・取扱いを規制するのは市町村条例。
②危険物の運搬については、数量にかかわらず消防法等により規制される。
③指定数量以上の危険物の仮貯蔵・仮取扱いには、所轄消防長または消防署長の承認が必要。仮貯蔵・仮取扱いの期間は10日以内。

こんな問題がでる！

問題1

指定数量未満の危険物の貯蔵・取扱い及び運搬について、次のうち正しいものはどれか。

1 貯蔵・取扱いについては、指定数量未満であれば規制はない。
2 運搬については、指定数量未満であれば規制はない。
3 運搬については、市町村条例により規制される。
4 貯蔵・取扱い、運搬のすべてについて、市町村条例により規制される。
5 運搬については、数量にかかわらず消防法等により規制される。

解答・解説

5が正しい。**指定数量未満の危険物の貯蔵・取扱いは、市町村条例により規制される。運搬については、数量にかかわらず消防法等**により規制される。

問題2

次の文の(　)内のA～Dに当てはまる語句の組合せとして、正しいものはどれか。

「(A)以上の危険物は、貯蔵所以外の場所でこれを貯蔵し、または、(B)、貯蔵所及び取扱所以外の場所でこれを取り扱ってはならない。ただし、(C)または消防署長の承認を受けて指定数量以上の危険物を、10日以内の期間、(D)または取り扱う場合は、この限りでない。」

	A	B	C	D
1	指定数量	製造所	所轄消防長	仮に貯蔵し
2	指定数量	仮使用所	所轄消防長	仮に使用し
3	100L	製造所	所轄消防長	仮に貯蔵し
4	100L	仮使用所	都道府県知事	仮に使用し
5	指定数量	製造所	都道府県知事	仮に貯蔵し

解答・解説

1が正しい。**指定数量以上の危険物の仮貯蔵・仮取扱いの承認を行うのは、所轄消防長または消防署長である。**

語呂合わせで覚えよう　危険物の仮貯蔵・仮取扱い

草ぼうぼうのショボい庭、
（消防長、または消防署長）

刈り取りますから
（仮取扱い）

どうか見ないで！
（10日）　（以内）

消防長または消防署長の承認を受けて10日以内の期間に限り、指定数量以上の危険物を、製造所等以外で仮に貯蔵し、または取り扱うことができる。

4 製造所等の区分

ココを押さえる！

指定数量以上の危険物を貯蔵し、または取り扱う施設には、製造所、貯蔵所、取扱所があり、それらをまとめて製造所等といいます。そのうち、販売取扱所、屋外貯蔵所については、特に出題例が多いのでしっかり覚えましょう。

1 製造所等の区分

指定数量以上の危険物を貯蔵し、または取り扱う施設には、**製造所**、**貯蔵所**、**取扱所**の３種類がある。危険物に関する法令においては、これらをまとめて**製造所等**という。したがって、試験の問題文に「製造所等」と書かれている場合は、製造所、貯蔵所、取扱所の３種類すべてをさしている。

製造所は、**指定数量以上**の危険物を**製造**する施設で、石油精製工場などがこれに相当する。貯蔵所、取扱所には、さらに細かい区分があり、貯蔵所は７種類、取扱所は４種類に区分されている（「表3.製造所等の区分(p.25)」参照）。

貯蔵所のうち、やや特殊なのは**移動タンク貯蔵所**で、「車両に固定されたタンクにおいて危険物を貯蔵し、または取り扱う貯蔵所」と定義されている。いわゆる**タンクローリー**がこれに相当する。

屋外貯蔵所は、「屋外の場所において危険物を貯蔵し、または取り扱う貯蔵所」であるが、貯蔵し、または取り扱うことができる危険物は、以下のものに限られる。

- **第２類**の危険物のうち、①**硫黄**、②**硫黄**のみを含有するもの、③引火性固体（引火点が**0℃以上**のものに限る）
- **第４類**の危険物のうち、①第一石油類（引火点が**0℃以上**のものに限る）、②アルコール類、③第二石油類、④第三石油類、⑤第四石油類、⑥動植物油類

第４類の危険物のうち、屋外貯蔵所で貯蔵し、または取り扱うことができないのは、引火点が0℃未満の第一石油類と、特殊引火物です。

● **表３.製造所等の区分**

製造所		危険物を製造する施設
貯蔵所	屋内貯蔵所	屋内の場所において危険物を貯蔵し、または取り扱う施設
	屋外タンク貯蔵所	屋外にあるタンクにおいて危険物を貯蔵し、または取り扱う施設
	屋内タンク貯蔵所	屋内にあるタンクにおいて危険物を貯蔵し、または取り扱う施設
	地下タンク貯蔵所	地盤面下に埋没されているタンクにおいて危険物を貯蔵し、または取り扱う施設
	簡易タンク貯蔵所	簡易タンクにおいて危険物を貯蔵し、または取り扱う施設
	移動タンク貯蔵所	車両に固定されたタンクにおいて危険物を貯蔵し、または取り扱う施設
	屋外貯蔵所	屋外の場所において危険物を貯蔵し、または取り扱う施設
取扱所	給油取扱所	給油設備によって自動車等の燃料タンクに直接給油するため危険物を取り扱う施設
	販売取扱所	店舗において容器入りのままで販売するため危険物を取り扱う施設※
	移送取扱所	配管及びポンプ並びにこれらに附属する設備によって危険物を移送する施設
	一般取扱所	給油取扱所・販売取扱所・移送取扱所以外で、危険物を取り扱う施設

※指定数量の倍数が**15以下の第一種販売取扱所**と、**15を超え40以下の第二種販売取扱所**がある。

取扱所のうち、**給油取扱所**は、**ガソリンスタンド**等の給油所、**販売取扱所**は塗料などの容器入りの危険物を販売する店舗、**移送取扱所**は、主に、石油を移送するパイプラインのことである。

販売取扱所は、取り扱う危険物の指定数量の倍数によって、**第一種販売取扱所**と**第二種販売取扱所**に分かれる(表３参照)。

一般取扱所は、給油取扱所、販売取扱所、移送取扱所に分類されないすべての取扱所のことである。たとえば、塗装その他の作業のために危険物を使用する作業所や、ボイラー、バーナー等の燃料として危険物を使用する施設などで、指定数量以上の危険物を取り扱うものが一般取扱所に該当する。

2 危険物の数量に上限がある製造所等

屋内タンク貯蔵所、簡易タンク貯蔵所、移動タンク貯蔵所については、貯蔵し、または取り扱うことができる危険物の**数量に上限**が定められている。

屋内タンク貯蔵所：屋内貯蔵タンクの容量は、指定数量の40倍以下。第四石油類及び動植物油類以外の第4類の危険物は、当該数量が20,000Lを超えるときは、20,000L以下(p.85参照)。

簡易タンク貯蔵所：簡易貯蔵タンクの容量は、600L以下。1つの簡易タンク貯蔵所に設置する簡易貯蔵タンクは3基以内(p.91参照)。

移動タンク貯蔵所：移動貯蔵タンクの容量は、30,000L以下(p.93参照)。

本試験攻略のポイントはココ！

●製造所等の定義を押さえる。
特に、第一種販売取扱所、第二種販売取扱所についてはよく出題されている。
●危険物のうち、屋外貯蔵所で貯蔵し、または取り扱うことができるものとそうでないものを判別する問題もよくでる。

こんな問題がでる！

問題1

製造所等に関する記述として、次のうち正しいものはどれか。

1 屋内貯蔵所とは、屋内にあるタンクにおいて危険物を貯蔵し、または取り扱う施設をいう。
2 屋外貯蔵所とは、屋外にあるタンクにおいて危険物を貯蔵し、または取り扱う施設をいう。

3　移送取扱所とは、車両に固定されたタンクにおいて危険物を貯蔵し、または取り扱う施設をいう。
4　一般取扱所とは、給油設備によって自動車等の燃料タンクに直接給油するため危険物を取り扱う施設をいう。
5　第一種販売取扱所とは、店舗において容器入りのままで販売するため、指定数量の倍数が15以下の危険物を取り扱う施設をいう。

解答・解説

5が正しい。**1**は屋内タンク貯蔵所、**2**は屋外タンク貯蔵所、**3**は移動タンク貯蔵所、**4**は給油取扱所に関する記述である。

問題2

次の文の(　)内のAに当てはまる語句として、正しいものはどれか。

「店舗において容器入りのままで販売するため危険物を取り扱う取扱所で、指定数量の倍数が(Ａ)のものは第二種販売取扱所という。」

1　10以下　　2　15以下　　3　10を超え40以下
4　15を超え40以下　　5　15を超え60以下

解答・解説

4が正しい。

問題3

屋外貯蔵所において貯蔵し、または取り扱うことができる危険物の組合せとして、正しいものは次のうちどれか。

1　ガソリン　灯油　　2　ガソリン　軽油
3　エタノール　硫黄　　4　エタノール　ガソリン
5　エタノール　硝酸

解答・解説

3が正しい。**ガソリン**は、第4類のうち引火点が0℃未満の第一石油類、**硝酸**は第6類の危険物で、どちらも屋外貯蔵所において貯蔵・取扱いができない。

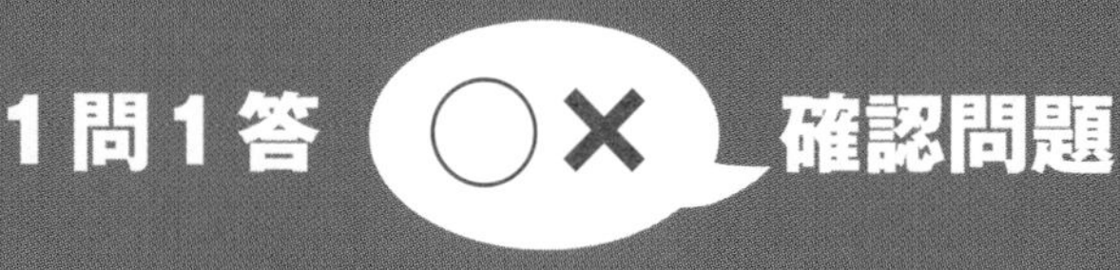

次の問題の内容が正しければ○、誤っていれば×で答えなさい。

	問　題	チェック
消防法上の危険物	1. 黄りん、赤りんは、ともに第2類の危険物である。	
	2. 引火性固体とは、固形アルコールその他1気圧において引火点が40℃未満のものをいう。	
指定数量	3. 同一の場所でガソリン1,000L、灯油2,000Lを貯蔵する場合、指定数量の倍数は7である。	
危険物規制の法令体系	4. 指定数量未満の危険物の貯蔵・取扱いについては特に規制はなく、自由に貯蔵し、取り扱うことができる。	
	5. 指定数量以上の危険物の、製造所等以外の場所での仮貯蔵・仮取扱いには、都道府県知事の認可が必要である。	
製造所等の区分	6. 第二種販売取扱所とは、店舗において容器入りのままで販売するため、指定数量の倍数が15以下の危険物を取り扱う施設をいう。	
	7. ガソリンは、屋外貯蔵所に貯蔵することができない。	

〔解答・解説〕

1.× 赤りんは第2類、黄りんは第3類の危険物である。　2.○　3.○　4.× 指定数量未満の危険物の貯蔵・取扱いについては、**市町村条例**により規制されている。　5.× 危険物の仮貯蔵・仮取扱いには、**消防長または消防署長の承認**が必要である。　6.× 第二種販売取扱所は、指定数量の倍数が**15を超え40**以下の販売取扱所である。　7.○

5 製造所等の設置・変更許可

ココを押さえる！

製造所等を設置、または変更する場合の手続きの流れを覚えましょう。製造所等の一部を変更する場合、変更工事に関係しない部分は、承認を受けて仮使用することができます。仮使用の承認申請が可能になる条件を押さえておきましょう。

1 製造所等の設置・変更許可

指定数量以上の危険物を貯蔵し、または取り扱うために製造所等を**設置**しようとする者は、**市町村長等**に申請し、**許可**を受けなければならない。製造所等の位置、**構造**または**設備**を**変更**しようとする場合も同様である。

これらの場合、許可を受けるまでは設置・変更の工事に着工してはならない。また、許可を受けて工事が完了したときは、市町村長等が行う**完成検査**を受けなければならない。

許可申請から使用開始までの流れは、次の図のようになる。

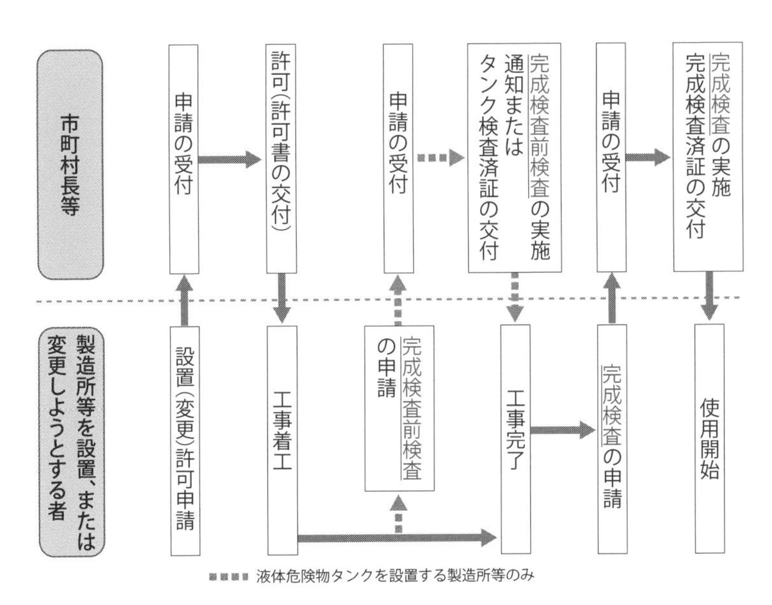

■ **図2.許可申請から使用開始までの流れ**

申請を受けて、製造所等の設置・変更の許可を与える者を**許可権者**という。製造所等の区分と設置場所により、市町村長、都道府県知事、総務大臣のいずれかが許可権者となる（次表参照）。消防法では、これらの許可権者をまとめて「**市町村長等**」と称している。

● 表4. 製造所等の設置場所と許可権者

	設置場所	許可権者
移送取扱所以外の製造所等	消防本部及び消防署を設置している市町村の区域	その区域を管轄する市町村長
	消防本部及び消防署を設置していない市町村の区域	その区域を管轄する都道府県知事
移送取扱所	消防本部及び消防署を設置している1つの市町村の区域	その区域を管轄する市町村長
	消防本部及び消防署を設置していない市町村の区域	その区域を管轄する都道府県知事
	2つ以上の市町村の区域にまたがっている場合	
	2つ以上の都道府県の区域にまたがっている場合	総務大臣

2 製造所等の仮使用

製造所等の位置、構造または設備を変更する場合において、その製造所等のうち、変更の工事に係る部分以外の部分の全部または一部について、市町村長等の**承認**を受けたときは、完成検査を受ける前においても、仮に、承認を受けた部分を使用することができる。

製造所等の一部のみを変更する場合に、その工事が終わり、完成検査を受けるまでの間、製造所等全体が使用できなくなるのでは、営業、操業等に支障をきたしてしまうので、このように、変更に関係しない部分については、承認を受けることにより**仮使用**が認められる。たとえば、給油取扱所の事務所の変更許可を受けて工事を行う場合、承認を受けて、工事に関係しない部分を使用しながら営業を続けることができる。

仮使用が認められるのは、製造所等の一部を変更する工事の場合だけで、製造所等を全面的に変更する場合や、製造所等を新たに設置する場合は、仮使用の承認申請はできません。

本試験攻略のポイントはココ！

製造所等の設置・変更については、許可申請から使用開始までの流れをよく理解しておく。

●順序を覚える。

許可申請→**許可書交付**→工事着工→工事完了→完成検査申請→**完成検査**→完成検査済証交付→使用開始

また、**液体危険物のタンク**がある施設の場合は、工事完了の前に**完成検査前検査**がある。

したがって、問題の選択肢に、「工事着工後に許可を申請した」というような、前述の順序に一致しない記述がある場合、その選択肢は誤りである。

●製造所等の**仮使用**に関する出題も多い。

選択肢の文を読んで、仮使用が認められるケースか否かの判断を求める問題がよくでる。

必ず覚える！

●製造所等を設置・変更する場合の手続き

①工事着工前に許可を受ける。

②許可権者は市町村長等。

③工事終了後、使用開始前に完成検査を受ける。

容量が指定数量以上の液体危険物タンクがある施設の設置・変更の場合、完成検査を受ける前に、完成検査前検査を受けなければなりません。

こんな問題がでる！

問題1

製造所等の位置、構造及び設備を変更する場合の手続きとして、次のうち正しいものはどれか。

1 変更工事を開始する10日前までに、市町村長等に届け出る。
2 所轄消防長または消防署長の許可を受けてから、変更工事を開始する。
3 市町村長等の承認を受けてから、変更工事を開始する。
4 工事完了後に、市町村長等が行う完成検査を受ける。
5 工事完了後に、市町村長等に届け出る。

解答・解説

4が正しい。変更工事を行う前に、**市町村長等**に申請して**許可**を受けなければならない。工事完了後には、市町村長等が行う**完成検査**を受ける。

問題2

製造所等の設置から使用開始までの手続きとして、次のうち誤っているものはどれか。

1 第4類の危険物の屋内貯蔵所を設置する場合は、完成検査前検査を受けなければならない。
2 製造所等を設置する場合は、市町村長等の許可を受けなければならない。
3 製造所等を設置した場合は、完成検査を受けなければならない。
4 第4類の危険物の屋外タンク貯蔵所を設置する場合は、完成検査前検査を受けなければならない。
5 製造所等を設置する場合は、仮使用の承認を受けることはできない。

解答・解説

1が誤り。完成検査前検査が必要なのは、液体危険物の**タンク**がある施設である。

問題3

製造所等の仮使用について、次のうち正しいものはどれか。

1 屋内タンク貯蔵所を設置し、完成検査を受ける前に所轄消防長に仮使用を申請した。
2 屋内タンク貯蔵所を設置し、完成検査を受ける前に市町村長等に仮使用を申請した。
3 屋内タンク貯蔵所の一部が完成検査で不合格となったので、合格した部分についてのみ仮使用を申請した。
4 給油取扱所の全部について変更の許可を受けて工事中であるが、すでに完成し、完成検査前検査に合格している部分についてのみ仮使用を申請した。
5 給油取扱所の一部について変更の許可を受けて工事中であるが、変更に関係しない部分についてのみ仮使用を申請した。

解答・解説

5が正しい。製造所等の**一部**を変更する工事の場合、変更の工事に係る部分以外の部分について、**市町村長等**の承認を受けたときに仮使用ができる。製造所等の全部を変更する場合や、製造所等を新たに設置する場合は、仮使用の承認申請はできない。

重要用語を覚えよう

仮使用

仮使用とは、工事中の製造所等のうち、工事に関係しない部分を仮に使用することである。

仮使用には市町村長等の承認が必要。期間は、工事が完了するまでの間。

6 各種申請・届出

ココを押さえる！

消防法により定められている危険物関係の行政上の手続きにおいては、許可、承認、検査、認可の申請が必要な場合と、届出が必要な場合があります。どんな場合にどのような手続きが必要なのか、しっかり覚えましょう。

1 各種届出手続き

消防法により定められている危険物関係の行政上の手続きのうち、行政機関への届出が必要な場合についてまとめると、次表のようになる。

● 表5. 消防法で定められている各種届出手続き

届出項目	届出を行う人	届出の時期	届出先
製造所等の譲渡、または引渡しがあったとき	譲受人、または引渡しを受けた者	遅滞なく	市町村長等
製造所等の位置、構造、または設備を変更しないで、その製造所等において貯蔵し、または取り扱う危険物の品名、数量、または指定数量の倍数を変更しようとするとき	変更しようとする者	変更しようとする日の**10**日前までに	市町村長等
製造所等の用途を廃止したとき	製造所等の所有者、管理者、または占有者	遅滞なく	市町村長等
危険物保安統括管理者（p.48参照）を選任、または解任したとき	製造所等の所有者、管理者、または占有者	遅滞なく	市町村長等
危険物保安監督者（p.49参照）を選任、または解任したとき	製造所等の所有者、管理者、または占有者	遅滞なく	市町村長等

届出が必要なのは、「製造所等の譲渡または引渡し」「危険物の品名、数量または指定数量の倍数の変更」「製造所等の用途の廃止」「危険物保安統括管理者の選任・解任」「危険物保安監督者の選任・解任」を行う場合で、**届出先**はすべて「市町村長等」、**届出の時期**は、「危険物の品名、数量または指定数量の倍数の変更」の場合のみ「**10**日前まで」、その他は「遅滞なく」とされている。

なお、製造所等の位置、構造、または設備を変更し、同時に、その製造所等において貯蔵し、または取り扱う危険物の品名、数量または指定数量の倍数の変更を行う場合は、届出ではなく、製造所等の変更の**許可**を申請しなければならない(p.29参照)。

届出は、届け出るだけで手続きが済むので、許可や承認、検査などの申請にくらべると簡単な手続きといえます。

製造所等の設置・変更(p.29)	⇒	市町村長等	に	許可	の申請を行う。
製造所等の仮使用(p.30)	⇒	市町村長等	に	承認	の申請を行う。
危険物の仮貯蔵・仮取扱い(p.22)	⇒	所轄消防長または消防署長	に	承認	の申請を行う。
完成検査(p.29) 完成検査前検査(p.29) 保安検査(p.64)	⇒	市町村長等	に	検査	の申請を行う。
予防規程の作成・変更(p.56)	⇒	市町村長等	に	認可	の申請を行う。
製造所等の譲渡・引渡し(p.34) 危険物の品名、数量、または指定数量の倍数の変更(p.34) 製造所等の用途の廃止(p.34) 危険物保安統括管理者の選任・解任(p.34、48) 危険物保安監督者の選任・解任(p.34、49)	⇒	市町村長等	に	届出	を行う。

■ **図3.消防法上の各種手続き**

各種手続きのなかで、
危険物の仮貯蔵・仮取扱い→消防長または消防署長へ承認の申請
予防規程の作成・変更→市町村長等へ認可の申請

 本試験攻略のポイントはココ！

消防法に定められている危険物関係の手続きの概要は、「図3.消防法上の各種手続き(p.35)」に示した通りである。

- **正しい手続き**について記述したものを選ぶ問題、必要な手続きが「**届出**」であるものを選ぶ問題などが出題されている。
- 届出の手続きのうち、「危険物の品名、数量または指定数量の倍数の変更」については「10日前までに」、つまり、**事前に届け出なければならない**ことにも注意する。

 **必ず覚える！**

①仮貯蔵・仮取扱いの承認の申請先は「所轄消防長または消防署長」。その他の手続きの申請先は「市町村長等」。
②危険物の品名、数量または指定数量の倍数の変更の届出は「10日前までに」行う。その他の届出は「遅滞なく」。

 **こんな問題がでる！**

問題1

消防法に定められている危険物関係の手続きとして、次のうち誤っているものはどれか。

1　製造所等の位置、構造または設備を変更しようとする場合は、市町村長等に変更の許可を申請する。
2　製造所等以外の場所で、指定数量以上の危険物を仮に貯蔵し、または取り扱う場合は、所轄消防長または消防署長に承認を申請する。

3　製造所等の変更工事に係る部分以外の部分を、完成検査前に仮に使用する場合は、市町村長等に承認を申請する。

4　製造所等において、予防規程の内容を変更する場合は、市町村長等に届け出る。

5　製造所等の位置、構造または設備を変更しないで、貯蔵する危険物の品名を変更する場合は、市町村長等に届け出る。

解答・解説

4が誤り。製造所等において、予防規程の内容を変更する場合は、市町村長等に**認可**を申請する。

問題2

消防法に定められている手続きが、市町村長等への「届出」であるものは、次のうちどれか。

1　製造所等において定期点検を行うとき。

2　製造所等の位置、構造または設備を変更するとき。

3　危険物保安監督者を選任したとき。

4　製造所等以外の場所で指定数量以上の危険物を仮に貯蔵するとき。

5　製造所等の変更工事の際に、変更の工事に係る部分以外の部分を仮に使用するとき。

解答・解説

3が該当する。定期点検については届出の義務はなく、点検記録を作成して一定期間保存することが義務づけられている(p.62参照)。**2**は市町村長等に変更の許可を申請、**4**は所轄消防長または消防署長に承認を申請、**5**は市町村長等に承認を申請するのが正しい手続き。

問題3

法令上、あらかじめ市町村長等に届け出なければならないのは、次のうちどれか。

1　製造所等の用途を廃止したとき。

2　製造所等の位置、構造または設備を変更しないで、貯蔵する危険物の品名を変更するとき。

3　製造所等の譲渡を受けたとき。

4　危険物保安監督者を定めなければならない製造所等において、危険物保安監督者を定めたとき。

5　危険物施設保安員を定めなければならない製造所等において、危険物施設保安員を定めたとき。

解答・解説

2が該当する。**1**、**3**、**4**は、市町村長等に「遅滞なく」届け出ればよく、**5**については届出の義務はない。**2**は、品名を変更しようとする日の**10日前**までに届け出なければならず、問題文の「あらかじめ」という条件に一致する。

語呂合わせで覚えよう

消防法で定められた届出手続き

名前変えるときとか、
（品名）（変更するとき）（10日）

前もってしらせてよね！
（前までに）（届出）

製造所等で貯蔵し、または取り扱う危険物の品名、数量、指定数量の倍数を変更するときは、10日前までに市町村長等に届け出なければならない。

⑦ 危険物取扱者制度

ココを押さえる！

甲種、乙種、丙種の危険物取扱者の違いをよく確認しておきましょう。

免状の書換え、再交付の手続きについては、出題例が多いので、しっかり覚えておきましょう。

1 危険物取扱者制度の概要

危険物取扱者とは、都道府県知事が行う危険物取扱者試験に合格し、危険物取扱者免状の交付を受けた者をいう。免状は、甲種、乙種、丙種の３種類に区分されており、それぞれの免状の交付を受けた者を、甲種危険物取扱者、乙種危険物取扱者、丙種危険物取扱者という。乙種危険物取扱者の免状は、第１類から第６類に分かれている。

危険物取扱者は、製造所等において、免状の種類に応じて定められた危険物を取り扱うことができる。また、製造所等において、危険物取扱者以外の者が危険物を取り扱う場合は、甲種危険物取扱者または乙種危険物取扱者が立ち会わなければならない。したがって、**製造所等には必ず危険物取扱者**を置かなければならない。

- 甲種危険物取扱者は、第１類から第６類までの**すべての類**の危険物の取扱いと立会いができる。
- 乙種危険物取扱者は、**免状を取得**した類の危険物のみ、取扱いと立会いができる。
- 丙種危険物取扱者は、第４類の危険物のうち、以下の危険物のみを取り扱うことができるが、**立会いはできない**。

丙種危険物取扱者が取り扱える危険物：ガソリン、灯油、軽油、第三石油類（重油、潤滑油及び引火点が130℃以上のものに限る）、第四石油類、動植物油類

製造所等には、その区分や規模に応じて、危険物保安統括管理者、危険物保安監督者、危険物施設保安員を置かなければならない場合がある（p.48～51

参照)。このうち、**危険物保安監督者**に選任することができるのは、甲種、または乙種の危険物取扱者で、6か月以上の危険物取扱いの**実務経験**を有する者に限られる。危険物保安統括管理者、危険物施設保安員については、資格等の要件は特に定められていない。

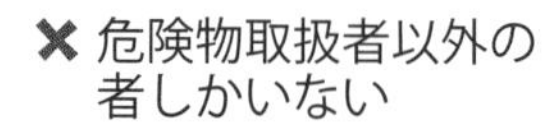

✕ 丙種危険物取扱者が
立ち会っている

○ 乙種第4類の免状を有する
危険物取扱者が立ち会っている

○ 甲種危険物取扱者が
立ち会っている

■ **図4. 危険物取扱者以外の者が第4類の危険物を取り扱う場合**

2 危険物取扱者免状

危険物取扱者免状は、危険物取扱者試験に合格した者に対し、**都道府県知事**が交付する。免状の交付を受けようとする者は、申請書に必要な書類を添えて、試験を行った都道府県知事に提出しなければならない。免状は、交付を受けた都道府県だけでなく、全国どこでも有効である。

免状の書換え、再交付については、以下のように定められている。

免状の書換え:次の場合は、免状の書換えを**申請しなければならない**。

①免状の記載事項(氏名、本籍地等)に変更を生じたとき

②免状に添付された写真が、撮影から10年を超える前

免状の書換えは、免状を**交付した都道府県知事**、または、**居住地**もしくは**勤務地**の都道府県知事に申請する。

免状の再交付:次の場合、免状の再交付を**申請することができる**。

①免状を亡失、滅失したとき

②免状を汚損、破損したとき（この場合は、申請書に汚損、破損した免状を添えて提出しなければならない）

免状の再交付は、免状を交付または書換えした都道府県知事に申請する。亡失した免状を発見した場合は、10日以内に免状の再交付を受けた都道府県知事に提出しなければならない。

本試験攻略のポイントはココ！

●危険物保安監督者（p.40、49参照）の選任要件にかかわる問題がよくでる。

●危険物取扱者免状の書換え、再交付の手続きの内容を押さえる。

必ず覚える！

①免状の書換えの申請先は、免状を交付した都道府県知事、または、居住地もしくは勤務地の都道府県知事。

②免状の再交付の申請先は、免状を交付または書換えした都道府県知事。

こんな問題がでる！

問題 1

危険物取扱者について、次のうち正しいものはどれか。

1　甲種危険物取扱者は、危険物の取扱作業の実務経験がなくても、危険物保安監督者になることができる。

2　乙種第4類の免状を有する危険物取扱者が立ち会えば、危険物取扱者以外の者が他類の危険物を取り扱うことができる。

3　甲種危険物取扱者が立ち会えば、危険物取扱者以外の者でもすべての類の危険物を取り扱うことができる。

4　丙種危険物取扱者は、取扱いができる危険物については、立会いもできる。

5　危険物施設保安員が危険物を取り扱う場合は、危険物取扱者の立会いは必要としない。

解答・解説

3が正しい。**危険物施設保安員**は、危険物取扱者でない場合もあるので、**5**は誤り。

問題2

危険物取扱者免状について、次のうち誤っているものはどれか。

1　免状を亡失した者が再交付を受けようとするときは、亡失した日から10日以内に申請しなければならない。
2　免状の記載事項に変更を生じた場合は、書換えを申請しなければならない。
3　免状を汚損した場合は、その免状の交付または書換えをした都道府県知事に、再交付を申請することができる。
4　免状は、交付を受けた都道府県だけでなく、全国で有効である。
5　免状を亡失して再交付を受けてから、亡失した免状を発見した場合は、10日以内に免状の再交付を受けた都道府県知事に提出しなければならない。

解答・解説

1が誤り。免状を亡失したときには**再交付**を受けることができるが、再交付の申請が義務づけられているわけではなく、期限もない。また、再交付を受けないまま一定期間がすぎても、資格が取り消されることはない。

語呂合わせで覚えよう　危険物の取扱作業の立会い

ヘイ！ キミたち。
(丙)　(立)

愛してはイケナイ！
(会い)　(できない)

丙種危険物取扱者は、危険物取扱者以外の者が行う危険物の取扱作業の立会いはできない。

8 保安講習

ココを押さえる！

製造所等において危険物の取扱作業に従事する危険物取扱者には、都道府県知事等が行う保安講習を受けることが義務づけられています。保安講習については、受講義務と受講期限を押さえておきましょう。

1 保安講習の受講義務

製造所等において**危険物の取扱作業に従事する危険物取扱者は、定められた期間**ごとに、都道府県知事等が行う危険物の取扱作業の保安に関する講習（以下、**保安講習**とする）を受けなければならない。

危険物取扱者の免状を取得していても、危険物の取扱作業に従事していない者は、保安講習を受講する義務はない。保安講習は、免状を交付した都道府県だけでなく、全国どこでも受講できる。

保安講習を受ける時期については、以下のように定められている。

①危険物の取扱作業に従事することになった日から**1年以内**。

②危険物の取扱作業に従事することになった日の前**2年以内**に危険物取扱者免状の交付を受けている場合、または**講習を受けている場合は**、免状の交付**を受けた日**、または**講習を受けた日**以後における最初の4月1日から**3年以内**。

③**継続**して危険物の取扱作業に従事している場合は、前回に**講習を受けた日**以後における最初の4月1日から**3年以内**。

つまり、危険物の取扱作業に**従事している間**は、ほぼ**3**年に1度、保安講習を受けなければならない。危険物の取扱作業に従事しなくなった場合は、保安講習を受ける義務はない。また、製造所等で危険物の取扱作業に従事していても、危険物取扱者でないものは、保安講習を受ける義務はない。

危険物を取り扱う仕事を続けている間は、ほぼ3年に1度、保安講習を受けなければなりません。

新たに
危険物取扱作業に
従事する場合①

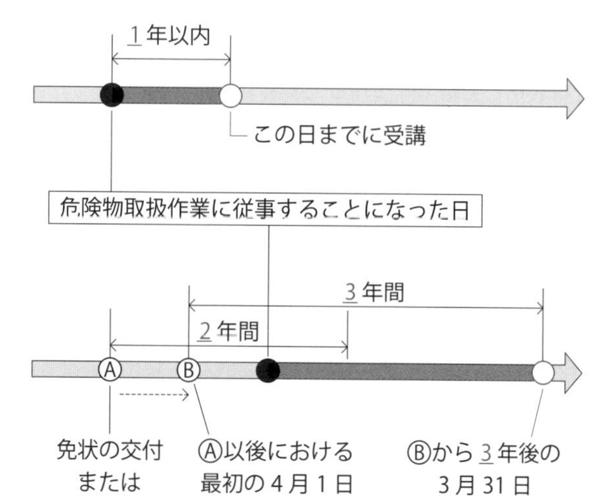

新たに
危険物取扱作業に
従事する場合② ※

※危険物取扱作業に従事することになった日の前2年以内に免状の交付または講習を受けている場合

継続的に
危険物取扱作業に
従事している場合

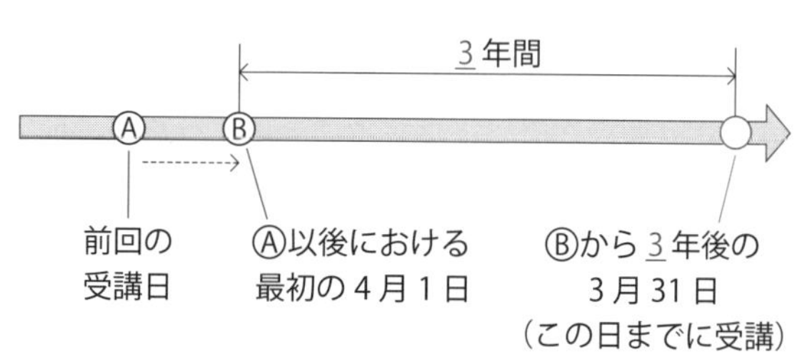

■ **図5.保安講習の受講期限**

保安講習を受けなければならない者が受講しなかった場合は、免状の返納を命じられることがあります。

本試験攻略のポイントはココ！

●保安講習の**受講義務**に関する問題がよくでる。
保安講習を受けなければならないのは、製造所等において危険物の取扱作業に従事している危険物取扱者であるから、危険物の取扱作業に従事していない者や、危険物取扱者でない者には受講義務はない。また、保安講習は、法令に違反した者だけが受講するものではない。

●保安講習を**受ける時期**についての規定を押さえる。
図5（p.44）を参考に、それぞれのケースについて、**受講期限**までの年数を把握しておく。

こんな問題がでる！

問題1

危険物の取扱作業の保安に関する講習について、次のうち正しいものはどれか。

1　すべての危険物取扱者に受講義務がある。
2　危険物施設保安員は、すべて受講しなければならない。
3　製造所等において危険物の取扱作業に従事していなければ、受講義務はない。
4　製造所等において危険物の取扱作業に従事している者は、すべて受講しなければならない。
5　法令に違反した危険物取扱者は、違反内容に応じた講習を受けなければならない。

解答・解説

3が正しい。保安講習を受けなければならないのは、製造所等において危険物の取扱作業に従事している**危険物取扱者**である。

問題2

次の文の（　）内のＡ～Ｃに当てはまる年数の組合せとして、正しいものはどれか。

「製造所等において危険物の取扱作業に従事する危険物取扱者は、取扱作業に従事することになった日から(A)以内に講習を受けなければならない。ただし、取扱作業に従事することとなった日の前(B)以内に危険物取扱者免状の交付を受けている場合、または講習を受けている場合は、免状の交付を受けた日、または講習を受けた日以後における最初の4月1日から(C)以内に講習を受ければよい。」

	A	B	C
1	1年	3年	3年
2	1年	3年	1年
3	1年	2年	1年
4	1年	2年	2年
5	1年	2年	3年

解答・解説

5が正しい。

語呂合わせで覚えよう　保安講習の受講義務

さあ、ギョーザ食べよう、
（作業）

10時から。
（従事）

口臭はがまんしてね！
（講習）（受けなければならない）

製造所等において危険物の取扱作業に従事する危険物取扱者は、保安講習を受けなければならない。

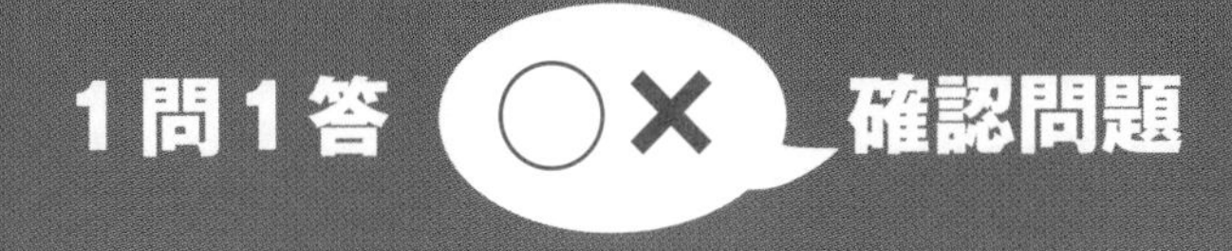

次の問題の内容が正しければ○、誤っていれば×で答えなさい。

	問　題	チェック
製造所等の設置・変更許可	1. 製造所等を設置しようとする者は、市町村長等に申請し、承認を受けなければならない。	
	2. 製造所等の変更の工事に係る部分以外の部分を仮使用するには、市町村長等の承認が必要である。	
各種申請・届出	3. 製造所等の用途を廃止したときは、市町村長等に届け出なければならない。	
危険物取扱者制度	4. 甲種危険物取扱者が立ち会えば、危険物取扱者以外の者でもすべての類の危険物を取り扱うことができる。	
	5. 危険物取扱者免状の書換えは、免状を交付した市町村長等に申請しなければならない。	
保安講習	6. 製造所等において危険物の取扱作業に従事している者は、すべて保安講習を受けなければならない。	

〔解答・解説〕

1.× 製造所等を設置しようとする者は、市町村長等に申請し、**許可**を受けなければならない。　2.○　3.○　4.○　5.× 免状の書換えは、免状を交付した**都道府県知事**、または、**居住地**もしくは**勤務地**の**都道府県知事**に申請する。
6.× 保安講習を受けなければならないのは、製造所等において危険物の取扱作業に従事する**危険物取扱者**である。

9 危険物施設の保安体制

ココを押さえる！

危険物保安統括管理者、危険物保安監督者、危険物施設保安員を選任することが義務づけられる事業所や製造所等、危険物保安統括管理者、危険物保安監督者、危険物施設保安員それぞれの役割、選任要件などを覚えましょう。

1 危険物保安統括管理者

規模が大きく、取り扱う危険物の数量が多い製造所等では、万一火災が起きた場合には大きな事故につながる可能性があるので、災害を未然に防ぐために厳重な保安体制を確立することが重要である。そのために、危険物保安統括管理者、危険物保安監督者、危険物施設保安員の制度が設けられている。

危険物保安統括管理者は、敷地内に複数の製造所等を有し、大量の第4類危険物を取り扱う事業所において、製造所等ごとの保安体制を、事業所全体として統括管理する者である。したがって、危険物保安統括管理者は、製造所等の施設ごとにではなく、**事業所**を単位として選任される。

危険物保安統括管理者を選任しなければならないのは、以下のような製造所等を有する事業所である。
①指定数量の3,000倍以上の第4類危険物を取り扱う**製造所**
②指定数量の3,000倍以上の第4類危険物を取り扱う**一般取扱所**
③指定数量以上の第4類危険物を取り扱う**移送取扱所**

危険物保安統括管理者は、製造所等ごとに選任されている危険物保安監督者、危険物施設保安員との連携を図り、事業所全体としての保安業務を取りまとめる役割を担う。

危険物保安統括管理者に選任されるための資格は特に定められておらず、必ずしも**危険物取扱者**でなくともよいが、重大な責任を負う立場であるから、事業所全体の業務を統括管理し得る者が務めなければならない。

事業所において、製造所等を所有し、管理し、または占有する者は、危険物保安統括管理者を選任・解任したときは、遅滞なくその旨を**市町村長等**に届け出なければならない(p.34参照)。

2 危険物保安監督者

危険物保安監督者は、製造所等で行われる危険物の取扱作業に関して、保安の監督を行う者である。危険物保安統括管理者とは異なり、危険物保安監督者は、製造所等ごとに選任される。

危険物保安監督者を選任しなければならない製造所等は、「表6.危険物保安監督者の選任が必要な製造所等(p.50)」に掲げる通りである。これに該当する製造所等の所有者、管理者または占有者は、**甲種危険物取扱者**または**乙種危険物取扱者**で、6か月以上の危険物取扱いの実務経験を有する者を危険物保安監督者に選任しなければならない。また、危険物保安監督者を選任・解任したときは、遅滞なくその旨を**市町村長等**に届け出なければならない(p.34参照)。

危険物保安監督者の業務は、以下の通りである。

①危険物の取扱作業の実施に際し、その作業が、**危険物の貯蔵・取扱いに関する技術上の基準**及び**予防規程**等の保安に関する規定に適合するように、作業者に対し必要な指示を与えること。

②火災等の災害が発生した場合は、作業者を指揮して応急の措置を講ずるとともに、**直ちに**消防機関等に連絡すること。

③危険物施設保安員を置く製造所等にあっては、危険物施設保安員に必要な指示を行い、危険物施設保安員を置かない製造所等にあっては、以下の危険物施設保安員の業務を自ら行うこと。

- 製造所等の**構造及び設備**を技術上の基準に適合するように維持するため、定期及び臨時の**点検**を行うこと。
- 点検を行った場所の状況及び保安のために行った措置を**記録**し、保存すること。
- 製造所等の構造及び設備に異常を発見した場合は、関係のある者に連絡するとともに、状況を判断して適当な措置を講ずること。
- 火災が発生したとき、または火災発生の危険性が著しいときは、**応急の措置**を講ずること。
- 製造所等の計測装置、制御装置、安全装置等の機能が適正に保持されるように保安管理すること。
- その他、製造所等の構造及び設備の保安に関し必要な業務。

④火災等の災害の防止に関し、隣接する製造所等その他関連する施設の関係者との間に連絡を保つこと。

⑤その他、危険物の取扱作業の保安に関し必要な監督業務。

● 表6.危険物保安監督者の選任が必要な製造所等

製造所等の区分	危険物の数量					
	第4類危険物				第4類以外の危険物	
	指定数量の倍数が30以下		指定数量の倍数が30を超える		指定数量の倍数が30以下	指定数量の倍数が30を超える
	引火点40℃以上のもののみ	引火点40℃未満のものを含む	引火点40℃以上のもののみ	引火点40℃未満のものを含む		
製造所	○	○	○	○	○	○
屋内貯蔵所	—	○	○	○	○	○
屋外タンク貯蔵所	○	○	○	○	○	○
屋内タンク貯蔵所	—	○	—	○	○	○
地下タンク貯蔵所	—	○	○	○	○	○
簡易タンク貯蔵所	—	○	—	○	○	○
移動タンク貯蔵所	—	—	—	—	—	—
屋外貯蔵所	—	—	○	○	—	○
給油取扱所	○	○	○	○	○	○
第一種販売取扱所	—	○			○	
第二種販売取扱所	—	○	—	○	○	○
移送取扱所	○	○	○	○	○	○
一般取扱所※	—	○	○	○	○	○
上記以外の一般取扱所	○	○	○	○	○	○

※ ①ボイラー、バーナーその他これらに類する装置で危険物を消費するもの　②危険物を容器に詰め替えるもの

○は選任が必要な製造所等

3 危険物施設保安員

危険物施設保安員は、危険物保安監督者のもとで、製造所等の構造及び設備に係る保安のための業務を行う者である。危険物施設保安員も、危険物保安監督者と同様に、製造所等ごとに選任される。

危険物施設保安員を選任しなければならないのは、以下のような製造所等である。

①指定数量の倍数が**100以上**の危険物を取り扱う**製造所**
②指定数量の倍数が**100以上**の危険物を取り扱う**一般取扱所**
③すべての**移送取扱所**

危険物施設保安員の業務は、以下の通りである。

- 製造所等の**構造及び設備**を技術上の基準に適合するように維持するため、定期及び臨時の**点検**を行うこと。
- 点検を行った場所の状況及び保安のために行った措置を**記録**し、保存すること。
- 製造所等の構造及び設備に異常を発見した場合は、**危険物保安監督者**その他関係のある者に連絡するとともに、状況を判断して適当な措置を講ずること。
- 火災が発生したとき、または火災発生の危険性が著しいときは、**応急の措置**を講ずること。
- 製造所等の計測装置、制御装置、安全装置等の機能が適正に保持されるように保安管理すること。
- その他、製造所等の構造及び設備の保安に関し必要な業務。

なお、危険物施設保安員に選任されるための資格は特に定められておらず、必ずしも**危険物取扱者**でなくともよい。また、危険物施設保安員については、選任・解任したときに市町村長等に届出を行う義務はない。

● 表7. 危険物保安統括管理者・危険物保安監督者・危険物施設保安員の比較

<table>
<tr><th></th><th>選任単位</th><th>資格</th><th>選任・解任したときの届出義務</th></tr>
<tr><td>危険物保安統括管理者</td><td>事業所ごと</td><td>不要</td><td rowspan="2">あり</td></tr>
<tr><td>危険物保安監督者</td><td rowspan="2">製造所等の施設ごと</td><td>甲種または乙種危険物取扱者で実務経験6か月以上</td></tr>
<tr><td>危険物施設保安員</td><td>不要</td><td>なし</td></tr>
</table>

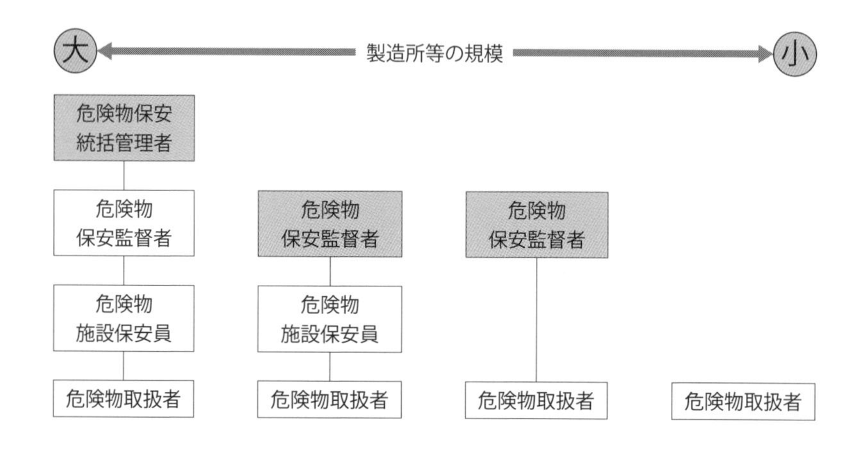

■ **図6.危険物施設の保安体制**

 本試験攻略のポイントはココ！

危険物保安統括管理者、危険物保安監督者、危険物施設保安員のうち、最も出題例が多いのは、**危険物保安監督者**に関する問題である。出題されるポイントは、以下の3つである。

- 危険物保安監督者の業務
- 危険物保安監督者の選任要件

  危険物保安監督者だけは、**甲種**または**乙種危険物取扱者**の資格が必要で、さらに、**6か月**以上の危険物取扱いの**実務経験**を有する者でなければならない。一方、危険物保安統括管理者、危険物施設保安員は、必ずしも危険物取扱者でなくともよい。この点は選択肢によく取り上げられるので、しっかり押さえておく。
- 危険物保安監督者を選任しなければならない製造所等

  甲種試験では、**指定数量の倍数等の値**を含む、比較的難度の高い問題もでる。したがって、「表6.危険物保安監督者の選任が必要な製造所等（p.50）」をすべて正確に覚えておくのが理想的だが、この表からもわかるように、**製造所**、**屋外タンク貯蔵所**、**給油取扱所**、**移送取扱所**には、指定数量の**倍数等を問わず**、すべて危険物保安監督者の選任が必要である。**移動タンク貯蔵所**には、危険物保安監督者を選任する必要はない。ひとまず、これだけ覚えておくだけでも、正答率は高くなるはずである。

こんな問題がでる！

問題1

下表のAの貯蔵所において、Bの危険物(第4類)を貯蔵するとき、危険物保安監督者を選任しなければならない貯蔵所は、次のうちどれか。

	A	B	
		指定数量の倍数	引火点
1	屋外タンク貯蔵所	10	40℃以上
2	屋内タンク貯蔵所	40	40℃以上
3	地下タンク貯蔵所	30	40℃以上
4	移動タンク貯蔵所	60	40℃未満
5	簡易タンク貯蔵所	2	40℃以上

解答・解説

1が該当する。**屋外タンク貯蔵所**には、指定数量の倍数等を問わず、すべて危険物保安監督者の選任が必要である。

問題2

危険物保安監督者について、次のうち正しいものはどれか。

1 危険物保安監督者になるには、製造所等において1年以上の危険物取扱いの実務経験が必要である。
2 丙種危険物取扱者が取り扱うことができる危険物のみを取り扱う製造所等においては、丙種危険物取扱者を危険物保安監督者に選任できる。
3 危険物保安監督者は、危険物施設保安員のもとで、製造所等の構造及び設備に係る保安のための業務を行う者である。
4 危険物保安監督者は、甲種危険物取扱者でなければならない。
5 製造所には、指定数量の倍数等を問わず、すべて危険物保安監督者の選任が必要である。

解答・解説

5が正しい。危険物保安監督者は、甲種危険物取扱者または乙種危険物取扱者で、**6**か月以上の危険物取扱いの実務経験を有する者でなければならない。

問題3

危険物保安監督者の業務として、次のうち誤っているものはどれか。

1　危険物の取扱作業の実施に際し、その作業が、危険物の貯蔵・取扱いに関する技術上の基準及び予防規程等の保安に関する規定に適合するように、作業者に対し必要な指示を与える。
2　危険物施設保安員を置く製造所等にあっては、危険物施設保安員に必要な指示を行う。
3　危険物施設保安員を置かない製造所等にあっては、危険物施設保安員の業務を行う。
4　火災が発生した場合は、作業者を指揮して応急の措置を講じるとともに、必要に応じて消防機関等に連絡する。
5　火災等の災害の防止に関し、隣接する製造所等その他関連する施設の関係者との間に連絡を保つ。

解答・解説

4が誤り。危険物保安監督者は、火災が発生した場合は、作業者を指揮して応急の措置を講じるとともに、**直ちに**消防機関等に連絡する。

問題4

危険物施設保安員について、次のうち正しいものはどれか。

1　危険物施設保安員は、甲種または乙種危険物取扱者でなければならない。
2　危険物施設保安員は、製造所等の構造及び設備を技術上の基準に適合するように維持するため、定期及び臨時の点検を行う。

3 指定数量の倍数が100以上の危険物を取り扱う給油取扱所には、危険物施設保安員を選任しなければならない。

4 製造所には、指定数量の倍数等を問わず、すべて危険物施設保安員を選任しなければならない。

5 危険物施設保安員を選任したときは、市町村長等に届け出なければならない。

解答・解説

2が正しい。危険物施設保安員の選任が必要なのは、指定数量の倍数が100以上の危険物を取り扱う製造所、指定数量の倍数が100以上の危険物を取り扱う一般取扱所、すべての移送取扱所である。

問題３のように、選択肢の文をよく読まないと解けない問題もあるので注意しましょう。

重要用語を覚えよう

危険物保安統括管理者

危険物保安統括管理者とは、複数の製造所等がある大規模な事業所で、事業所全体の保安業務を統括的に管理する者である。

指定数量の3,000倍以上の第4類危険物を取り扱う製造所、一般取扱所に選任。指定数量以上の第4類危険物を取り扱う移送取扱所に選任。

⑩ 予防規程

ココを押さえる！

予防規程を定めなければならない製造所等の種類や、予防規程に定めなければならない事項を覚えましょう。予防規程を定めたときや変更するときに必要な手続きは認可の申請で、申請先は市町村長等です。

1 予防規程を定めなければならない製造所等

予防規程とは、製造所等の火災を予防するために、製造所等の所有者、管理者または占有者が定める、**防災上の自主保安**に関する規程である。予防規程を定めなければならない製造所等は、政令により次表（表8）のように定められている。

予防規程を定めたときは、市町村長等の**認可**を受けなければならない。予防規程を変更するときも同様である。市町村長等は、予防規程が危険物の貯蔵・取扱いの技術上の基準に適合していないとき、その他火災の予防のために適当でないと認めるときは、認可をしてはならない。

予防規程を定める製造所等の所有者、管理者または占有者及びその**従業者**は、予防規程を遵守しなければならない。

● 表8. 予防規程を定めなければならない製造所等

製造所等の区分	危険物の数量
製造所	指定数量の倍数が10以上
屋内貯蔵所	指定数量の倍数が150以上
屋外タンク貯蔵所	指定数量の倍数が200以上
屋外貯蔵所	指定数量の倍数が100以上
給油取扱所	すべて
移送取扱所	すべて
一般取扱所	指定数量の倍数が10以上※

※ 指定数量の倍数が30以下で、かつ、引火点40℃以上の第4類危険物のみを容器に詰め替える一般取扱所を除く。

2 予防規程に定めなければならない事項

予防規程に定めなければならない主な事項は、以下の通りである。

❶危険物の保安に関する業務を管理する者の職務及び組織に関すること。
❷**危険物保安監督者**が、旅行、疾病その他の事故によってその職務を行うことができない場合にその職務を代行する者に関すること。
❸化学消防自動車の設置その他自衛の消防組織に関すること。
❹危険物の保安に係る作業に従事する者に対する保安教育に関すること。
❺危険物の保安のための巡視、点検及び検査に関すること。
❻危険物施設の運転または操作に関すること。
❼危険物の取扱作業の基準に関すること。
❽補修等の方法に関すること。
❾施設の工事における火気の使用もしくは取扱いの管理または危険物等の管理等安全管理に関すること。
❿製造所及び一般取扱所にあっては、危険物の取扱工程または設備等の変更に伴う危険要因の把握及び当該危険要因に対する対策に関すること。
⓫顧客に自ら給油等をさせる給油取扱所にあっては、顧客に対する監視その他保安のための措置に関すること。
⓬移送取扱所にあっては、配管の工事現場の責任者の条件その他配管の工事現場における保安監督体制に関すること。
⓭移送取扱所にあっては、配管の周囲において移送取扱所の施設の工事以外の工事を行う場合における当該配管の保安に関すること。
⓮災害その他の非常の場合に取るべき措置に関すること。
⓯地震が発生した場合及び地震に伴う津波が発生し、または発生するおそれがある場合における施設及び設備に対する点検、応急措置等に関すること。
⓰危険物の保安に関する記録に関すること。
⓱製造所等の位置、構造及び設備を明示した書類及び図面の整備に関すること。
⓲上記の他、危険物の保安に関し必要な事項。

市町村長等は、火災の予防のため必要があるときは、予防規程の変更を命ずることができます。

本試験攻略のポイントはココ！

- 予防規程を定めたとき、予防規程を変更するときは、市町村長等の**認可**を受けなければならない。
  許可や届出ではないことに注意する。消防法により定められた危険物関係の手続きで、認可の申請が必要なのは、予防規程の作成・変更のときだけなので、予防規程といえば認可と覚えておく。
- 予防規程を定めなければならない製造所等について押さえる。

予防規程を定めなければならない製造所等は、「表8. 予防規程を定めなければならない製造所等（p.56）」の通りであるが、これをさらに簡単に整理すると、次の図のようになる。

予防規程の作成義務がある製造所等

指定数量の倍数にかかわらずすべてに必要	指定数量の倍数が一定以上の場合に必要
給油取扱所	製造所
移送取扱所	屋内貯蔵所
	屋外タンク貯蔵所
	屋外貯蔵所
	一般取扱所

予防規程の作成義務なし

屋内タンク貯蔵所	地下タンク貯蔵所
簡易タンク貯蔵所	移動タンク貯蔵所
販売取扱所	

■ 図7. 予防規程の作成義務

図7(p.58)のように、指定数量の倍数にかかわらずすべてに予防規程を定めなければならない製造所等は、**給油取扱所、移送取扱所**の2種類しかないので、まずこれだけは覚えておく。

指定数量の倍数が一定以上の場合に予防規程の作成が必要になる製造所等は**5種類**、予防規程の**作成義務がない**製造所等は**5種類**あるが、そのどちらか一方を覚えておけば、残りはもう一方とわかる。これだけ覚えていれば、「指定数量の何倍」という条件がわからなくても正解できる問題もある。

こんな問題がでる!

問題1

予防規程について、次のうち正しいものはどれか。

1 予防規程は、製造所等における危険物取扱者の遵守事項を定めるものである。
2 予防規程を定めたときは、市町村長等に届け出なければならない。
3 予防規程を定めたときは、市町村長等の許可を受けなければならない。
4 消防署長は、火災予防のために必要なときは、予防規程の変更を命ずることができる。
5 予防規程には、危険物保安監督者がその職務を行うことができない場合に職務を代行する者に関することを定めなければならない。

解答・解説

5が正しい。予防規程は、危険物取扱者だけでなく、製造所等の所有者、管理者または占有者及びその従業者すべてが遵守しなければならない。

問題2

予防規程を定めなければならない製造所等は、次のうちどれか。

1 指定数量の倍数が100倍の屋内貯蔵所

2　指定数量の倍数が5倍の製造所
3　指定数量の倍数が5倍の一般取扱所
4　指定数量の倍数が10倍の給油取扱所
5　指定数量の倍数が100倍の屋外タンク貯蔵所

解答・解説

4が該当する。**給油取扱所**は、指定数量の倍数にかかわらず、すべてに予防規程を定めなければならない。

予防規程を定めたとき、変更するときは、市町村長等の認可が必要。製造所等を設置・変更するときは、市町村長等の許可が必要。
この違いを覚えておきましょう。

語呂合わせで覚えよう

予防規程を定めた場合の手続き

よぼよぼのおじいちゃん、
（予防）
何人か来ています
（認可）（規程）

予防規程を定めたときは、市町村長等の認可を受けなければならない。

11 定期点検・保安検査

ココを押さえる！

定期点検が必要な製造所等、点検の時期、点検記録の保存期間、点検実施者などを覚えましょう。地下貯蔵タンク等の漏れの点検については、点検の対象ごとに点検の時期等が定められ、例外となる場合も多いので注意しましょう。

1 定期点検を実施しなければならない製造所等

すべての製造所等の所有者、管理者または占有者は、製造所等を、その位置、構造及び設備の技術上の基準に適合するように維持しなければならない。そのためには、常に**点検**を怠らないことが重要である。

特に、政令で定められた製造所等の所有者、管理者または占有者は、製造所等を**定期**に点検することが義務づけられている。定期点検を実施しなければならない製造所等は、次表の通りである。**地下タンク**を有する製造所等は、指定数量の倍数にかかわらず、すべて定期点検が必要である。

● 表9. 定期点検を実施しなければならない製造所等

製造所等の区分	危険物の数量等
製造所	指定数量の倍数が10以上及び地下タンクを有するもの
屋内貯蔵所	指定数量の倍数が150以上
屋外タンク貯蔵所	指定数量の倍数が200以上
屋外貯蔵所	指定数量の倍数が100以上
地下タンク貯蔵所	すべて
移動タンク貯蔵所	すべて
給油取扱所	地下タンクを有するもの
移送取扱所	すべて
一般取扱所	指定数量の倍数が10以上※及び地下タンクを有するもの

※ 指定数量の倍数が30以下で、かつ、引火点40℃以上の第4類危険物のみを容器に詰め替える一般取扱所を除く。

定期点検は、1年に1回以上行わなければならない（例外については後述）。また、定期点検を行った場合は、**点検記録**を作成し、その記録を**一定期間保存**することが義務づけられている。保存期間は、通常3年間である（例外あり）。**点検記録**を消防機関に届け出る必要はないが、消防機関から提出を求められることがある。

点検記録には、以下の事項を記載しなければならない。
①点検をした製造所等の名称
②点検の方法及び結果
③点検年月日
④点検を行った危険物取扱者もしくは**危険物施設保安員**または点検に立ち会った危険物取扱者の氏名

原則として、定期点検は1年に1回、点検記録の保存期間は3年です。

2 定期点検の実施者

定期点検は、**危険物取扱者**または**危険物施設保安員**が行わなければならない。ただし、危険物取扱者の**立会い**を受けた場合は、危険物取扱者以外の者でも点検を行うことができる。**丙種危険物取扱者**は、危険物の**取扱作業**の立会いはできないが、**定期点検**の立会いはできる。

なお、地下貯蔵タンク、二重殻タンクの強化プラスチック製の外殻、地下埋設配管、移動貯蔵タンクの漏れの点検は、**点検の方法**に関する知識及び技能を有する者が行わなければならない。
泡消火設備の泡の適正な放出を確認する点検は、**泡の発泡機構、泡消火薬剤の性状及び性能の確認等**に関する知識及び技能を有する者が行わなければならない。

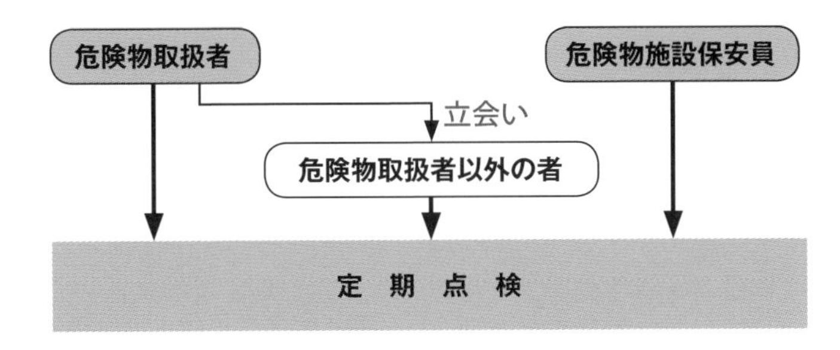

■ 図8.定期点検の実施者

3 地下貯蔵タンク等の漏れの点検

定期点検のうち、地下貯蔵タンク等の漏れの有無を確認する点検については、点検の時期が以下のように定められている。

地下貯蔵タンクの漏れの点検：完成検査済証の交付を受けた日または前回に点検を行った日から1年を経過する日の属する月の末日までに1回以上。ただし、以下のものについては3年を超えない日までに1回以上。

①完成検査を受けた日から15年を超えないもの

②危険物の漏れを覚知しその漏えい拡散を防止するための告示で定める措置が講じられているもの

二重殻タンクの強化プラスチック製の外殻の漏れの点検：完成検査済証の交付を受けた日または前回に点検を行った日から3年を経過する日の属する月の末日までに1回以上。

地下埋設配管の漏れの点検：完成検査済証の交付を受けた日または前回に点検を行った日から1年を経過する日の属する月の末日までに1回以上。ただし、以下のものについては3年を経過する日の属する月の末日までに1回以上。

①完成検査を受けた日から15年を超えないもの

②危険物の漏れを覚知しその漏えい拡散を防止するための告示で定める措置が講じられているもの

移動貯蔵タンクの漏れの点検：完成検査済証の交付を受けた日または前回に点検を行った日から5年を経過する日の属する月の末日までに1回以上。点検記録の保存期間は10年間。

なお、以下のものについては、漏れの点検を行わなくともよい。

①地下貯蔵タンクまたはその部分のうち、危険物の**微少な漏れ**を検知しその漏えい拡散を防止するための告示で定める措置が講じられているもの

②二重殻タンクの**内殻**

③二重殻タンクの強化プラスチック製の外殻のうち、外殻と地下貯蔵タンクとの間に危険物の漏れを検知するための液体が満たされているもの

4 内部点検

引火性液体の危険物を貯蔵し、または取り扱う**屋外タンク貯蔵所**(岩盤タンク、海上タンクに係るものを除く)で容量が**1,000kL**以上**10,000kL**未満のものについては、屋外貯蔵タンクの**内部点検**を行わなければならない。

内部点検は、完成検査済証の交付を受けた日または前回に点検を行った日から**13**年(または、条件により**15**年)を超えない日までに1回以上行わなければならない。点検記録の保存期間は**26**年間(または**30**年間)。

5 保安検査

規模の大きい**屋外タンク貯蔵所**、**移送取扱所**は、万一事故が発生した場合に、その被害や社会的影響が非常に大きくなるため、市町村長等が行う**保安検査**を受けることが義務づけられている。保安検査には、定期的に受けなければならない**定期保安検査**と、不等沈下その他の特定の事由が生じたときに受けなければならない**臨時保安検査**がある。

屋外貯蔵タンクについては、容量**10,000kL**以上のものが定期保安検査の対象となる。検査時期は原則として8年に1回(岩盤タンクは原則として10年に1回、地中タンクは原則として13年に1回)である。

10,000kL以上の屋外タンク貯蔵所は、内部点検をしなくてよいかわりに、**保安検査**が必要となります。

 本試験攻略のポイントはココ！

- 定期点検は、点検の対象となる製造所等、点検の時期、点検記録の保存期間、点検実施者など、出題されるポイントが多岐にわたる。
- 特に、地下貯蔵タンク等の漏れの点検について押さえる。
点検の対象ごとに点検の時期等が細かく規定されており、出題例も多いのでしっかり押さえておく。
- 保安検査は、規模の大きい屋外タンク貯蔵所、移送取扱所が対象になることを覚えておく。

 こんな問題がでる！

問題1

定期点検について、次のうち誤っているものはどれか。

1 定期点検は、製造所等の位置、構造及び設備が、技術上の基準に適合しているかどうかについて行う。
2 定期点検は、1年に1回以上行わなければならない（漏れの点検等を除く）。
3 危険物施設保安員は、定期点検を行うことができる。
4 丙種危険物取扱者が立ち会えば、危険物取扱者でない者でも定期点検を行うことができる。
5 定期点検を行った場合は、その結果を市町村長等に報告しなければならない。

解答・解説

5が誤り。定期点検を行った場合は、**点検記録**を作成し、一定期間保存しなければならない。結果の報告や、点検記録の提出の義務はない。

問題2

定期点検について、次のうち誤っているものはどれか。

1　地下タンクを有する一般取扱所は、指定数量の倍数にかかわらず、すべて定期点検を行わなければならない。

2　移動タンク貯蔵所の移動貯蔵タンクの漏れの点検は、完成検査済証の交付を受けた日または前回に点検を行った日から5年を経過する日の属する月の末日までに1回以上行わなければならない。

3　危険物取扱者の免状を有していれば、移動貯蔵タンクの漏れの点検を行うことができる。

4　地下貯蔵タンク（二重殻タンクを除く）のうち、完成検査を受けた日から15年を経過するものは、1年に1回以上、漏れの点検を行わなければならない。

5　定期点検の点検記録には、点検を行った危険物取扱者もしくは危険物施設保安員または点検に立ち会った危険物取扱者の氏名を記載しなければならない。

解答・解説

3が誤り。移動貯蔵タンクの漏れの点検は、**点検の方法**に関する知識及び技能を有する者が行わなければならない。

語呂合わせで覚えよう

定期点検の立会い

ヘイ！ キミたち。
（丙）　（立）

愛していいよ！
（会い）（できる）

徹底的に愛しなさい！
（定期点検）

危険物取扱者以外の者が行う定期点検の立会いは、丙種危険物取扱者でもできる。

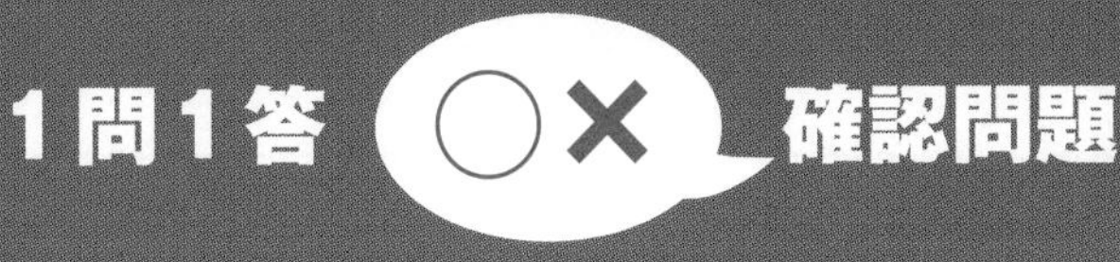

1問1答 ○× 確認問題

次の問題の内容が正しければ○、誤っていれば×で答えなさい。

	問　題	チェック
危険物施設の保安体制	1. 給油取扱所には、指定数量の倍数等を問わず、すべて危険物保安監督者の選任が必要である。	
	2. 危険物施設保安員を選任したときは、市町村長等に届け出なければならない。	
予防規程	3. 製造所は、指定数量の倍数にかかわらずすべてに予防規程を定めなければならない。	
	4. 予防規程を定めたときは、市町村長等に届け出なければならない。	
定期点検・保安検査	5. 地下タンクを有する一般取扱所は、指定数量の倍数にかかわらずすべて定期点検を行わなければならない。	
	6. 丙種危険物取扱者が立ち会えば、危険物取扱者以外の者でも定期点検を実施できる。	

〔解答・解説〕

1.○　2.× **危険物施設保安員**を選任したときは、届出の義務はない。　3.× 製造所は、指定数量の倍数が**10以上**の場合、予防規程を定めなければならない。
4.× 予防規程を定めたときは、市町村長等の**認可**を受けなければならない。
5.○　6.○

1 保安距離・保有空地

ココを押さえる！

保安距離、保有空地の規制について理解し、保安距離を確保しなければならない製造所等、保有空地を保有しなければならない製造所等を、それぞれしっかりと覚えましょう。

1 保安距離

製造所等で、万一火災、爆発などの事故が起きた場合に、付近の住宅、学校、病院、その他の**保安対象物**に重大な影響を及ぼさないように、保安対象物から製造所等の間に一定の距離を確保しなければならない場合がある。その距離を、**保安距離**という。保安距離は、保安対象物ごとに、次の図のように定められている。**保安対象物**から製造所等の外壁、またはそれに相当する工作物の外側までの間に、この距離を保つことが必要になる。

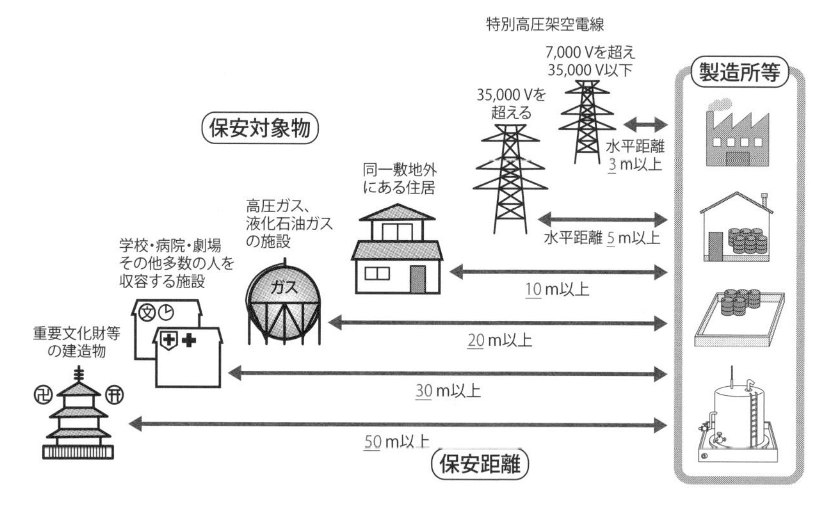

■ **図9. 製造所等の保安距離**

保安距離が一番長いのが重要文化財等の建造物、次に長いのが学校、病院、劇場等です。

保安距離を確保しなければならない製造所等は、**製造所**、**屋内貯蔵所**、**屋外タンク貯蔵所**、**屋外貯蔵所**、**一般取扱所**の5種類である。

屋外タンク貯蔵所以外のタンク貯蔵所と、給油取扱所、販売取扱所には、保安距離は必要ない。移送取扱所については、配管から住宅、学校、病院、鉄道その他の施設までの間に一定の距離を保つ必要があるが、他の製造所等の保安距離とは性質が異なる。

2 保有空地

製造所等において危険物を取り扱う建築物その他の工作物の周囲に、消防活動及び延焼防止のために、一定の幅の空地を保有しなければならない場合がある。その空地を、**保有空地**という。保有空地には、**いかなる物品も置いてはならない**。

保有空地が必要な製造所等は、**製造所**、**屋内貯蔵所**、**屋外タンク貯蔵所**、**屋外貯蔵所**、**一般取扱所**、**簡易タンク貯蔵所（屋外に設けるもの）**、**移送取扱所（地上設置のもの）**である。

保有空地の幅は、製造所等の**区分**と指定数量の**倍数**によって、「表11.保有空地に関する規定（p.70）」のように定められている。ただし、防災上有効な隔壁を設けたときは、基準が緩和される。なお、移送取扱所については、他の製造所等とは異なり、指定数量の倍数ではなく、配管にかかる最大常用圧力に応じて、保有空地の幅が定められている。

保有空地の空地は、通常は「くうち」と読みます。

● 表10.保安距離・保有空地が必要な製造所等

保安距離が必要な製造所等
製造所
屋内貯蔵所
屋外タンク貯蔵所
屋外貯蔵所
一般取扱所

保有空地が必要な製造所等
製造所
屋内貯蔵所
屋外タンク貯蔵所
屋外貯蔵所
一般取扱所
簡易タンク貯蔵所（屋外に設けるもの）
移送取扱所（地上設置のもの）

● 表11.保有空地に関する規定

<table>
<tr><th>製造所等の区分</th><th>危険物の数量等</th><th colspan="2">保有空地の幅</th></tr>
<tr><td rowspan="2">製造所</td><td>指定数量の倍数が10以下</td><td colspan="2">3m以上</td></tr>
<tr><td>指定数量の倍数が10を超える</td><td colspan="2">5m以上</td></tr>
<tr><td rowspan="7">屋内貯蔵所</td><td></td><td>壁・柱・床が耐火構造</td><td>壁・柱・床が耐火構造以外</td></tr>
<tr><td>指定数量の倍数が5以下</td><td>0m</td><td>0.5m以上</td></tr>
<tr><td>指定数量の倍数が5を超え10以下</td><td>1m以上</td><td>1.5m以上</td></tr>
<tr><td>指定数量の倍数が10を超え20以下</td><td>2m以上</td><td>3m以上</td></tr>
<tr><td>指定数量の倍数が20を超え50以下</td><td>3m以上</td><td>5m以上</td></tr>
<tr><td>指定数量の倍数が50を超え200以下</td><td>5m以上</td><td>10m以上</td></tr>
<tr><td>指定数量の倍数が200を超える</td><td>10m以上</td><td>15m以上</td></tr>
<tr><td rowspan="6">屋外タンク貯蔵所</td><td>指定数量の倍数が500以下</td><td colspan="2">3m以上</td></tr>
<tr><td>指定数量の倍数が500を超え1,000以下</td><td colspan="2">5m以上</td></tr>
<tr><td>指定数量の倍数が1,000を超え2,000以下</td><td colspan="2">9m以上</td></tr>
<tr><td>指定数量の倍数が2,000を超え3,000以下</td><td colspan="2">12m以上</td></tr>
<tr><td>指定数量の倍数が3,000を超え4,000以下</td><td colspan="2">15m以上</td></tr>
<tr><td>指定数量の倍数が4,000を超える</td><td colspan="2">タンクの直径または高さのうち、大きいほうに等しい距離以上（15m未満にすることはできない）</td></tr>
<tr><td rowspan="6">屋外貯蔵所</td><td></td><td></td><td>引火点100℃以上の第4類危険物のみを貯蔵し、取り扱うもの</td></tr>
<tr><td>指定数量の倍数が10以下</td><td>3m以上</td><td rowspan="3">3m以上</td></tr>
<tr><td>指定数量の倍数が10を超え20以下</td><td>6m以上</td></tr>
<tr><td>指定数量の倍数が20を超え50以下</td><td>10m以上</td></tr>
<tr><td>指定数量の倍数が50を超え200以下</td><td>20m以上</td><td>6m以上</td></tr>
<tr><td>指定数量の倍数が200を超える</td><td>30m以上</td><td>10m以上</td></tr>
<tr><td>一般取扱所</td><td colspan="3">製造所の基準を準用</td></tr>
<tr><td colspan="2">簡易タンク貯蔵所（屋外に設けるもの）</td><td colspan="2">1m以上</td></tr>
</table>

※ 移送取扱所については、法令による扱いが他の製造所等と異なるため割愛。

本試験攻略のポイントはココ！

保安距離・保有空地については、まず、それらを必要とする製造所等の区分を覚えてしまおう。

- **保安距離が必要な製造所等：5種類**しかないので、これを覚える（「表10.保安距離・保有空地が必要な製造所等(p.69)」参照）。
- **保有空地が必要な製造所等**：保安距離が必要な製造所等全部に、屋外に設ける簡易タンク貯蔵所、地上に設ける移送取扱所を加えた**7種類**である。

必ず覚える！

- 保安距離が必要な製造所等
  ①タンク貯蔵所では屋外タンク貯蔵所のみに必要。
  ②取扱所では一般取扱所のみに必要。

こんな問題がでる！

問題1

製造所等における保安距離、保有空地の規制の有無、並びに貯蔵・取扱い数量の制限の有無について、正しい組合せはどれか。

	製造所等の区分	保安距離の規制	保有空地の規制	貯蔵・取扱い数量の制限
1	製造所	有	無	無
2	屋内タンク貯蔵所	有	無	有
3	屋外タンク貯蔵所	無	有	有
4	地下タンク貯蔵所	無	有	有
5	簡易タンク貯蔵所	無	有	有

解答・解説

5が正しい。**簡易タンク貯蔵所**については、保安距離の規制はないが、保有空地の規制がある。また、屋内タンク貯蔵所、簡易タンク貯蔵所、移動タンク貯蔵所は、貯蔵し、または取り扱う危険物の数量に上限が定められている(p.26参照)。

問題2

次の製造所等のうち、学校、病院、劇場等の保安対象物から一定の距離(保安距離)を保たなければならないものすべてを掲げている組合せはどれか。

A　製造所　　　　B　給油取扱所
C　屋内貯蔵所　　D　屋内タンク貯蔵所
E　移動タンク貯蔵所

1　A B C　　2　A C　　3　A C D
4　B C D　　5　C E

解答・解説

2の組合せが該当する。

問題3

製造所の外壁等から50m 以上の距離(保安距離)を保たなければならない建築物等は、次のうちどれか。

1　高圧ガス施設　　2　学校　　3　病院
4　重要文化財の建造物　　5　製造所等の敷地外にある住居

解答・解説

4が該当する。保安距離が50m 以上と最も長いのは**重要文化財等**である。

語呂合わせで覚えよう　保安距離が必要な製造所等

一同勢ぞろい。人数多くない？
(製造所)　(屋内貯蔵所)

奥がいい！ 奥がいい！
(屋外貯蔵所)　(屋外タンク貯蔵所)

一般人とは距離をおきたいので
(一般取扱所)　(保安距離が必要)

保安距離が必要な製造所等は、製造所、屋内貯蔵所、屋外タンク貯蔵所、屋外貯蔵所、一般取扱所。

2 製造所の基準

ココを押さえる！

ここからは、製造所等の区分ごとに政令により定められている、位置、構造及び設備に関する基準のうち、重要なものを取り上げていきます。建築物の構造に関する、不燃材料、耐火構造などの用語の意味も覚えましょう。

1 製造所の位置・構造・設備の基準

製造所の位置：保安距離、保有空地の規制を受ける(p.68～70参照)。

製造所の構造：主に以下のような基準が定められている。

❶危険物を取り扱う建築物は、**地階**を有しないものであること。

❷危険物を取り扱う建築物は、壁、柱、床、はり及び階段を**不燃材料**で造るとともに、延焼のおそれのある外壁を、出入口以外の開口部を有しない耐火構造の壁とすること。

❸危険物を取り扱う建築物は、屋根を**不燃材料**で造るとともに、金属板その他の軽量な**不燃材料**でふくこと。ただし、第2類の危険物（粉状のもの及び引火性固体を除く）のみを取り扱う建築物にあっては、屋根を**耐火構造**とすることができる。

❹危険物を取り扱う建築物の窓及び出入口には、**防火設備**を設けるとともに、延焼のおそれのある外壁に設ける出入口には、随時開けることができる自動閉鎖の**特定防火設備**（防火戸その他）を設けること。

❺危険物を取り扱う建築物の窓または出入口にガラスを用いる場合は、**網入ガラス**とすること。

❻液状の危険物を取り扱う建築物の床は、危険物が**浸透しない構造**とするとともに、適当な**傾斜**を付け、かつ、漏れた危険物を一時的に貯留する設備（**貯留設備**）を設けること。

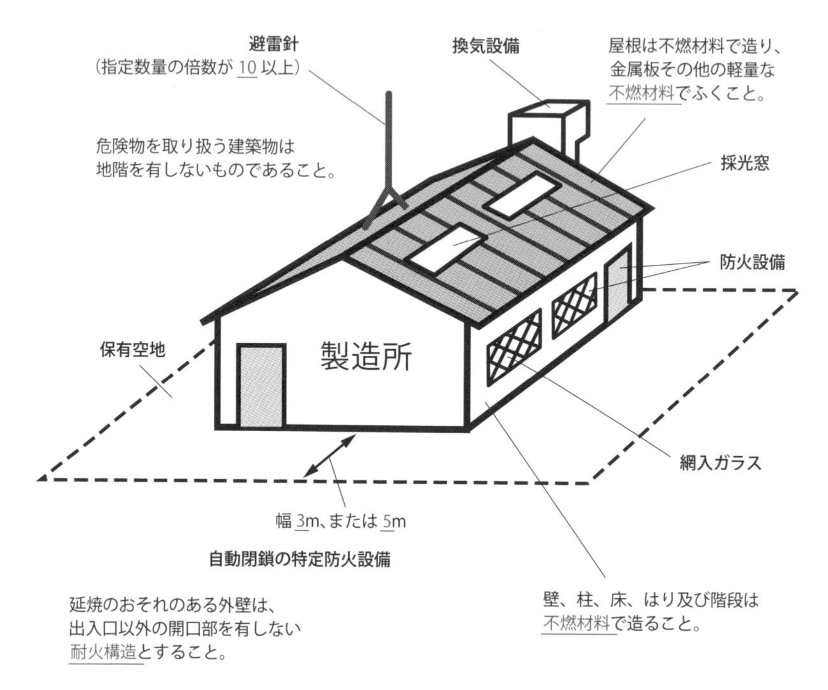

■ **図 10. 製造所の基準**

製造所の設備：主に以下のような基準が定められている。

❶危険物を取り扱う建築物には、危険物を取り扱うために必要な採光、照明及び換気の設備を設けること。

❷可燃性の蒸気または可燃性の微粉が滞留するおそれのある建築物には、その蒸気または微粉を屋外の**高所**に排出する設備を設けること。

❸危険物を加熱し、もしくは冷却する設備、または危険物の取扱いに伴って温度の変化が起こる設備には、**温度測定装置**を設けること。

❹危険物を加圧する設備、または取り扱う危険物の圧力が上昇するおそれのある設備には、**圧力計**及び**安全装置**を設けること。

❺危険物を取り扱うにあたって**静電気**が発生するおそれのある設備には、蓄積される静電気を有効に除去する装置を設けること。

❻指定数量の倍数が**10以上**の製造所には、**避雷設備**を設けること（周囲の状況によって安全上支障がない場合においてはこの限りでない）。

❼危険物を取り扱う配管は、設置される条件及び使用される状況に照らして十分な強度を有するものとし、かつ、当該配管に係る**最大常用圧力**の**1.5**倍以上の圧力で水圧試験（水以外の不燃性の液体または不燃性の気体を用

いて行う試験を含む）を行ったとき漏えいその他の異常がないものであること。

❽配管は、取り扱う危険物により容易に劣化するおそれのないものであること。

❾配管は、火災等による熱によって容易に変形するおそれのないものであること（地下その他の火災等による熱により悪影響を受けるおそれのない場所に設置される場合にあっては、この限りでない）。

❿配管には、外面の**腐食**を防止するために、以下の措置を講ずること（配管が設置される条件の下で腐食するおそれのないものである場合にあっては、この限りでない）。

- 地上に設置する配管にあっては、**地盤面**に接しないようにするとともに、外面の腐食を防止するための**塗装**を行う。
- 地下の**電気的腐食**のおそれのある場所に設置する配管にあっては、塗覆装またはコーティング及び**電気防食**を行う。
- 地下のその他の配管にあっては、塗覆装またはコーティングを行う。

⓫配管を地下に設置する場合には、配管の接合部分（溶接その他危険物の漏えいのおそれがないと認められる方法により接合されたものを除く）について当該接合部分からの危険物の漏えいを点検することができる措置を講ずること。

⓬配管を地上に設置する場合には、地震、風圧、地盤沈下、温度変化による伸縮等に対し安全な構造の支持物により支持すること。支持物は、鉄筋コンクリート造またはこれと同等以上の耐火性を有するものとすること（火災によってその支持物が変形するおそれのない場合は、この限りでない）。

⓭配管を地下に設置する場合には、その上部の**地盤面**にかかる重量が配管にかからないように保護すること。

本試験攻略のポイントはココ！

製造所の位置・構造・設備に関する基準は多くの項目にわたるが、他の製造所等と共通する部分も多いのでしっかりと押さえる。

- 建築物の**構造**や**設備**にかかわる基準は、他の製造所等と**共通する部分**も多い。
- **配管**に関する基準は、**屋内タンク貯蔵所**、**屋外タンク貯蔵所**、**地下タンク貯蔵所**、**一般取扱所**にも準用されている。

●建築物の基準で使用されている**不燃材料**、**耐火構造**という用語を押さえる。

不燃材料：コンクリート、モルタル、鉄板、瓦などの不燃性の建築材料をいう。

耐火構造：壁、柱、床その他の建築物の主要部分が、火災による熱に一定時間耐え得る構造であることをいい、鉄筋コンクリート造、れんが造などがこれにあたる。不燃材料を使用するだけで耐火構造になるわけではない。製造所の屋根については、「金属板その他の**軽量な不燃材料**でふくこと」という基準が設けられているが、これは、万一建物内で爆発が起きた際に、爆風が建物内に広がらずに、屋根から上に抜けるようにするためである。

こんな問題がでる！

問題1

製造所の位置、構造及び設備の技術上の基準について、次のうち誤っているものはどれか。

1　危険物を取り扱う建築物は、地階を有しないものでなければならない。

2　危険物を取り扱う建築物の窓及び出入口には、防火設備を設けなければならない。

3　危険物を取り扱う建築物は、壁、柱、床、はり及び階段を不燃材料で造らなければならない。

4　危険物を取り扱う建築物の窓または出入口にガラスを用いる場合は、網入ガラスとし、その厚さを5mm以上にしなければならない。

5　液状の危険物を取り扱う建築物の床は、危険物が浸透しない構造とするとともに、適当な傾斜を付け、かつ、貯留設備を設けなければならない。

解答・解説

4が誤り。網入ガラスの厚さについての規定は**ない**。

問題2

製造所の配管の位置、構造及び設備の技術上の基準について、次のうち誤っているものはどれか。

1 配管は、取り扱う危険物により容易に劣化するおそれのないものでなければならない。
2 地上に設置する配管は、地盤面に接しないようにしなければならない。
3 地下の電気的腐食のおそれのある場所に設置する配管には、塗覆装またはコーティング及び電気防食を行わなければならない。
4 配管は、火災等による熱によって容易に変形するおそれのないものでなければならない（地下その他の火災等による熱により悪影響を受けるおそれのない場所に設置される場合を除く）。
5 配管を地下に設置する場合には、その上部の地盤面を車両等が通行しない位置にしなければならない。

解答・解説

5が誤り。配管を地下に設置する場合には、その上部の地盤面にかかる重量が配管にかからないように保護しなければならない。

重要用語を覚えよう

耐火構造

耐火構造とは、
建築物の主要構造部が高熱に強く、
火災による熱に一定時間耐え得る
構造であること。
鉄筋コンクリート造が代表的。

不燃材料とは、コンクリート、モルタル、しっくい、鉄板、瓦などの不燃性の材料。不燃材料を使用するだけで耐火構造になるわけではない。

③ 屋内貯蔵所・屋外タンク貯蔵所の基準

ココを押さえる！

屋内貯蔵所の基準については、壁、柱及び床を耐火構造にすることなど、製造所の基準と異なる点を中心に覚えていきましょう。屋外タンク貯蔵所の基準については、防油堤の容量に関する問題がよく出題されます。

1 屋内貯蔵所の位置・構造・設備の基準

屋内貯蔵所の位置：保安距離、保有空地の規制を受ける（p.68～70参照）。

屋内貯蔵所の構造：主に以下のような基準が定められている。

❶貯蔵倉庫は、独立した**専用**の建築物とすること。

❷貯蔵倉庫は、軒高（地盤面から軒までの高さ）が**6m**未満の**平家建**とし、かつ、その床を**地盤面**以上に設けること（ただし、第２類または第４類の危険物のみの貯蔵倉庫で、必要な措置を講じているものは、軒高を20m未満とすることができる）。

❸１つの貯蔵倉庫の床面積は、**1,000m²**を超えないこと。

❹貯蔵倉庫は、壁、柱及び床を**耐火構造**とし、かつ、はりを**不燃材料**で造るとともに、延焼のおそれのある外壁を出入口以外の開口部を有しない壁とすること。ただし、指定数量の10倍以下の危険物の貯蔵倉庫または第２類もしくは第４類の危険物（引火性固体及び引火点が70℃未満の第４類の危険物を除く）のみの貯蔵倉庫にあっては、延焼のおそれのない外壁、柱及び床を**不燃材料**で造ることができる。

❺貯蔵倉庫は、屋根を不燃材料で造るとともに、金属板その他の軽量な**不燃材料**でふき、かつ、**天井**を設けないこと。ただし、第２類の危険物（粉状のもの及び引火性固体を除く）のみの貯蔵倉庫にあっては屋根を**耐火構造**とすることができ、第５類の危険物のみの貯蔵倉庫にあっては貯蔵倉庫内の温度を適温に保つため、難燃性の材料または不燃材料で造った天井を設けることができる。

❻貯蔵倉庫の窓及び出入口には、**防火設備**を設けるとともに、延焼のおそれ

のある外壁に設ける出入口には、随時開けることができる自動閉鎖の特定防火設備を設けること。

❼貯蔵倉庫の窓または出入口にガラスを用いる場合は、**網入ガラス**とすること。

❽液状の危険物の貯蔵倉庫の床は、危険物が浸透しない構造とするとともに、適当な**傾斜**を付け、かつ、**貯留設備**を設けること。

屋内貯蔵所の設備：主に以下のような基準が定められている。

❶貯蔵倉庫に架台を設ける場合には、**不燃材料**で造るとともに、堅固な基礎に固定し、危険物を収納した容器が容易に落下しない措置を講ずること。

❷貯蔵倉庫には、危険物を貯蔵し、または取り扱うために必要な採光、照明及び換気の設備を設けるとともに、引火点が70℃未満の危険物の貯蔵倉庫には、内部に滞留した可燃性の蒸気を**屋根上**に排出する設備を設けること。

❸避雷設備については、製造所の基準と同じ。

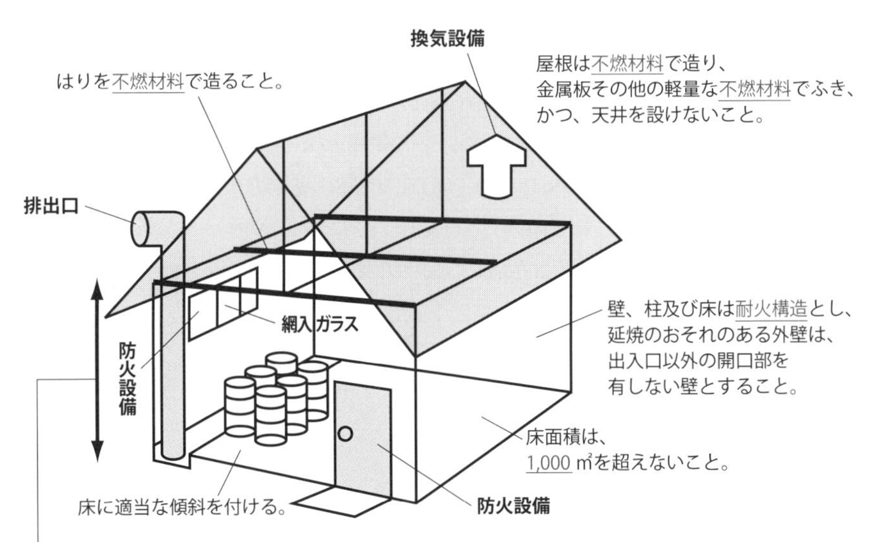

■ **図11.屋内貯蔵所の基準**

屋内貯蔵所の貯蔵倉庫は、壁、柱及び床を耐火構造にしなければなりません。製造所で危険物を取り扱う建築物よりも規制がきびしくなっていることに注意しましょう。

2 屋外タンク貯蔵所の位置・構造・設備の基準

屋外タンク貯蔵所の位置：保安距離、保有空地の規制を受ける(p.68～70参照)。

このほか、屋外タンク貯蔵所は、延焼防止のため、屋外貯蔵タンクから敷地の境界線までの間に、政令により定められた距離(敷地内距離)を保つことが義務づけられている(詳細は割愛)。

屋外タンク貯蔵所の構造：主に以下のような基準が定められている。

❶特定屋外貯蔵タンク及び準特定屋外貯蔵タンク＊以外の屋外貯蔵タンクは、厚さ3.2mm以上の鋼板で造ること(固体の危険物の屋外貯蔵タンクを除く)。

❷圧力タンクを除くタンクは水張試験において、圧力タンクは最大常用圧力の1.5倍の圧力で10分間行う**水圧試験**において、それぞれ漏れ、または変形しないものであること(固体の危険物の屋外貯蔵タンクを除く)。

❸屋外貯蔵タンクの外面には、さびどめのための塗装をすること。

＊**特定屋外貯蔵タンク**は、液体の危険物を1,000kL以上貯蔵し、または取り扱う屋外タンク貯蔵所(特定屋外タンク貯蔵所)の屋外貯蔵タンクを、**準特定屋外貯蔵タンク**は、500kL以上1,000kL未満の液体の危険物を貯蔵し、または取り扱う屋外タンク貯蔵所(準特定屋外タンク貯蔵所)の屋外貯蔵タンクをいい、それぞれについて、特別な基準が設けられている。

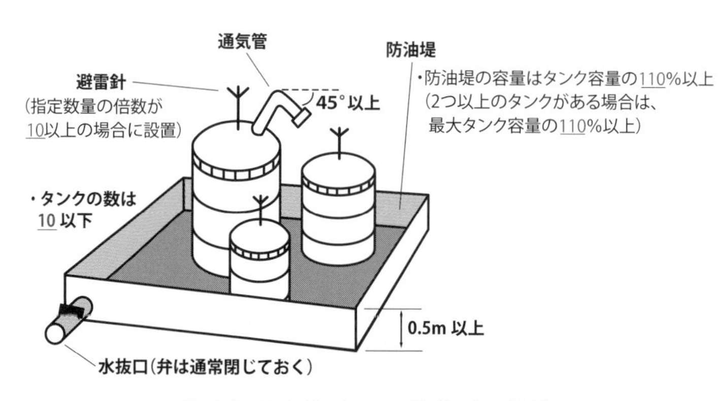

■ 図12.屋外タンク貯蔵所の基準

屋外タンク貯蔵所の設備：主に以下のような基準が定められている。

❶屋外貯蔵タンクのうち、圧力タンク以外のタンクには**無弁通気管**または**大気弁付通気管**＊を、圧力タンクには**安全装置**を設けること。

＊屋外タンク貯蔵所の通気管の基準

無弁通気管の構造：①直径は、30mm以上。②先端は、水平より下に45°以上曲げ、雨水の浸入を防ぐ構造。③細目の銅網等による引火防止装置を設ける。

大気弁付通気管の構造：①5kPa以下の圧力差で作動できるもの。②細目の銅網等による引火防止装置を設ける。

❷液体の危険物の屋外貯蔵タンクには、危険物の量を自動的に表示する装置を設けること。

❸液体の危険物の屋外貯蔵タンクの注入口は、次によること。

- 火災の予防上支障のない場所に設けること。
- 注入ホースまたは注入管と結合することができ、かつ、危険物が漏れないものであること。
- 注入口には、弁またはふたを設けること。
- ガソリン、ベンゼンその他**静電気**による災害が発生するおそれのある液体の危険物の屋外貯蔵タンクの注入口付近には、静電気を有効に除去するための**接地電極**を設けること。

❹ポンプ設備の周囲に3m以上の幅の空地を保有すること。ただし、防火上有効な隔壁を設ける場合、指定数量の10倍以下の危険物の屋外貯蔵タンクのポンプ設備を設ける場合は、この限りでない。

❺屋外貯蔵タンクの弁は、鋳鋼またはこれと同等以上の機械的性質を有する材料で造り、かつ、危険物が漏れないものであること。

❻配管の材質については、製造所の基準と同じ。

❼避雷設備については、製造所の基準と同じ。

❽液体の危険物(二硫化炭素を除く)の屋外貯蔵タンクの周囲には、危険物が漏れた場合にその流出を防止するための**防油堤**を設けること。

- 1つの屋外貯蔵タンクの周囲に設ける防油堤の**容量**は、タンクの容量の**110%**(引火性を有しない危険物では100%)以上とし、2以上の屋外貯蔵タンクの周囲に設ける防油堤の容量は、容量が最大であるタンクの容量の**110%**(引火性を有しない危険物では100%)以上とすること。
- 防油堤の高さは、0.5m以上であること。
- 防油堤内に設置する屋外貯蔵タンクの数は、**10**(防油堤内に設置するすべての屋外貯蔵タンクの容量が200kL以下で、かつ、当該屋外貯蔵タンクにおいて貯蔵し、または取り扱う危険物の引火点が70℃以上200℃未満である場合には20)以下であること。ただし、引火点が

200℃以上の危険物を貯蔵し、または取り扱う屋外貯蔵タンクにあってはこの限りでない。

❾固体の禁水性物品の屋外貯蔵タンクには、防水性の不燃材料で造った被覆設備を設けること。

本試験攻略のポイントはココ！

●屋内貯蔵所の基準は、壁、柱及び床を耐火構造とすること（例外あり）、床を地盤面以上に設けることなどがよく出題される。

●屋外タンク貯蔵所の基準は、防油堤に関する出題例が多い。

必ず覚える！

①液体の危険物（二硫化炭素を除く）の屋外貯蔵タンクの周囲には、防油堤を設ける。

②1つの屋外貯蔵タンクの周囲に設ける防油堤の容量は、タンクの容量の110%以上（引火性を有しない危険物では100%以上）。

③2以上の屋外貯蔵タンクの周囲に設ける防油堤の容量は、容量が最大であるタンクの容量の110%以上（引火性を有しない危険物では100%以上）。

こんな問題がでる！

問題 1

ガソリン10,000Lを貯蔵し、または取り扱う屋内貯蔵所の位置、構造及び設備の基準について、次のA～Eのうち正しいものはいくつあるか。

A　壁、柱、床及び屋根は耐火構造とする。
B　独立した専用の建築物とする。
C　窓または出入口にガラスを用いる場合は、網入ガラスとする。
D　内部に滞留した可燃性の蒸気を屋外の低所に排出する設備を設ける。
E　床は地盤面以下とする。

1　1つ　　2　2つ　　3　3つ　　4　4つ　　5　5つ

解答・解説

2の2つ(BとC)が正しい。屋内貯蔵所の貯蔵倉庫は、壁、柱、及び床を耐火構造とし、屋根は**不燃材料**で造るとともに、金属板その他の**軽量な不燃材料**でふき、かつ、天井を設けない。内部に滞留した可燃性の蒸気を**屋根上**に排出する設備を設ける。床は**地盤面以上**に設ける。

問題2

次の5基の屋外貯蔵タンク（岩盤タンク及び特殊液体危険物タンクを除く）を同一の防油堤内に設置する場合、防油堤に最低限必要な容量として、正しいものはどれか。

タンクA　ガソリン100kL　　タンクB　灯油200kL
タンクC　軽油400kL　　タンクD　重油500kL
タンクE　重油500kL

1　110kL　2　500kL　3　550kL　4　1,700kL　5　1,870kL

解答・解説

3が正しい。2以上の屋外貯蔵タンクの周囲に設ける防油堤の容量は、**容量が最大であるタンクの容量の110％以上**(引火性を有しない危険物では100％以上)。

語呂合わせで覚えよう　屋外貯蔵タンクの防油堤

もう言っていい？
(防)(油)(堤)
奥さん、意外に貯金が
(屋)(外)(貯蔵)
たくさん…
(タンク)
要領よく１割増しよ！
(容量)(110％)

屋外貯蔵タンクの周囲に設ける防油堤の容量は、タンクの容量の110％以上。

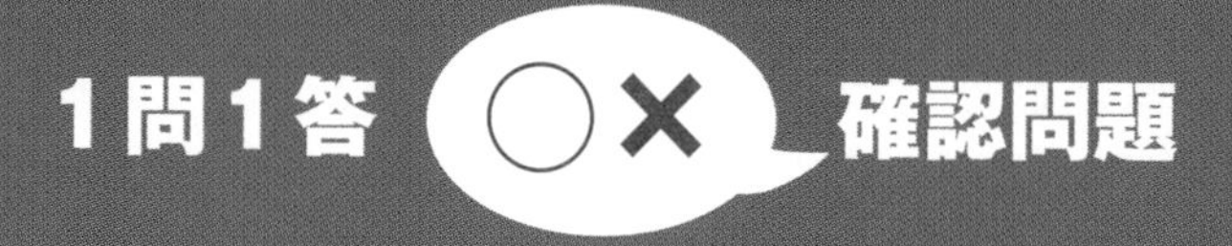

次の問題の内容が正しければ○、誤っていれば×で答えなさい。

	問　題	チェック
保安距離・保有空地	1. 屋内タンク貯蔵所は、学校、病院、劇場等の保安対象物から一定の距離（保安距離）を保たなければならない。	
	2. 保有空地には、いかなる物品も置いてはならない。	
製造所の基準	3. 製造所において危険物を取り扱う建築物は、地階を有しないものでなければならない。	
	4. 指定数量の倍数が10以上の製造所には、避雷設備を設けなければならない（周囲の状況によって安全上支障がない場合を除く）。	
屋内貯蔵所・屋外タンク貯蔵所の基準	5. 屋内貯蔵所の貯蔵倉庫は、壁、柱、床及び屋根を耐火構造としなければならない。	
	6. 屋外貯蔵タンクの周囲には、すべて防油堤を設けなければならない。	

〔解答・解説〕

1.×タンク貯蔵所では、保安距離が必要なのは、**屋外タンク貯蔵所**のみである。2.○　3.○　4.○　5.× 貯蔵倉庫は、壁、柱、及び床を**耐火構造**とし、屋根は**不燃材料**で造るとともに、金属板その他の軽量な不燃材料でふき、かつ、天井を設けない。　6.× 液体の危険物（二硫化炭素を除く）の屋外貯蔵タンクの周囲には、防油堤を設けなければならない。

4 屋内タンク貯蔵所・地下タンク貯蔵所の基準

ココを押さえる！

屋内タンク貯蔵所は、貯蔵する危険物の数量（タンクの容量）に制限が設けられています。地下タンク貯蔵所の基準については、液体の危険物の注入口を屋外に設けることなどを覚えておきましょう。

1 屋内タンク貯蔵所の位置・構造・設備の基準

屋内タンク貯蔵所の位置：保安距離、保有空地の規制はない。

屋内タンク貯蔵所の構造：主に以下のような基準が定められている。

❶屋内貯蔵タンクは、原則として**平家建**の建築物に設けられた**タンク専用室**に設置すること（引火点40℃以上の第4類の危険物のみを貯蔵し、または取り扱うものは、平家建以外の建築物に設置してもよい）。

❷屋内貯蔵タンクとタンク専用室の壁との間及び同一のタンク専用室に屋内貯蔵タンクを2以上設置する場合のタンク相互間に、**0.5m**以上の間隔を保つこと。

❸屋内貯蔵タンクの容量は、指定数量の**40**倍（第四石油類及び動植物油類以外の第4類の危険物にあっては、当該数量が**20,000L**を超えるときは**20,000L**）以下であること。同一のタンク専用室に屋内貯蔵タンクを2以上設置する場合、それらのタンクの容量の総計についても同様とする。

❹屋内貯蔵タンク本体の構造については、屋外貯蔵タンクの基準と同じ。

❺屋内貯蔵タンクの外面には、さびどめのための塗装をすること。

❻タンク専用室は、壁、柱及び床を**耐火構造**とし、かつ、はりを**不燃材料**で造るとともに、延焼のおそれのある外壁を出入口以外の開口部を有しない壁とすること。ただし、引火点が70℃以上の第4類の危険物のみの屋内貯蔵タンクを設置するタンク専用室にあっては、延焼のおそれのない外壁、柱及び床を**不燃材料**で造ることができる。

❼タンク専用室は、屋根を**不燃材料**で造り、かつ、**天井**を設けないこと。

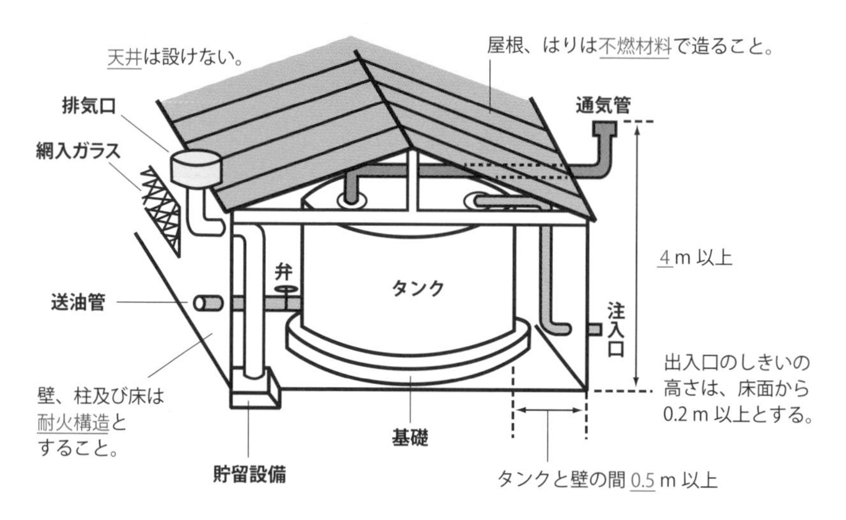

■ **図13.屋内タンク貯蔵所の基準**

❽タンク専用室の窓及び出入口には、**防火設備**を設けるとともに、延焼のおそれのある外壁に設ける出入口には、随時開けることができる自動閉鎖の**特定防火設備**を設けること。

❾タンク専用室の窓または出入口にガラスを用いる場合は、**網入ガラス**とすること。

❿液状の危険物の屋内貯蔵タンクを設置するタンク専用室の床は、危険物が浸透しない構造とするとともに、適当な**傾斜**を付け、**貯留設備**を設けること。

⓫タンク専用室の出入口のしきいの高さは、床面から**0.2m**以上とすること。

屋内タンク貯蔵所の設備：主に以下のような基準が定められている。

❶屋内貯蔵タンクのうち、圧力タンク以外のタンクには**無弁通気管***を、圧力タンクには**安全装置**を設けること。

*屋内タンク貯蔵所の通気管の基準

①先端は、**屋外にあって地上4m以上の高さ**とし、かつ、建築物の窓、出入口等の**開口部から1m以上離す**ものとするほか、引火点が40℃未満の危険物については、先端を敷地境界線から1.5m以上離すこと。また、滞油するおそれがある屈曲をさせないこと。

②その他構造は、屋外タンク貯蔵所の通気管の基準 **無弁通気管の構造**(p.81参照)に適合すること。

❷液体の危険物の屋内貯蔵タンクには、**危険物の量**を自動的に表示する装置を設けること。
❸配管については、製造所の基準を準用する。
❹タンク専用室の採光、照明、換気及び排出の設備については、屋内貯蔵所の基準を準用する。
❺屋内貯蔵タンクの弁については、屋外貯蔵タンクの弁の基準を準用する。

2 地下タンク貯蔵所の位置・構造・設備の基準

地下タンク貯蔵所の位置：保安距離、保有空地の規制はない。

地下タンク貯蔵所の地下貯蔵タンクについて、

地下貯蔵タンクの種類：**二重殻タンク**とそれ以外のものがある。

地下貯蔵タンクの設置方法：地盤面下に設けられたタンク室に設置する方法、地盤面下に直接埋没する方法(二重殻タンクのみ)、コンクリートで被覆して地盤面下に埋没する方法がある。

地下貯蔵タンクを地盤面下に設けられたタンク室に設置する場合：以下の基準による。

❶地下貯蔵タンクとタンク室の内側との間は、**0.1**m以上の間隔を保ち、かつ、タンクの周囲に乾燥砂をつめること。
❷地下貯蔵タンクの頂部は、**0.6**m以上**地盤面**から下にあること。
❸地下貯蔵タンクを2以上隣接して設置する場合は、その相互間に1m(地下貯蔵タンクの容量の総和が指定数量の100倍以下であるときは0.5m)以上の間隔を保つこと。

地下貯蔵タンクを地盤面下に直接埋没する場合、コンクリートで被覆して地盤面下に埋没する場合の基準については、ここでは省略する。

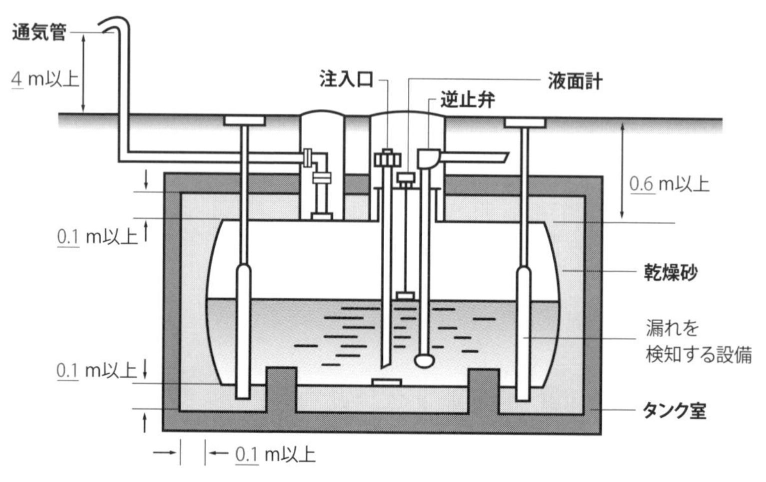

■ 図14.地下タンク貯蔵所の基準

地下タンク貯蔵所の設備：主に以下のような基準が定められている。

❶圧力タンク以外のタンクには**無弁通気管**または**大気弁付通気管**＊を、圧力タンクには**安全装置**を設けること。

＊地下タンク貯蔵所の通気管の基準

①地下貯蔵タンクの頂部に取り付ける。

②地下埋設部分は地盤面にかかる重量から保護し、接合部分は損傷の有無を点検することができる措置を講ずる。

③可燃性の蒸気を回収するための弁を設ける場合は、地下貯蔵タンクに危険物を注入する場合を除き常時開放している構造とし、閉鎖した場合には10kPa以下の圧力で開放する構造のものとする。

④その他、屋内タンク貯蔵所の通気管の基準①（p.86参照）、また、屋外タンク貯蔵所の通気管の基準 **無弁通気管の構造、大気弁付通気管の構造**（p.81参照）に適合すること。

❷液体の危険物の地下貯蔵タンクには、**危険物の量**を自動的に表示する装置を設けること。

❸液体の危険物の地下貯蔵タンクの注入口は、**屋外**に設けること（このほか、注入口については屋外貯蔵タンクの基準を準用）。

❹地下貯蔵タンクの配管は、タンクの**頂部**に取り付けること（このほか、配管については製造所の基準を準用）。

❺二重殻タンク以外の地下貯蔵タンクまたはその周囲には、液体の危険物の**漏れを検知する設備**を設けること。

地下貯蔵タンクに関する基準は、給油取扱所の地盤面下に設ける専用タンク、廃油タンクにも準用されます。

本試験攻略のポイントはココ！

- 屋内タンク貯蔵所の基準は、貯蔵する危険物の**数量に制限**が設けられていることに注意する。
- 地下タンク貯蔵所の基準は、**注入口を屋外に設ける**ことなどを覚えておく。「注入口を建物内に設ける」などの選択肢は誤りである。
- 地下タンク貯蔵所には、指定数量の**倍数等にかかわらず**、第5種消火設備（小型消火器等）を2個以上設置することが義務づけられている（p.117参照）。

必ず覚える！

①屋内貯蔵タンクの容量は、指定数量の40倍以下（第四石油類及び動植物油類以外の第4類の危険物は20,000Lを超えてはならない）。
②液体の危険物の地下貯蔵タンクの注入口は、屋外に設ける。

たとえば、第二石油類の軽油の指定数量は1,000Lで、その40倍は40,000Lですが、屋内タンク貯蔵所に貯蔵できるのは20,000L以下となります。

こんな問題がでる！

問題1

屋内タンク貯蔵所（タンク専用室が平家建の建築物に設けられたもの）について、次のうち誤っているものはどれか（特例基準を除く）。

1　タンク専用室の窓または出入口にガラスを用いる場合は、網入ガラスを用いなければならない。
2　液体の危険物の屋内貯蔵タンクには、危険物の量を自動的に表示する装置を設けなければならない。

3　屋内貯蔵タンクの容量は、指定数量の30倍以下にしなければならない。
4　タンク専用室は、壁、柱及び床を耐火構造とし、はりを不燃材料で造らなければならない（引火点70℃以上の第4類の危険物のみを貯蔵する場合を除く）。
5　液状の危険物の屋内貯蔵タンクを設置するタンク専用室の床は、危険物が浸透しない構造とし、適当な傾斜を付け、貯留設備を設けなければならない。

解答・解説

3が誤り。屋内貯蔵タンクの容量は、指定数量の**40**倍（第四石油類及び動植物油類以外の第4類の危険物にあっては、当該数量が**20,000L**を超えるときは**20,000L**）以下にしなければならない。

問題2

液体の危険物を貯蔵する地下タンク貯蔵所について、次のうち誤っているものはどれか。

1　圧力タンク以外のタンクには無弁通気管または大気弁付通気管を、圧力タンクには安全装置を設ける。
2　貯蔵する危険物の数量により、第4種または第5種の消火設備を設置する。
3　危険物の注入口は、屋外に設ける。
4　危険物の量を自動的に表示する装置を設ける。
5　ガソリン、ベンゼンその他静電気による災害が発生するおそれのある液体の危険物の注入口付近には、静電気を有効に除去するための接地電極を設ける。

解答・解説

2が誤り。地下タンク貯蔵所には、指定数量の倍数等にかかわらず、第5種消火設備（小型消火器等）を2個以上設置することが義務づけられている。

5 簡易タンク貯蔵所・移動タンク貯蔵所・屋外貯蔵所の基準

ココを押さえる！

簡易タンク貯蔵所は、タンクの容量、設置できるタンクの数ともに制限があります。移動タンク貯蔵所は、車両により危険物を移送するので、事故防止のためにさまざまな基準が設けられています。

1 簡易タンク貯蔵所の位置・構造・設備の基準

簡易タンク貯蔵所の位置：政令に定められた条件に適合するタンク専用室内に設置する場合を除き、屋外に設置することとされている。屋外に設置する場合は、簡易貯蔵タンクの周囲に1m以上の**保有空地**を確保しなければならない(p.69、70参照)。保安距離の規制はない。

簡易タンク貯蔵所の構造：主に以下のような基準が定められている。

❶簡易貯蔵タンク1基の容量は、**600L以下**とすること。

❷1つの簡易タンク貯蔵所に設置する簡易貯蔵タンクは**3基以内**とし、かつ、同一品質の危険物の簡易貯蔵タンクを**2基以上**設置しないこと。

❸簡易貯蔵タンクは、容易に移動しないように**地盤面**、**架台**等に固定すること。

❹簡易貯蔵タンクをタンク専用室内に設置する場合は、タンクと専用室の壁との間に**0.5m以上**の間隔を保つこと。

❺簡易貯蔵タンクは、厚さ3.2mm以上の鋼板で気密に造るとともに、70kPaの圧力で10分間行う水圧試験において、漏れ、または変形しないものであること。

簡易貯蔵タンクをタンク専用室に設置する場合は、屋内タンク貯蔵所のタンク専用室の基準が準用されます。

簡易タンク貯蔵所の設備：主に以下のような基準が定められている。

❶簡易貯蔵タンクには、通気管を設けること。

❷簡易貯蔵タンクの外面には、さびどめのための塗装をすること。

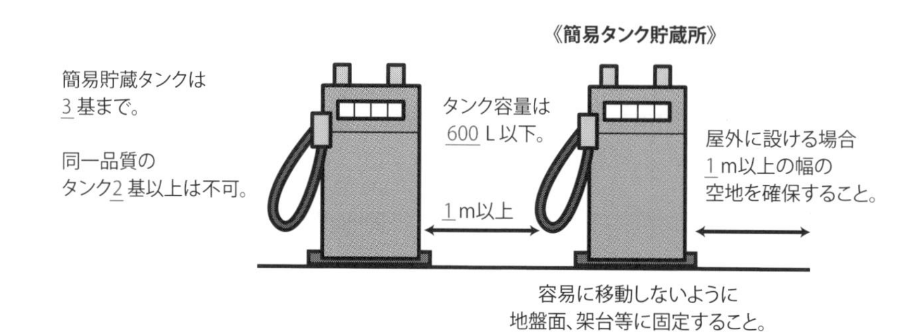

■ 図15.簡易タンク貯蔵所の基準

簡易タンク貯蔵所で、ガソリン、灯油、軽油のタンクが1基ずつなら、すべて品質が異なるので設置可能です。

2 移動タンク貯蔵所の位置・構造・設備の基準

移動タンク貯蔵所の位置：保安距離、保有空地の規制はないが、屋外の防火上安全な場所、または壁、床、はり及び屋根を耐火構造とし、もしくは不燃材料で造った建築物の1階に常置することとされている。

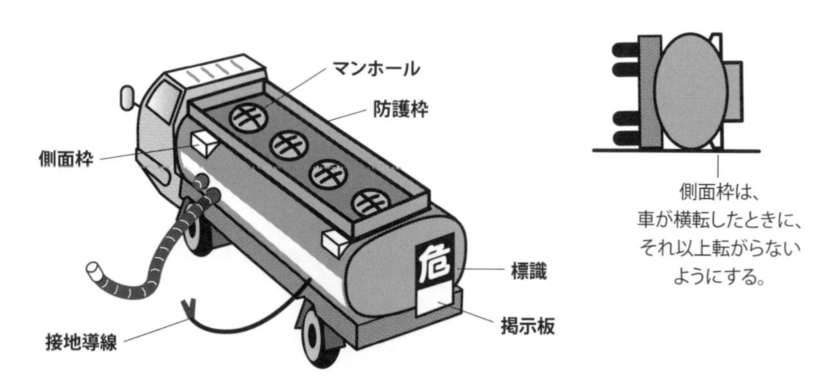

■ 図16.移動タンク貯蔵所の基準

移動タンク貯蔵所の構造：主に以下のような基準が定められている。

❶移動貯蔵タンクは、厚さ3.2mm以上の鋼板またはこれと同等以上の機械的性質を有する材料で気密に造るとともに、圧力タンクを除くタンクにあっては70kPaの圧力で、圧力タンクにあっては最大常用圧力の1.5倍の圧力で、それぞれ10分間行う水圧試験において、漏れ、または変形しないものであること。

❷移動貯蔵タンクは、容量を**30,000L**以下とし、かつ、その内部に4,000L以下ごとに完全な**間仕切**を設けること。ただし、積載式移動タンク貯蔵所（移動タンク貯蔵所のうち移動貯蔵タンクを車両等に積み替えるための構造を有するもの）については、間仕切に係る規定は適用されない。

❸間仕切により仕切られたタンク室には、それぞれ**マンホール**及び**安全装置**を設けるとともに、容量が2,000L以上のタンク室には、**防波板**を設けること。

❹マンホール、注入口、安全装置等の附属装置の損傷を防止するための**防護枠**、**側面枠**を設けること。

❺移動貯蔵タンクの外面には、さびどめのための塗装をすること。

移動タンク貯蔵所の設備：主に以下のような基準が定められている。

❶移動貯蔵タンクの下部に排出口を設ける場合は、排出口に**底弁**を設けるとともに、原則として、非常の場合に直ちに当該底弁を閉鎖することができる**手動閉鎖装置**及び**自動閉鎖装置**を設けること。

❷ガソリン、ベンゼンその他**静電気**による災害が発生するおそれのある液体の危険物の移動貯蔵タンクには、**接地導線**を設けること。

❸液体の危険物の移動貯蔵タンクには、タンクの注入口と結合できる結合金具を備えた注入ホースを設けること。

液体の危険物を積んだタンクローリーは、重心が不安定になりやすいため、移送中の事故防止、事故が起きた場合の対策についての基準があります。

3 屋外貯蔵所の位置・構造・設備の基準

屋外貯蔵所の位置：保安距離、保有空地の規制を受ける（p.68〜70参照）。また、屋外貯蔵所は、**湿潤**でなく、かつ、**排水**のよい場所に設置すること、危険物を貯蔵し、または取り扱う場所の周囲には、**さく**等を設けて明確に区画することとされている。保有空地は、さく等の周囲に設ける（「図17.屋外貯蔵所の基準」参照）。

屋外貯蔵所の構造、設備：主に以下のような基準が定められている。

❶屋外貯蔵所に架台を設ける場合は、**不燃材料**で造るとともに、堅固な地盤面に固定すること。

❷架台の高さは、6m未満とすること。

❸架台には、危険物を収納した容器が容易に**落下**しない措置を講ずること。

なお、屋外貯蔵所で貯蔵し、または取り扱うことができる危険物は、第2類の危険物の一部と、第4類の危険物の一部に限られる（p.24参照）。

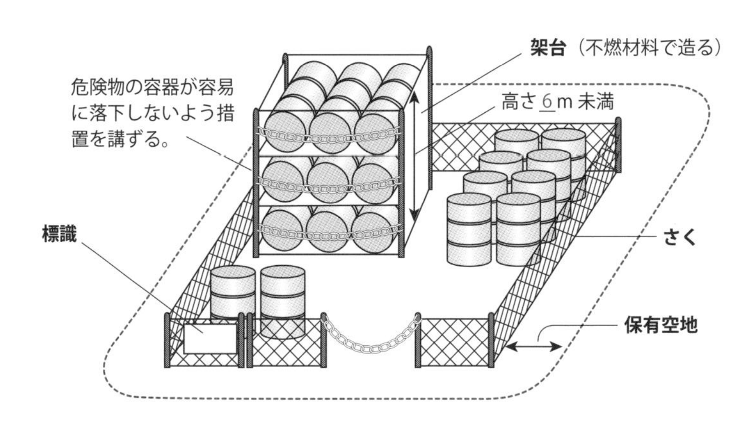

■ 図17.屋外貯蔵所の基準

本試験攻略のポイントはココ！

- 簡易タンク貯蔵所の基準は、タンクの容量や、設置できるタンクの数の制限をまず覚える。
- 移動タンク貯蔵所の基準は、タンクの容量の制限がある。
- 移動タンク貯蔵所は、移送中の事故防止や、万一事故が起きた場合の対策についての基準があることにも注目する。

  移動タンク貯蔵所は、車両に固定されたタンクに危険物を貯蔵し、移送する点が他の貯蔵所と大きく異なり、そのための基準が設けられている。たとえば、移動貯蔵タンクに間仕切を設けるのは、走行中の液揺れを防止し、事故の際には、危険物の流出を最小限に抑えるためである。間仕切を設けることにより、異なる種類の危険物を混載できるという利点もある。
- 屋外貯蔵所については、設置場所に関する基準や、架台を設置する場合の基準などを覚える。

必ず覚える！

①簡易貯蔵タンク1基の容量は、600L以下。

②1つの簡易タンク貯蔵所に設置する簡易貯蔵タンクは3基以内。

③同一品質の危険物の簡易貯蔵タンクを2基以上設置しない。

こんな問題がでる！

問題1

簡易タンク貯蔵所について、次のうち誤っているものはどれか。

1　1つの簡易タンク貯蔵所に設置する簡易貯蔵タンクは、3基以内としなければならない。

2　1つの簡易タンク貯蔵所に、同一品質の危険物の簡易貯蔵タンクを2基以上設置してはならない。

3　簡易貯蔵タンク1基の容量は、600L以下とする。

4　簡易貯蔵タンクの外面には、さびどめのための塗装をしなければならない。
5　簡易貯蔵タンクをタンク専用室内に設置する場合は、タンクと専用室の壁との間に1m以上の間隔を保たなければならない。

解答・解説

5が誤り。簡易貯蔵タンクをタンク専用室内に設置する場合は、タンクと専用室の壁との間に**0.5m**以上の間隔を保たなければならない。

問題2

移動タンク貯蔵所について、次のうち誤っているものはどれか。

1　移動貯蔵タンクは、容量を30,000L以下とし、かつ、その内部に4,000L以下ごとに完全な間仕切を設けなければならない。
2　移動貯蔵タンクの外面には、さびどめのための塗装をしなければならない。
3　静電気による災害が発生するおそれのある液体の危険物の移動貯蔵タンクには、接地導線を設けなければならない。
4　屋外の防火上安全な場所、または壁、床、はり及び屋根を耐火構造とし、もしくは不燃材料で造った建築物の1階に常置しなければならない。
5　容量が4,000L以上のタンク室には、防波板を設けなければならない。

解答・解説

5が誤り。容量が**2,000L**以上のタンク室には、防波板を設けなければならない。

問題3

屋外貯蔵所について、次のうち誤っているものはどれか。

1　危険物を貯蔵し、または取り扱う場所の周囲には、さく等を設けて明確に区画しなければならない。

2 危険物を貯蔵し、または取り扱う場所の上部には、不燃材料で造った屋根を設けなければならない。

3 湿潤でなく、かつ、排水のよい場所に設置しなければならない。

4 指定数量の倍数に応じて保有空地を設けなければならない。

5 架台を設ける場合は、不燃材料で造るとともに、堅固な地盤面に固定しなければならない。

解答・解説

2が誤り。

移動タンク貯蔵所に関する問題では、貯蔵・取扱いの基準（p.125、131参照）、移送の基準（p.141参照）もまとめて出題されることがあります。

語呂合わせで覚えよう　簡易タンク貯蔵所の基準

勘いいね、
（簡易貯蔵タンク）

同じ手は二度と
（同一品質）（2基以上）

食わないもの
（設置できない）

ひとつの簡易タンク貯蔵所には、同一品質の危険物の簡易貯蔵タンクを2基以上設置してはならない。

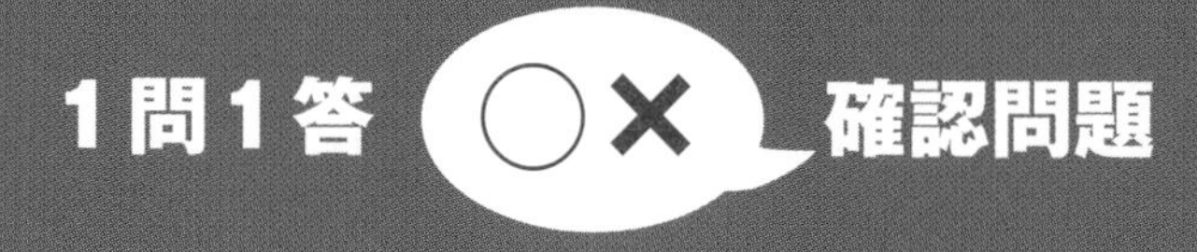

次の問題の内容が正しければ○、誤っていれば×で答えなさい。

	問　題	チェック
屋内タンク貯蔵所・地下タンク貯蔵所の基準	1. 液体の危険物の屋内貯蔵タンクには、危険物の量を自動的に表示する装置を設けなければならない。	
	2. 液体の危険物の地下貯蔵タンクの注入口は、建物内に設けなければならない。	
簡易タンク貯蔵所・移動タンク貯蔵所・屋外貯蔵所の基準	3. 1つの簡易タンク貯蔵所に設置する簡易貯蔵タンクは、2基以内としなければならない。	
	4. 移動タンク貯蔵所は、屋外の防火上安全な場所、または壁、床、はり及び屋根を耐火構造とし、もしくは不燃材料で造った建築物の1階に常置しなければならない。	
	5. 屋外貯蔵所は、湿潤でなく、かつ、排水のよい場所に設置しなければならない。	

〔解答・解説〕

1.○　2.× 液体の危険物の地下貯蔵タンクの注入口は、**屋外**に設けなければならない。　3.× 1つの簡易タンク貯蔵所に設置する簡易貯蔵タンクは、**3基**以内としなければならない。　4.○　5.○

6 給油取扱所の基準

ココを押さえる！

給油取扱所については、製造所等の基準に関する問題の中でも出題例が多くなっています。屋内給油取扱所の基準や、顧客に自ら給油等をさせる給油取扱所（セルフスタンド）について設けられている特例基準などもよく覚えておきましょう。

1 給油取扱所の位置・構造・設備の基準

給油取扱所の位置：保安距離、保有空地の規制はない。

給油取扱所の構造、設備：主に以下のような基準が定められている。

❶給油取扱所の給油設備は、**ポンプ機器及びホース機器**からなる固定された給油設備（**固定給油設備**）とすること。

❷固定給油設備のうちホース機器の周囲（懸垂式の固定給油設備の場合は、ホース機器の下方）に、自動車等に直接給油し、及び給油を受ける自動車等が出入りするための、**間口10m以上、奥行6m以上**の空地（**給油空地**）を保有すること。

❸給油取扱所に灯油もしくは軽油を容器に詰め替え、または車両に固定された容量4,000L以下のタンクに注入するための固定された注油設備（**固定注油設備**）を設ける場合は、固定注油設備の**ホース機器**の周囲（懸垂式の固定注油設備の場合は、ホース機器の下方）に、灯油もしくは軽油を容器に詰め替え、または車両に固定されたタンクに注入するための空地（**注油空地**）を、**給油空地以外**の場所に保有すること。

❹給油空地及び注油空地は、漏れた危険物が浸透しないための**舗装**をすること。

❺給油空地及び注油空地には、漏れた危険物及び可燃性の蒸気が**滞留**せず、かつ、危険物その他の液体が給油空地及び注油空地以外の部分に**流出**しないような措置（**排水溝、油分離装置等**）を講ずること。

❻給油取扱所には、固定給油設備もしくは固定注油設備に接続する**専用タンク**、または容量10,000L以下の廃油タンク等を**地盤面下**に埋没して設ける場合を除き、危険物を取り扱うタンクを設けないこと。ただし、都市

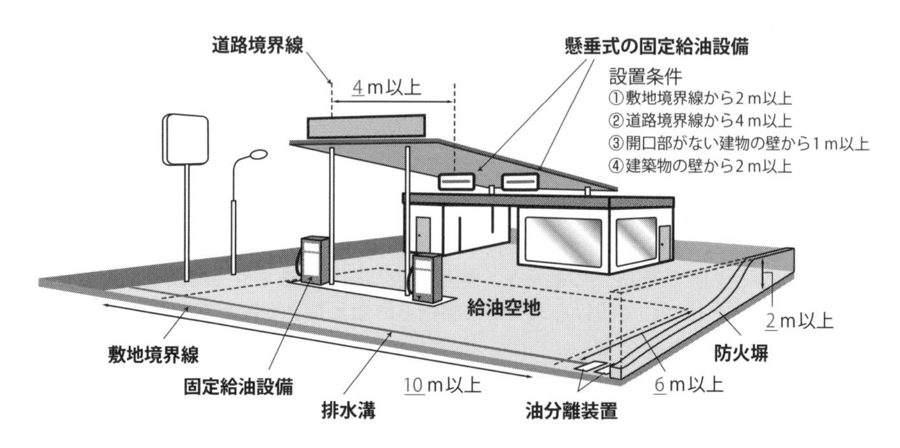

■ 図18.給油取扱所の基準

計画法に基づく防火地域及び準防火地域以外の地域においては、地盤面上に固定給油設備に接続する容量600L以下の**簡易タンク**を、その取り扱う同一品質の危険物ごとに1個ずつ3個まで設けることができる。

❼専用タンクまたは廃油タンク等の構造等に関する基準は、地下タンク貯蔵所の地下貯蔵タンクの例による。

❽簡易タンクの構造等に関する基準は、簡易タンク貯蔵所の簡易貯蔵タンクの例による。

❾固定給油設備または固定注油設備に危険物を注入するための配管は、接続する専用タンクまたは簡易タンクからの配管のみとすること。

❿固定給油設備及び固定注油設備は、漏れるおそれがない等火災予防上安全な構造とするとともに、先端に弁を設けた全長**5m**(懸垂式の固定給油設備及び固定注油設備の場合は、**ホース機器**の引出口から地盤面上0.5mの水平面に垂線を下ろし、その交点を中心として当該水平面において給油ホース等の先端で円を描いた場合において、半径3mを超える円を描くことができない長さ)以下の給油ホースまたは注油ホース及びこれらの先端に蓄積される**静電気**を有効に除去する装置を設けること。

⓫固定給油設備は、**道路境界線**から以下の間隔を保つこと(固定注油設備も同様)。

- 懸垂式の固定給油設備…**4m**以上
- 最大給油ホース全長が3m以下の固定給油設備…**4m**以上
- 最大給油ホース全長が3mを超え4m以下の固定給油設備…**5m**以上
- 最大給油ホース全長が4mを超え5m以下の固定給油設備…**6m**以上

⑫固定給油設備は、**敷地境界線**から2m以上の間隔を保つこと（固定注油設備は1m以上）。

⑬固定給油設備は、**建築物の壁**から2m以上の間隔を保つこと（建築物の壁に開口部がない場合は1m以上。固定注油設備も同様）。

⑭給油取扱所には、給油またはこれに附帯する業務のための用途に供する建築物以外の建築物その他の工作物を設けないこと。給油取扱所内に設置できる建築物の用途は以下の通り。

- 給油または灯油もしくは軽油の詰替えのための**作業場**
- 給油取扱所の業務を行うための**事務所**
- 給油、灯油もしくは軽油の詰替えまたは自動車等の点検・整備もしくは洗浄のために給油取扱所に出入りする者を対象とした**店舗**、**飲食店**または**展示場**
- 自動車等の点検・整備を行う**作業場**
- 自動車等の洗浄を行う**作業場**
- 給油取扱所の所有者、管理者もしくは占有者が居住する**住居**またはこれらの者に係る他の給油取扱所の業務を行うための**事務所**

⑮給油取扱所に設ける建築物は、壁、柱、床、はり及び屋根を**耐火構造**とし、または**不燃材料**で造るとともに、窓及び出入口に**防火設備**を設けること。

⑯給油取扱所の周囲には、自動車等の出入りする側を除き、火災による被害の拡大を防止するための高さ**2m**以上の、**耐火構造**の、または**不燃材料**で造られた塀または**壁**を設けること。

2 屋内給油取扱所の基準

屋内給油取扱所とは、以下のものをいう。

- **建築物内に設置**する給油取扱所
- 上屋（キャノピー）等の面積が、給油取扱所の敷地面積から事務所等の建築物の1階の床面積を除いた面積の**1/3を超える**もの

屋内給油取扱所の**定義**を押さえておきましょう。
屋内給油取扱所には、給油取扱所の基準に加えて、次の基準が適用されます。

屋内給油取扱所の構造、設備：給油取扱所の例によるほか、主に以下のような基準が定められている。

❶屋内給油取扱所は、壁、柱、床及びはりが**耐火構造**で、以下に掲げる用途に供する部分を有しない建築物に設置すること。

・病院、診療所または助産所

・幼稚園または特別支援学校

・特別養護老人ホーム等の福祉施設

❷建築物の屋内給油取扱所の用に供する部分は、壁、柱、床、はり及び屋根を**耐火構造**とすること。ただし、屋内給油取扱所の用に供する部分の上部に**上階**がない場合には、屋根を**不燃材料**で造ることができる。

❸建築物の屋内給油取扱所の用に供する部分は、開口部のない**耐火構造**の**床**または**壁**で当該建築物の他の部分と区画されたものであること。

❹建築物の屋内給油取扱所の用に供する部分の窓及び出入口(自動車等の出入口を除く)には、**防火設備**を設けること。

❺事務所等の窓または出入口にガラスを用いる場合は、**網入ガラス**とすること。

❻建築物の屋内給油取扱所の用に供する部分の1階の2方については、自動車等の出入する側または通風及び避難のための空地に面するとともに、壁を設けないこと。ただし、一定の措置を講じた場合は、1方とすることができる。

❼建築物の屋内給油取扱所の用に供する部分には、可燃性の蒸気が滞留するおそれのある穴、くぼみ等を設けないこと。

❽建築物の屋内給油取扱所の上部に**上階**がある場合は、危険物の**漏えい**の拡大及び上階への**延焼**を防止するための措置を講ずること。

❾専用タンクには、危険物の過剰な注入を自動的に防止する設備を設けること。

3 顧客に自ら給油等をさせる給油取扱所の基準

顧客に自ら給油等をさせる給油取扱所(セルフスタンド)の構造、設備：給油取扱所、屋内給油取扱所の例によるほか、以下のような**特例基準**が定められている。

❶顧客に自ら給油等をさせる給油取扱所には、進入する際見やすい箇所に、顧客が自ら給油等を行うことができる給油取扱所である旨を表示すること。

❷顧客用固定給油設備には、給油ホースの先端部に**手動開閉装置**を備えた給油ノズルを設けること。

❸給油ノズルが自動車等の燃料タンク給油口から脱落した場合に給油を自動的に停止する構造のものとすること。

❹給油ノズルは、自動車等の燃料タンクが**満量**となったときに給油を自動的に停止する構造のものとするとともに、自動車等の燃料タンク給油口から危険物が噴出した場合に、顧客に危険物が飛散しないための措置を講ずること。

❺給油ホースは、著しい引張力が加わったときに安全に**分離**するとともに、分離した部分からの危険物の**漏えい**を防止することができる構造のものとすること。

❻ガソリン及び軽油相互の**誤給油**を有効に防止することができる構造のものとすること。

❼1回の連続した給油量及び給油時間の上限をあらかじめ設定できる構造のものとすること。

❽**地震時**にホース機器への危険物の供給を自動的に停止する構造のものとすること。

❾顧客用固定給油設備及び顧客用固定注油設備には、それぞれ顧客が自ら自動車等に給油することができる固定給油設備または顧客が自ら危険物を容器に詰め替えることができる固定注油設備である旨を見やすい箇所に表示するとともに、その周囲の地盤面等に自動車等の**停止位置**または容器の置き場所等を表示すること。

❿固定給油設備及び固定注油設備並びに簡易タンクには、自動車等の**衝突**を防止するための措置を講ずること。

⓫顧客自らによる給油作業または容器への詰替え作業を監視し、及び制御し、並びに顧客に対し必要な指示を行うための**制御卓**その他の設備を設けること。

セルフスタンドの構造、設備については、
給油取扱所、屋内給油取扱所の基準の他、
特例基準についても確認しておきましょう。

本試験攻略のポイントはココ！

給油取扱所については出題例が多く、その内容も広範囲にわたっている。

- **給油取扱所全般**に関する問題
- **屋内給油取扱所の基準**に関する問題
- **顧客に自ら給油等をさせる給油取扱所（セルフスタンド）の基準**に関する問題
- **給油取扱所内に設置できる建築物の用途**に関する問題

屋内給油取扱所の構造に関する基準はやや複雑なので、しっかり覚えましょう。

こんな問題がでる！

問題1

給油取扱所の懸垂式の固定給油設備について、次のうち誤っているものはどれか。

1　敷地境界線から2m以上の距離を保たなければならない。
2　道路境界線から4m以上の距離を保たなければならない。
3　開口部のある建築物の壁からは、1m以上の間隔を保たなければならない。
4　ホース機器の下方に、自動車等に直接給油し、及び給油を受ける自動車等が出入りするための、間口10m以上、奥行6m以上の給油空地を保有しなければならない。
5　漏れるおそれがない等火災予防上安全な構造としなければならない。

解答・解説

3が誤り。開口部のある建築物の壁からは、2m以上の間隔を保たなければならない。

問題2

給油に附帯する業務のための用途として、給油取扱所に設置することができる建築物として、次のうち誤っているものはどれか。

1 灯油もしくは軽油の詰替えのために出入りする者を対象とした飲食店
2 給油のために出入りする者を対象とした店舗
3 自動車等の点検・整備を行う作業場
4 自動車等の点検・整備もしくは洗浄のために出入りする者を対象とした立体駐車場
5 給油取扱所の所有者、管理者もしくは占有者が居住する住居

解答・解説

4が誤り。

問題3

屋内給油取扱所の位置、構造及び設備の技術上の基準について、次のうち誤っているものはどれか。

1 住宅、学校、病院等の建築物等から、一定の距離を保たなければならない。
2 病院、診療所または助産所の用途に供する部分を有する建築物に設置してはならない。
3 建築物の屋内給油取扱所の用に供する部分のうち、壁、柱、床、及びはりは耐火構造としなければならない。
4 専用タンクには、危険物の過剰な注入を自動的に防止する設備を設けなければならない。
5 建築物の屋内給油取扱所の用に供する部分の窓及び出入口(自動車等の出入口を除く)には、防火設備を設けなければならない。

解答・解説

1が誤り。給油取扱所については、保安距離の規制はない。

問題4

顧客に自ら給油させるための顧客用固定給油設備の構造及び設備の技術上の基準について、次のうち誤っているものはどれか。

1　給油ノズルは、自動車等の燃料タンクが満量となったときに自動的に警報を発する構造にしなければならない。
2　給油ノズルが自動車等の燃料タンク給油口から脱落した場合に給油を自動的に停止する構造にしなければならない。
3　給油ホースは、著しい引張力が加わったときに安全に分離するとともに、分離した部分からの危険物の漏えいを防止することができる構造にしなければならない。
4　ガソリン及び軽油相互の誤給油を有効に防止することができる構造にしなければならない。
5　1回の連続した給油量及び給油時間の上限をあらかじめ設定できる構造にしなければならない。

解答・解説

1が誤り。給油ノズルは、自動車等の燃料タンクが満量となったときに**給油を自動的に停止**する構造にしなければならない。

語呂合わせで覚えよう

給油取扱所に設置できる建築物の用途

さあ、今日も、
（作業場）

自宅で会社でテンポよく
（住居）（事務所）（店舗）

ごはんを食べて見せよう！
（飲食店）（展示場）

給油取扱所に設置できる建築物の用途は、作業場、事務所、店舗・飲食店・展示場、給油取扱所の所有者等の住居である。

7 販売取扱所の基準

ココを押さえる！

販売取扱所には、第一種販売取扱所、第二種販売取扱所の２種類があります。両者に共通する基準もありますが、それぞれ異なる基準が定められている場合もあるので注意しましょう。

1 販売取扱所の位置・構造・設備の基準

販売取扱所の位置：建築物の１階に設置することとされている。保安距離、保有空地の規制はない。

販売取扱所の構造、設備：主に以下のような基準が定められている。なお、販売取扱所は、第一種販売取扱所、第二種販売取扱所に区分されており（p.25参照）、取り扱う危険物の数量の大きい第二種販売取扱所のほうが、より規制がきびしくなっている。

第一種販売取扱所、第二種販売取扱所、それぞれ区分されている基準

❶建築物の第一種販売取扱所の用に供する部分は、壁を**準耐火構造**とすること。ただし、第一種販売取扱所の用に供する部分とその他の部分との隔壁は、**耐火構造**としなければならない。

❷建築物の第一種販売取扱所の用に供する部分は、はりを**不燃材料**で造るとともに、天井を設ける場合は、**不燃材料**で造ること。

❸建築物の第二種販売取扱所の用に供する部分は、壁、柱、床及びはりを**耐火構造**とするとともに、天井を設ける場合は、**不燃材料**で造ること。

❹建築物の第一種販売取扱所の用に供する部分は、上階がある場合には上階の床を**耐火構造**とし、上階のない場合は屋根を**耐火構造**とし、または**不燃材料**で造ること。

❺建築物の第二種販売取扱所の用に供する部分は、上階がある場合は上階の床を**耐火構造**とするとともに、上階への延焼を防止するための措置を講ずることとし、上階のない場合は屋根を**耐火構造**とすること。

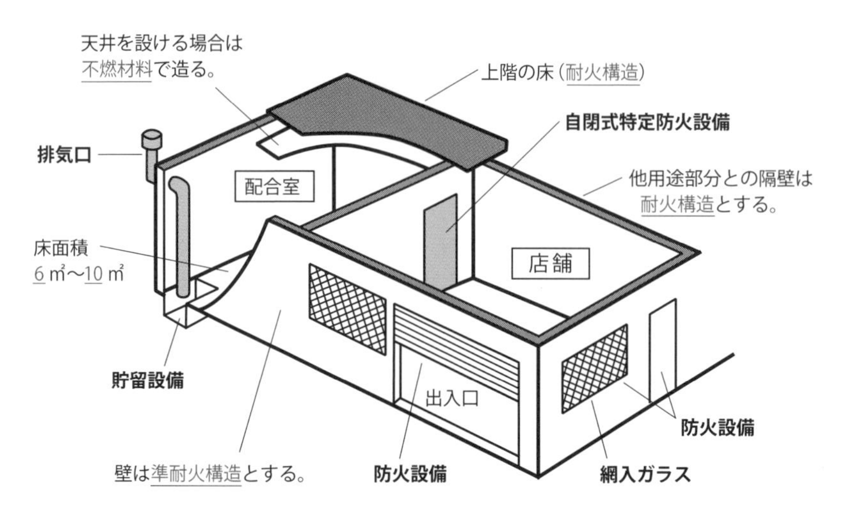

■ 図19.販売取扱所の基準（第一種販売取扱所の例）

❻建築物の第一種販売取扱所の用に供する部分の窓及び出入口には、防火設備を設けること。

❼建築物の第二種販売取扱所の用に供する部分には、延焼のおそれのない部分に限り、窓を設けることができるものとし、窓には防火設備を設けること。

❽建築物の第二種販売取扱所の用に供する部分の出入口には、防火設備を設けること。ただし、延焼のおそれのある壁またはその部分に設けられる出入口には、随時開けることができる自動閉鎖の特定防火設備を設けなければならない。

第一種販売取扱所、第二種販売取扱所に共通する基準

❶建築物の窓または出入口にガラスを用いる場合は、網入ガラスとすること。

❷危険物を配合する室は、以下によること。

・床面積は、6m²以上10m²以下であること。

・壁で区画すること。

・床は、危険物が浸透しない構造とするとともに、適当な傾斜を付け、かつ、貯留設備を設けること。

・出入口には、随時開けることができる自動閉鎖の特定防火設備を設けること。

・出入口のしきいの高さは、床面から0.1m以上とすること。

・内部に滞留した可燃性の蒸気または可燃性の微粉を、屋根上に排出する設備を設けること。

販売取扱所には、危険物を配合する室で、万一、危険物がこぼれた場合に備える基準があります。

なお、**移送取扱所の基準**については、出題例がまれなので割愛する。**一般取扱所の位置、構造・設備の基準**は、製造所等の基準が準用される（ただし、危険物の取扱形態によりさまざまな特例がある）。

本試験攻略のポイントはココ！

販売取扱所には、指定数量の倍数が15以下の**第一種販売取扱所**と、指定数量の倍数が15を超え40以下の**第二種販売取扱所**があり、**建築物の構造等に関する基準がそれぞれ異なる場合**があるので注意しよう。

必ず覚える！

●第一種販売取扱所、第二種販売取扱所に共通する基準

①建築物の1階に設置する。

②天井を設ける場合は、不燃材料で造る。

③危険物を配合する室の床は、危険物が浸透しない構造とするとともに、適当な傾斜を付け、かつ、貯留設備を設ける。

●第一種販売取扱所、第二種販売取扱所で異なる基準

①第一種販売取扱所の壁は準耐火構造（第一種販売取扱所の用に供する部分とその他の部分との隔壁は、耐火構造）。第二種販売取扱所の壁は耐火構造。

②第二種販売取扱所には、延焼のおそれのない部分に限り、窓を設けることができる。

こんな問題がでる！

問　題

第一種販売取扱所の位置、構造及び設備の技術上の基準として、次のうち誤っているものはどれか。

1　建築物の1階に設置しなければならない。
2　建築物の第一種販売取扱所の用に供する部分に天井を設ける場合は、不燃材料で造らなければならない。
3　建築物の第一種販売取扱所の用に供する部分とその他の部分との隔壁は、準耐火構造としなければならない。
4　危険物を配合する室の床は、危険物が浸透しない構造とするとともに、適当な傾斜を付け、かつ、貯留設備を設けなければならない。
5　上階がある場合には上階の床を耐火構造としなければならない。

解答・解説

3が誤り。建築物の第一種販売取扱所の用に供する部分とその他の部分との隔壁は、**耐火構造**としなければならない。

［指定数量の倍数］
第一種販売取扱所：15以下
第二種販売取扱所：15を超え40以下
第二種販売取扱所は、第一種販売取扱所よりもさらに規制がきびしくなっています。

8 標識・掲示板

ココを押さえる！

危険物を貯蔵し、または取り扱う製造所等には、見やすい箇所に標識、掲示板を設けなければなりません。危険物を運搬する車両に掲げる標識や、貯蔵し、取り扱う危険物に応じた注意事項を表示する掲示板についても覚えましょう。

1 標識の基準

製造所等には、見やすい箇所に、製造所等である旨を表示した標識を設けなければならない。標識の大きさ、地色、文字の色、記載内容は、規則により定められている。

製造所等（移動タンク貯蔵所を除く）の標識は、幅0.3m以上、長さ0.6m以上の板で、地を白色、文字を黒色とする。移動タンク貯蔵所の標識は、0.3m平方以上0.4m平方以下の地が黒色の板に黄色の反射塗料その他反射性を有する材料で「危」と表示したものとし、車両の前後の見やすい箇所に掲げる。

また、指定数量以上の危険物を運搬（p.138参照）する車両にも、前後の見やすい箇所に標識を掲げなければならない。この標識は、地色と、「危」の文字の色は移動タンク貯蔵所の標識と同じで、大きさは0.3m平方と定められている。

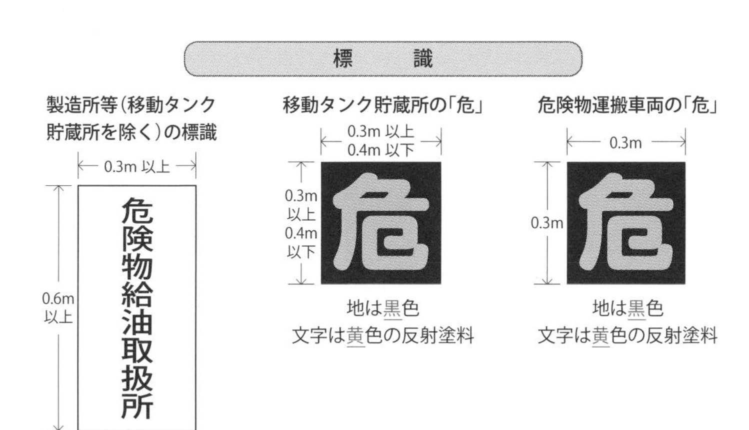

■ 図20. 標識の種類

2 掲示板の基準

製造所等には、見やすい箇所に、防火に関し必要な事項を掲示した**掲示板**を設けなければならない。掲示板は、幅**0.3m**以上、長さ**0.6m**以上の板で、地を白色、文字を黒色とする。掲示板には、以下の事項を表示する。

①貯蔵し、または取り扱う危険物の類
②危険物の品名
③危険物の貯蔵最大数量または取扱最大数量
④指定数量の倍数
⑤**危険物保安監督者**を選任しなければならない製造所等にあっては、危険物保安監督者の氏名または職名

なお、移動貯蔵タンクには、この規定に基づく掲示板ではなく、移動貯蔵タンクに貯蔵し、または取り扱う危険物の類、品名及び最大数量を表示する設備を見やすい箇所に設けるよう定められている。

このほか、以下の危険物を貯蔵し、または取り扱う製造所等には、それらの危険物に応じた**注意事項**を表示した掲示板を設けるよう定められている。

- 第1類の危険物のうち、アルカリ金属の過酸化物もしくはこれを含有するもの、または第3類の危険物のうち禁水性物品を貯蔵し、または取り扱う場合は、地を**青色**、文字を**白色**として「**禁水**」と表示する。
- 引火性固体を除く第2類の危険物を貯蔵し、または取り扱う場合は、地を**赤色**、文字を**白色**として「**火気注意**」と表示する。

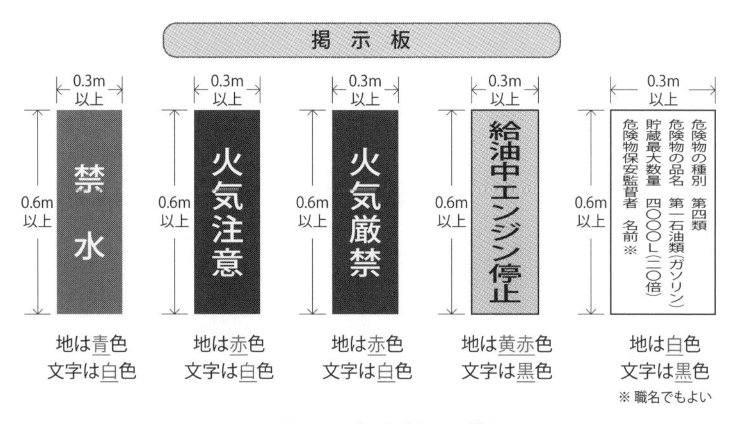

■ **図21. 掲示板の種類**

●第２類の危険物のうち引火性固体、第３類の危険物のうち自然発火性物品、第４類の危険物、第５類の危険物を貯蔵し、または取り扱う場合は、地を赤色、文字を**白色**とし「**火気厳禁**」と表示する。

また、これらの掲示板の他に、**給油取扱所**には、地を**黄赤色**、文字を**黒色**として「**給油中エンジン停止**」と表示した掲示板を設けるよう定められている。

標識、掲示板については、大きさ、記載事項、地色と文字の色の組合せなどをしっかり覚えましょう。

本試験攻略のポイントはココ！

●標識、掲示板は、定められた**大きさ**、**地色**と**文字の色**、**記載事項**などの問題がよく出題される。

●特に、**掲示板**については出題例が多い。

危険物に応じた注意事項を表示する掲示板については、貯蔵し、または取り扱う危険物と、「禁水」「火気注意」「火気厳禁」の注意事項の正しい対応が問われることもある。

こんな問題がでる！

問題１

製造所等における標識、掲示板についての説明で、次のうち誤っているものはどれか。

1　指定数量以上の危険物を運搬する車両には、前後の見やすい箇所に0.3m平方の地が黒色の板に黄色の反射塗料等で「危」と表示しなければならない。

2　地色が青の掲示板は、「禁水」を示している。

3　地色が赤の掲示板は、「火気厳禁」または「火気注意」を示している。

4　第４類の危険物を貯蔵する屋内貯蔵所には、「火気注意」と表示した掲示板を設けなければならない。

5　給油取扱所には、「給油中エンジン停止」と表示した掲示板を設けなければならない。

解答・解説

4が誤り。第4類の危険物を貯蔵する屋内貯蔵所には、「**火気厳禁**」と表示した掲示板を設けなければならない。

問題2

製造所等に掲げる注意事項を表示した掲示板と、貯蔵し、または取り扱う危険物の組合せとして、誤っているものはどれか。

1　第2類の危険物(引火性固体を除く)…… 火気注意
2　第4類の危険物 ……………………………… 火気厳禁
3　第5類の危険物 ……………………………… 火気厳禁
4　自然発火性物品 ……………………………… 火気厳禁
5　禁水性物品 …………………………………… 注水厳禁

解答・解説

5が誤り。禁水性物品を貯蔵し、または取り扱う場合は、地を青色、文字を白色として「**禁水**」と表示する。

語呂合わせで覚えよう　注意事項を表示する掲示板

イン(コース)か？ そういうこったい！
(引)　(火)　(性固体)

サインのぞいてる…
(除いて)

二塁ランナーに注意！
(第2類)　(火気注意)

引火性固体を除く第2類の危険物を貯蔵し、または取り扱う製造所等には「火気注意」と表示しなければならない。

次の問題の内容が正しければ○、誤っていれば×で答えなさい。

	問　題	チェック
給油取扱所の基準	1. 給油取扱所には、給油のために出入りする者を対象とした飲食店を設けることができる。	
	2. 建築物の屋内給油取扱所の用に供する部分は、壁、柱、床、はり及び屋根を不燃材料で造らなければならない。	
販売取扱所の基準	3. 建築物の第一種販売取扱所の用に供する部分は、上階がある場合には上階の床を不燃材料で造らなければならない。	
標識・掲示板	4. 製造所等（移動タンク貯蔵所を除く）の標識は、幅0.5m以上、長さ1.0m以上の板で、地を白色、文字を赤色とする。	
	5. 引火性固体を除く第2類の危険物を貯蔵し、または取り扱う製造所等には、地を赤色、文字を白色として「火気厳禁」と表示した掲示板を設ける。	

〔解答・解説〕

1.○　2.× 建築物の屋内給油取扱所の用に供する部分は、壁、柱、床、はり及び屋根を**耐火構造**としなければならない。ただし、屋内給油取扱所の用に供する部分の上部に上階がない場合は、屋根を不燃材料で造ることができる。　3.× 建築物の第一種販売取扱所の用に供する部分は、上階がある場合には上階の床を**耐火構造**としなければならない。　4.× 製造所等（移動タンク貯蔵所を除く）の標識は、幅**0.3**m以上、長さ**0.6**m以上の板で、地を白色、文字を**黒色**とする。　5.× 地を赤色、文字を白色として「**火気注意**」と表示した掲示板を設ける。

1 消火・警報設備の基準

ココを押さえる！

消火設備は、第１種から第５種に区分されています。それぞれにどんな消火設備が含まれているか、覚えておきましょう。消火設備の具体的な設置方法に関する基準も、消火設備の区分ごとに定められています。

1 消火設備の種類

消火設備は、製造所等の火災を有効に消火するために設けるもので、第１種から第５種に区分されている（次表参照）。それらの中から、それぞれの製造所等に適応する消火設備を設置することが義務づけられている。

● 表12. 消火設備の区分

第１種消火設備	屋内消火栓設備　屋外消火栓設備
第２種消火設備	スプリンクラー設備
第３種消火設備	水蒸気消火設備　水噴霧消火設備　泡消火設備 不活性ガス消火設備　ハロゲン化物消火設備　粉末消火設備
第４種消火設備	大型消火器
第５種消火設備	小型消火器　水バケツ　水槽　乾燥砂　膨張ひる石　膨張真珠岩

製造所等は、その規模、危険物の品名、最大数量等により、**消火の困難性**に応じて、「火災が発生したとき著しく消火が困難と認められるもの」「**消火が困難と認められるもの**」「それ以外のもの」の３種類に区分されている。その区分に関しては、非常に細かい規定が設けられているが、試験対策としては、そのすべてを覚える必要はない。例を挙げると、以下の製造所等は、貯蔵し、または取り扱う危険物の別にかかわらず「著しく消火が困難と認められる」製造所等に区分される。

- 延べ面積1,000m²以上の製造所、一般取扱所
- 軒高が6m以上の平家建の屋内貯蔵所
- 一方開放屋内給油取扱所で、上階他用途を有するもの
- 顧客に自ら給油等をさせる給油取扱所

●すべての移送取扱所

製造所等の消火の困難性に応じたこのような区分に応じて、設置しなければならない消火設備が、以下のように定められている。

著しく消火が困難と認められる製造所等：（第1種、第2種または第3種）＋第4種＋第5種

消火が困難と認められる製造所等：第4種＋第5種

上記以外の製造所等（移動タンク貯蔵所を除く）：第5種

また、地下タンク貯蔵所、移動タンク貯蔵所については、製造所等の規模、危険物の品名、最大数量等にかかわらず、以下の消火設備を設置することが義務づけられている。

地下タンク貯蔵所：第5種の消火設備2個以上

移動タンク貯蔵所：自動車用消火器のうち、粉末消火器（充てん量が3.5kg以上のもの）またはその他の消火器を2個以上（アルキルアルミニウム等を貯蔵し、または取り扱う場合は、さらに150L以上の乾燥砂等を設ける）

2 所要単位と能力単位

所要単位とは、製造所等の規模や危険物の量の基準となる単位で、次表のように、製造所等の区分と外壁の構造により、1所要単位となる面積が求められる。また、危険物の数量については、指定数量の10倍が1所要単位とされる。

● 表13. 所要単位の計算法

製造所等の区分	外壁の構造	1所要単位となる数値
製造所・取扱所	耐火構造	延べ面積100m^2
	不燃材料	延べ面積50m^2
貯蔵所	耐火構造	延べ面積150m^2
	不燃材料	延べ面積75m^2
屋外の製造所等	外壁を耐火構造と見なし、水平最大面積を建坪と見なして算定する。	

危険物の数量による基準	指定数量の10倍

所要単位は、製造所等に対して、どれくらいの消火能力を有する消火設備が必要なのかを定める単位となる。

能力単位とは、所要単位に対応する、消火設備の消火能力の基準となる単位である。第5種の消火設備のうち、消火器の能力単位は「消火器の技術上の規格を定める省令」により、消火器以外の消火設備の能力単位は、規則別表第二により定められている。例を挙げると、容量8Lの消火専用バケツは、3個にて1能力単位となる。

所要単位については出題例が多いので、よく覚えておきましょう。**能力単位**については、意味を理解していればよいでしょう。

3 消火設備の設置基準

消火設備の設置基準は、第1種から第5種の区分に応じて、次表のように定められている。

● 表14. 消火設備の設置方法

第1種消火設備	屋内消火栓設備	各階ごとに、その階の各部分からホース接続口までの**水平距離**が**25m**以下になるように設ける。
	屋外消火栓設備	防護対象物の各部分からホース接続口までの**水平距離**が**40m**以下になるように設ける。
第2種消火設備	防護対象物の各部分から1つのスプリンクラーヘッドまでの水平距離が**1.7m**以下になるように設ける。	
第3種消火設備	放射能力に応じて有効に設ける。	
第4種消火設備	防護対象物までの**歩行距離**が**30m**以下になるように設ける。	
第5種消火設備	地下タンク貯蔵所 簡易タンク貯蔵所 移動タンク貯蔵所 給油取扱所 販売取扱所	有効に消火できる位置に設ける。
	その他の製造所等	防護対象物までの**歩行距離**が**20m**以下になるように設ける。

4 警報設備の種類と設置基準

警報設備は、火災や危険物の流出等の事故が発生したときに、製造所等の従業員等に知らせるための設備である。警報設備には、自動火災報知設備、消防機関に報知ができる電話、非常ベル装置、拡声装置、警鐘がある。

指定数量の倍数が10以上の危険物を貯蔵し、または取り扱う製造所等（移動タンク貯蔵所を除く）には、警報設備を設置しなければならない。特に、**製造所**、**屋内貯蔵所**、**一般取扱所**は、指定数量の倍数、延べ面積等が一定以上となるときや、その他の条件に当てはまるときは、**自動火災報知設備**を設けなければならない。岩盤タンクを有する屋外タンク貯蔵所、階層設置の屋内タンク貯蔵所で著しく消火が困難な製造所等に該当するもの、一方開放の屋内給油取扱所、上階を有する屋内給油取扱所にも、自動火災報知設備を設けなければならない。

上記以外の製造所等で、指定数量の倍数が10以上となるものには、自動火災報知設備以外の警報設備のうち、1種類以上を設けなければならない。

本試験攻略のポイントはココ！

- **消防設備**は、第1種～第5種の区分、それぞれに含まれる消火設備の対応が問われる。
- 消火設備の**設置方法**に関する基準、製造所等に消火設備を設置する場合の**所要単位**についても覚える。
- **警報設備**については、少なくとも、その**種類**と、指定数量の倍数が**10以上**の危険物を貯蔵し、または取り扱う場合に設置が必要になることを覚えておく。

こんな問題がでる！

問題1

製造所等に設置する消火設備の区分について、次のうち誤っているものはどれか。

1　乾燥砂は、第5種の消火設備である。
2　泡消火設備は、第3種の消火設備である。
3　スプリンクラー設備は、第2種の消火設備である。

4　屋外消火栓設備は、第1種の消火設備である。

5　ハロゲン化物消火設備は、第4種の消火設備である。

解答・解説

5が誤り。ハロゲン化物消火設備は、第**3**種の消火設備である。

問題2

製造所等の消火設備について、次のうち誤っているものはどれか。

1　小型の消火器は、第5種の消火設備である。

2　第4種の消火設備は、防護対象物の各部分からの歩行距離が30m以下となるように設けなければならない。

3　移動タンク貯蔵所には、自動車用消火器のうち基準に適合するものを2個以上設けなければならない。

4　危険物は、指定数量の100倍を1所要単位とする。

5　外壁が耐火構造の製造所の建築物は、延べ面積100m²を1所要単位とする。

解答・解説

4が誤り。危険物は、指定数量の**10**倍を1所要単位とする。

問題3

指定数量の倍数が10以上の危険物を貯蔵し、または取り扱う製造所等には、警報設備を設置しなければならないが、警報設備に該当しないものは、次のうちどれか。

1　ガス漏れ警報装置

2　消防機関に報知ができる電話

3　自動火災報知設備

4　非常ベル装置

5　拡声装置

解答・解説

1が問題文の条件に当てはまる。

2 貯蔵・取扱いの基準①

ココを押さえる！

危険物の貯蔵・取扱いにあたって遵守しなければならない技術上の基準には、製造所等で行う危険物の貯蔵・取扱いすべてに共通する基準、危険物の類ごとに共通する基準、製造所等の区分ごとに定められている基準などがあります。

1 危険物の貯蔵・取扱いの共通の基準

製造所等において危険物を貯蔵し、または取り扱う場合は、**数量**にかかわらず、法令により定められた技術上の基準にしたがって行わなければならない。製造所等で行う危険物の貯蔵・取扱いのすべてに共通する技術上の基準には、以下のようなものがある。

貯蔵・取扱いのすべてに共通する技術上の基準

❶製造所等において、許可もしくは届出された**品名**以外の危険物、またはこれらの許可もしくは届出された**数量**もしくは**指定数量の倍数**を超える危険物を貯蔵し、または取り扱わないこと。
❷製造所等においては、みだりに**火気**を使用しないこと。
❸製造所等には、係員以外の者をみだりに出入りさせないこと。
❹製造所等においては、常に整理及び清掃を行い、みだりに空箱その他の不必要な物件を置かないこと。
❺**貯留設備**または**油分離装置**にたまった危険物は、あふれないように随時くみ上げること。
❻危険物のくず、かす等は、1日に1回以上、危険物の性質に応じて安全な場所で廃棄その他適当な処置をすること。
❼危険物を貯蔵し、または取り扱う建築物その他の工作物または設備は、危険物の性質に応じ、**遮光**または**換気**を行うこと。
❽危険物は、温度計、湿度計、圧力計等の計器を監視して、危険物の性質に応じた適正な**温度**、**湿度**または**圧力**を保つように貯蔵し、または取り扱うこと。

❾危険物を貯蔵し、または取り扱う場合は、当該危険物が漏れ、あふれ、または飛散しないように必要な措置を講ずること。

❿危険物を貯蔵し、または取り扱う場合は、危険物の変質、異物の混入等により、危険物の危険性が増大しないように必要な措置を講ずること。

⓫危険物が残存し、または残存しているおそれがある設備、機械器具、容器等を**修理**する場合は、安全な場所において、危険物を完全に**除去**した後に行うこと。

⓬危険物を**容器**に収納して貯蔵し、または取り扱うときは、その容器は、危険物の性質に適応し、かつ、破損、腐食、さけめ等がないものであること。

⓭危険物を収納した**容器**を貯蔵し、または取り扱う場合は、みだりに転倒させ、落下させ、衝撃を加え、または引きずる等粗暴な行為をしないこと。

⓮可燃性の液体、可燃性の蒸気もしくは可燃性のガスが漏れ、もしくは滞留するおそれのある場所または可燃性の微粉が著しく浮遊するおそれのある場所では、電線と電気器具とを**完全に接続**し、かつ、**火花**を発する機械器具、工具、履物等を使用しないこと。

⓯危険物を**保護液中**に保存する場合は、危険物が保護液から**露出**しないようにすること。

● 表15.危険物の類ごとに共通する基準

類	基準
第1類危険物（酸化性固体）	• **可燃物**との接触もしくは混合、分解を促す物品との接近、または過熱、衝撃もしくは摩擦を避ける。 • **アルカリ金属の過酸化物**及びこれを含有するものは、**水**との接触を避ける。
第2類危険物（可燃性固体）	• **酸化剤**との接触もしくは混合、炎、火花もしくは高温体との接近、または過熱を避ける。 • 鉄粉、金属粉及びマグネシウム並びにこれらのいずれかを含有するものは、水または酸との接触を避ける。 • 引火性固体は、みだりに**蒸気**を発生させない。
第3類危険物（自然発火性物質・禁水性物質）	• 自然発火性物品は、炎、火花もしくは高温体との接近、過熱、または空気との接触を避ける。 • 禁水性物品は**水**との接触を避ける。
第4類危険物（引火性液体）	• 炎、火花もしくは高温体との接近、または過熱を避ける。 • みだりに**蒸気**を発生させない。
第5類危険物（自己反応性物質）	• 炎、火花もしくは高温体との接近、過熱、衝撃、または摩擦を避ける。
第6類危険物（酸化性液体）	• **可燃物**との接触もしくは混合、分解を促す物品との接近、または過熱を避ける。

2 危険物の類ごとに共通する基準

製造所等で行う危険物の貯蔵及び取扱いについては、危険物の類ごと**に共通する技術上の基準**も定められている（「表15.危険物の類ごとに共通する基準（p.122）」参照）。

3 貯蔵の基準

貯蔵所において危険物を貯蔵する場合は、前述の貯蔵・取扱いの共通の基準、類ごとに共通する基準の他に、以下に挙げるような危険物の貯蔵の技術上の基準にしたがわなければならない。

貯蔵の技術上の基準

❶貯蔵所においては、危険物以外の物品を貯蔵しないこと。ただし、規則により定められた貯蔵所においては、特定の危険物と危険物に該当しない物品を同時に貯蔵できる場合がある。

❷類の異なる危険物を、同一の貯蔵所（耐火構造の隔壁で完全に区分された室が2以上ある貯蔵所においては、同一の室）に貯蔵しないこと。ただし、屋内貯蔵所または屋外貯蔵所において、以下の危険物を貯蔵する場合で、危険物の類ごとに取りまとめて貯蔵し、かつ、相互に1m以上の間隔を置く場合は、これらの危険物を同時に貯蔵できる。

- 第1類の危険物（アルカリ金属の過酸化物またはこれを含有するものを除く）と第5類の危険物
- 第1類の危険物と第6類の危険物
- 第2類の危険物と自然発火性物品（黄りんまたはこれを含有するものに限る）
- 第2類の危険物のうち引火性固体と第4類の危険物
- アルキルアルミニウム等と、第4類の危険物のうちアルキルアルミニウムまたはアルキルリチウムのいずれかを含有するもの
- 第4類の危険物のうち有機過酸化物またはこれを含有するものと、第5類の危険物のうち有機過酸化物またはこれを含有するもの
- 第4類の危険物と、第5類の危険物のうち1−アリルオキシ−2・3−エポキシプロパンもしくは4−メチリデンオキセタン−2−オンまたはこれらのいずれかを含有するもの

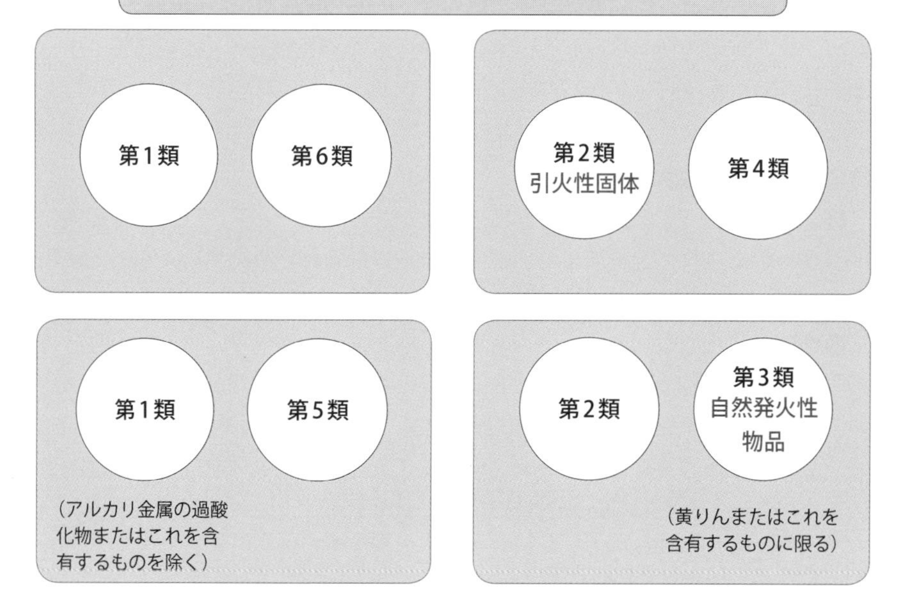

■ **図22. 同時貯蔵できる危険物の組合せの例**

❸第３類の危険物のうち、**黄りん**その他**水中**に貯蔵する物品と**禁水性物品**とは、同一の貯蔵所において貯蔵しないこと（同一貯蔵の禁止）。

❹屋内貯蔵所においては、同一品名の自然発火するおそれのある危険物または災害が著しく増大するおそれのある危険物を**多量貯蔵**する場合には、指定数量の10倍以下ごとに区分し、かつ、0.3m以上の間隔を置いて貯蔵すること（塩素酸塩類等の危険物の一部については、除外されているものがある）。

❺屋内貯蔵所、屋外貯蔵所においては、危険物は、原則として、規則で定めるところにより**容器**に収納して貯蔵すること（塊状の硫黄等を貯蔵する場合などについては例外がある）。

❻屋内貯蔵所、屋外貯蔵所で危険物を貯蔵する場合は、3m（例外規定により4m、6mとなる場合がある）を超えて容器を積み重ねないこと。

❼屋外貯蔵所において危険物を収納した容器を**架台**で貯蔵する場合には、6mを超えて容器を貯蔵しないこと。

❽屋内貯蔵所においては、容器に収納して貯蔵する危険物の温度が**55℃**を超えないように必要な措置を講ずること。

❾屋外貯蔵タンク、屋内貯蔵タンク、地下貯蔵タンクまたは簡易貯蔵タンクの**計量口**は、計量するとき以外は閉鎖しておくこと。

❿屋外貯蔵タンク、屋内貯蔵タンクまたは地下貯蔵タンクの**元弁**（液体の危険物を移送するための配管に設けられた弁のうちタンクの直近にあるものをいう）及び**注入口**の弁またはふたは、危険物を入れ、または出すとき以外は、閉鎖しておくこと。

⓫屋外貯蔵タンクの周囲に**防油堤**がある場合は、その水抜口を通常は閉鎖しておき、防油堤の内部に滞油し、または滞水した場合は、遅滞なくこれを排出すること。

⓬移動タンク貯蔵所には、以下の書類を備え付けること。

- **完成検査済証**
- **点検記録**
- 譲渡・引渡の届出書
- 品名・数量または指定数量の倍数の変更の届出書

4 取扱いの基準

製造所等において危険物を取り扱う場合は、前述の貯蔵・取扱いの共通の基準、類ごとに共通する基準の他に、以下に挙げるような危険物の取扱いの技術上の基準にしたがわなければならない。

取扱いの技術上の基準

❶吹付塗装作業は、防火上有効な**隔壁**等で区画された安全な場所で行うこと。

❷焼入れ作業は、危険物が危険な温度に達しないようにして行うこと。

❸染色または洗浄の作業は、可燃性の**蒸気**の換気をよくして行うとともに、**廃液**をみだりに放置しないで安全に処置すること。

❹バーナーを使用する場合においては、バーナーの**逆火**を防ぎ、かつ、危険物があふれないようにすること。

❺危険物を**焼却**する場合は、安全な場所で、かつ、燃焼または爆発によって他に危害または損害を及ぼすおそれのない方法で行うとともに、**見張人**をつけること。

❻危険物を**埋没**する場合は、危険物の性質に応じ、安全な場所で行うこと。

❼危険物は、海中または水中に**流出**させ、または**投下**しないこと。ただし、他に危害または損害を及ぼすおそれのないとき、または災害の発生を防止するための適当な措置を講じたときは、この限りでない。

廃油などを**焼却**して廃棄する場合は、**見張人**をつけて厳重に注意しなければなりません。

本試験攻略のポイントはココ！

危険物の貯蔵・取扱いに関する技術上の基準には、**製造所等**における危険物の貯蔵・取扱いの**すべてに共通**する基準、危険物の**類ごとに共通**する基準、製造所等の**区分ごとに定められた**基準などがあり、その内容も多岐にわたる。

- **貯蔵・取扱い**の基準に関する問題では、選択肢に少しひねった表現が多いので注意が必要。
  たとえば、選択肢の文に「製造所等においては、一切の火気を使用してはならない」と書かれていたら、これは誤りで、正しい基準は「みだりに火気を使用しないこと」である。製造所等には、業務として火気を使用する施設も多く含まれている。「貯留設備にたまった危険物を排出するときは、希釈しなければならない」という選択肢も誤りで、正しい基準は「貯留設備または油分離装置にたまった危険物は、あふれないように随時くみ上げること」である。危険物を海中または水中に流出させることは、原則として禁じられている。
- **貯蔵**の基準では、**類**の異なる危険物の**同時貯蔵**禁止と、その**例外**となる場合に関する問題がよくでる。
- **取扱い**の基準では、危険物の**消費**、**廃棄**の基準に関する問題がよくでる。

こんな問題がでる！

問題1

製造所等における危険物の貯蔵及び取扱いのすべてに共通する技術上の基準として、次のうち誤っているものはどれか。

1　製造所等においては、みだりに火気を使用してはならない。
2　貯留設備または油分離装置にたまった危険物は、あふれないように随時くみ上げる。
3　危険物の変質、異物の混入等により危険性が増大するおそれのあるときは、定期的に安全確認を行う。
4　危険物のくず、かす等は、1日に1回以上、危険物の性質に応じて安全な場所で廃棄その他適当な処置をする。
5　危険物を保護液中に保存する場合は、保護液から露出しないようにする。

解答・解説

3が誤り。危険物を貯蔵し、または取り扱う場合は、危険物の変質、異物の混入等により、危険物の危険性が増大しないように必要な措置を講ずること。

問題2

屋内貯蔵所において、危険物を類ごとに取りまとめて相互に1m以上の距離を置けば同時に貯蔵できる組合せは次のうちどれか。

1　第1類と第3類
2　第1類と第4類
3　第1類と第6類
4　第2類と第5類
5　第2類と第6類

解答・解説

3が該当する。

問題3

危険物の貯蔵の技術上の基準について、誤っているものはどれか。

1 貯蔵所においては、原則として危険物以外の物品を貯蔵しないこと。
2 類の異なる危険物は、原則として同一の貯蔵所(耐火構造の隔壁で完全に区分された室が2以上ある貯蔵所においては、同一の室)に貯蔵しないこと。
3 屋内貯蔵所においては、危険物は、原則として容器に収納して貯蔵すること。
4 屋内貯蔵所においては、容器に収納して貯蔵する危険物の温度が60℃を超えないように必要な措置を講ずること。
5 移動タンク貯蔵所には、完成検査済証、点検記録等の書類を備え付けること。

解答・解説

4が誤り。屋内貯蔵所においては、容器に収納して貯蔵する危険物の温度が**55**℃を超えないように必要な措置を講ずる。

語呂合わせで覚えよう　屋内貯蔵所における貯蔵の基準

オー、グッナイ! (Good Night!)
(屋)　(内)
陽気なオジサンだっちゅーの!!
(容器)　(収納)
ゴー! ゴー!
(55℃)
(それ以上テンション上げないで…)
(超えてはならない)

屋内貯蔵所では、容器に収納して貯蔵する危険物の温度が55℃を超えないようにしなければならない。

3 貯蔵・取扱いの基準②

ココを押さえる！

ここでは、製造所等の区分ごとに定められている、危険物の取扱いに関する技術上の基準のうち、出題例の多い、給油取扱所と移動タンク貯蔵所の基準を覚えましょう。

1 給油取扱所における危険物の取扱いの基準

給油取扱所における危険物の取扱い：以下のような基準が定められている。

❶自動車等に給油するときは、**固定給油設備**を使用して**直接給油**すること。
❷自動車等に給油するときは、自動車等の**原動機**を停止させること。
❸自動車等の一部または全部が**給油空地**からはみ出たままで給油しないこと。
❹固定注油設備から灯油もしくは軽油を容器に詰め替え、または車両に固定されたタンクに注入するときは、容器または車両の一部もしくは全部が**注油空地**からはみ出たままで行わないこと。
❺移動貯蔵タンクから専用タンクまたは廃油タンク等に危険物を注入するときは、移動タンク貯蔵所を専用タンクまたは廃油タンク等の**注入口**の付近に停車させること。
❻専用タンクまたは簡易タンクに危険物を注入するときは、それらのタンクに**接続**する固定給油設備または固定注油設備の使用を中止するとともに、自動車等をタンクの注入口に近づけないこと。
❼固定給油設備または固定注油設備には、それらに**接続**する専用タンクまたは簡易タンクの配管以外のものによって、危険物を注入しないこと。
❽自動車等に給油するとき等は、固定給油設備または専用タンクの注入口もしくは通気管の周囲に、他の自動車等が**駐車**することを禁止するとともに、自動車等の点検もしくは整備または洗浄を行わないこと。
❾屋内給油取扱所の通風、避難等のための空地には、自動車等が**駐車**または**停車**することを禁止するとともに、避難上支障となる物件を置かないこと。
❿一方開放の屋内給油取扱所において専用タンクに危険物を注入するときは、可燃性の蒸気の放出を防止するため、可燃性蒸気回収設備により行うこと。

⓫自動車等の洗浄を行う場合は、**引火点**を有する液体の洗剤を使用しないこと。
⓬物品の販売等の業務は、原則として、建築物の1階のみで行うこと。
⓭給油の業務が行われていないときは、係員以外の者を出入りさせないため必要な措置を講ずること。

給油取扱所において、
● 給油するときは、自動車等のエンジンを停止して行い、自動車等が給油空地からはみ出したままで給油しないこと
● 自動車等の洗浄には、引火点を有する液体の洗剤を使用しないこと

顧客に自ら給油等をさせる給油取扱所における危険物の取扱い：以下のような基準が定められている。

❶**顧客用固定給油設備**及び**顧客用固定注油設備**以外の固定給油設備または固定注油設備を使用して顧客自らによる給油または容器への詰替えを行わないこと。

❷顧客用固定給油設備の1回の**給油量**及び**給油時間**の上限並びに顧客用固定注油設備の1回の注油量及び注油時間の上限を、それぞれ顧客の1回当たりの給油量及び給油時間または注油量及び注油時間を勘案し、適正な数値に設定すること。

❸**制御卓**において、顧客の給油作業等を直視等により適切に監視すること。

❹顧客の給油作業等が開始されるときには、火気のないことその他安全上支障のないことを確認した上で、制御装置を用いてホース機器への危険物の供給を開始し、顧客の給油作業等が行える状態にすること。

❺顧客の給油作業等が終了したとき並びに顧客用固定給油設備及び顧客用固定注油設備のホース機器が使用されていないときには、制御装置を用いてホース機器への危険物の供給を停止し、顧客の給油作業等が行えない状態にすること。

❻非常時その他安全上支障があると認められる場合には、制御装置によりホース機器への危険物の供給を**一斉に停止**し、給油取扱所内のすべての固定給油設備及び固定注油設備における危険物の取扱いが行えない状態にすること。

2 移動タンク貯蔵所における危険物の取扱いの基準

移動タンク貯蔵所における危険物の取扱い：以下のような基準が定められている。

❶移動貯蔵タンクから危険物を貯蔵し、または取り扱うタンクに液体の危険物を注入するときは、タンクの注入口に移動貯蔵タンクの注入ホースを緊結すること。ただし、注入ホースの先端部に手動開閉装置を備えた注入ノズル（開放の状態で固定する装置を備えたものを除く）で指定数量未満の容量のタンクに引火点が40℃以上の第4類の危険物を注入するときは、この限りでない。

❷移動貯蔵タンクから液体の危険物を**容器**に詰め替えないこと。ただし、前項の要件を満たす注入ノズルで、安全な注油速度で、規定の容器に引火点が40℃以上の第4類の危険物を詰め替えるときは、この限りでない。

❸ガソリン、ベンゼンその他**静電気**による災害が発生するおそれのある液体の危険物を移動貯蔵タンクに入れ、または移動貯蔵タンクから出すときは、移動貯蔵タンクを**接地**すること。

❹移動貯蔵タンクから危険物を貯蔵し、または取り扱うタンクに引火点が40℃未満の危険物を注入するときは、移動タンク貯蔵所の**原動機**を停止させること。

❺ガソリン、ベンゼンその他**静電気**による災害が発生するおそれのある液体の危険物を移動貯蔵タンクにその上部から注入するときは、注入管を用いるとともに、当該注入管の先端を移動貯蔵タンクの**底部**に着けること。

❻ガソリンを貯蔵していた移動貯蔵タンクに**灯油**もしくは**軽油**を注入するとき、または灯油もしくは軽油を貯蔵していた移動貯蔵タンクに**ガソリン**を注入するときは、**静電気**等による災害を防止するための措置を講ずること。

移動タンク貯蔵所において、
- 詰め替えの可能な危険物は、引火点40℃以上の第４類の危険物のみ
- 引火点40℃未満の危険物を注入するときは移動タンク貯蔵所のエンジンを停止して行う

本試験攻略のポイントはココ！

●給油取扱所における危険物の取扱いの基準については出題例が多い。
給油取扱所一般に関する問題の他、**屋内給油取扱所**、顧客に自ら給油等をさせる**給油取扱所（セルフスタンド）**に関する問題もでる。

●**移動タンク貯蔵所**の基準では、引火点が40℃以上の第４類の危険物を取り扱う場合は、基準が緩和されることがあるのに注意する。
引火点が40℃以上の第４類の危険物として代表的なものには、軽油、重油等がある。

こんな問題がでる！

問題１

給油取扱所における危険物の取扱いについて、次のうち正しいものはどれか。

1　固定給油設備が故障しているので、ドラム缶からポンプで給油した。
2　自動車の一部が給油空地からはみ出たままで給油した。
3　洗車のために、引火点を有する液体の洗剤を使用した。
4　休業日に限り、給油空地内に客の車を駐車させた。
5　自動車のエンジンを停止しないまま給油するよう求められたが拒否した。

解答・解説

5が正しい。

問題２

顧客に自ら給油等をさせる給油取扱所における危険物の取扱いについて、次のうち誤っているものはどれか。

1　顧客用固定給油設備を使用して、顧客に自ら給油をさせることができる。

2　顧客用固定給油設備を使用して、顧客に自らガソリンを運搬容器に詰め替えさせることができる。
3　制御卓において、顧客の給油作業等を直視等により適切に監視する。
4　顧客の給油作業等が開始されるときは、火気のないことその他安全上支障のないことを確認した上で、制御装置を用いてホース機器への危険物の供給を開始し、顧客の給油作業等が行える状態にする。
5　顧客の給油作業等が終了したときは、制御装置を用いてホース機器への危険物の供給を停止し、顧客の給油作業等が行えない状態にする。

解答・解説

2が誤り。顧客に自ら**ガソリン**を運搬容器に詰め替えさせてはならない。

問題3

注入ホースの先端部に手動開閉装置を備えた注入ノズル（開放の状態で固定する装置を備えたものを除く）を使用して、安全な注油速度で、移動貯蔵タンクから規定の容器に詰め替えることができる危険物は、次のうちどれか。

1　ガソリン
2　メタノール
3　重油
4　過酸化水素
5　酢酸エチル

解答・解説

3が該当する。問題文の条件のもとで、移動貯蔵タンクから規定の容器に詰め替えることができるのは、引火点が**40℃以上の第4類**の危険物である。

4 運搬の基準

ココを押さえる！

危険物の運搬については、運搬容器、積載方法、運搬方法のそれぞれに関して、政令等により技術上の基準が定められています。それらの規定は、運搬する危険物が指定数量未満であっても適用されます。

1 運搬の基準（運搬容器）

危険物の運搬とは、危険物を容器に収納して、ある場所から他の場所に移動することをいう。危険物を運搬するときは、容器、積載方法及び運搬方法について政令等で定める技術上の基準にしたがって行わなければならない。なお、危険物の運搬に関するこれらの基準は、**指定数量未満**の危険物を運搬する場合にも適用される。

危険物の運搬容器：以下のような基準が定められている。

❶運搬容器の材質は、鋼板、アルミニウム板、ブリキ板、ガラス、金属板、紙、プラスチック、ファイバー板、ゴム類、合成繊維、麻、木または陶磁器とする。

❷運搬容器の構造は、堅固で容易に**破損**するおそれがなく、かつ、その口から収納された危険物が**漏れる**おそれがないものでなければならない。

機械により荷役する構造を有する容器：さらに以下のような基準が定められている。

❶腐食等の劣化に対して適切に保護されたものであること。

❷収納する危険物の内圧及び取扱い時または運搬時の荷重によって容器に生じる応力に対して安全なものであること。

❸運搬容器の附属設備には、収納する危険物が附属設備から漏れないように措置が講じられていること。

❹枠で囲まれた運搬容器は、容器本体が常に枠内に保たれていること。

❺下部に排出口を有する運搬容器は、排出口に閉鎖位置に固定できる弁が設けられていること。

機械により荷役する構造を有する容器とは、フォークリフトの爪を差し込むためのポケットや、クレーンで吊り上げるための金具などが付いているもののことです。

2 運搬の基準(積載方法)

危険物を運搬する場合は、政令等により定められた技術上の基準に適合する**運搬容器**(p.134参照)に収納して積載しなければならない(塊状の硫黄等を運搬する場合または危険物を製造所等から同一の敷地内にある他の製造所等へ運搬する場合を除く)。

運搬容器の外部には、次の内容を表示して積載することが義務づけられている。

- 危険物の品名、危険等級及び化学名(さらに、第4類の危険物のうち水溶性のものには「水溶性」と記す)
- 危険物の数量
- 収納する危険物に応じた注意事項

このうち、**危険等級**とは、危険物の危険性の程度に応じた区分で、危険性が高い順に、危険等級Ⅰ、危険等級Ⅱ、危険等級Ⅲに区分されている(「表16.危険物の危険等級(p.136)」参照)。収納する危険物に応じた注意事項は、「表17.収納する危険物に応じた注意事項(p.136)」に示す通りである。

運搬容器の外部に表示する注意事項は、製造所等の掲示板に表示する注意事項よりも多くの種類があります。

● 表16.危険物の危険等級

危険等級	類別	品名等
Ⅰ	第1類	第1種酸化性固体の性状を有するもの
	第3類	カリウム、ナトリウム、アルキルアルミニウム、アルキルリチウム、黄りん、第1種自然発火性物質及び禁水性物質の性状を有するもの
	第4類	特殊引火物
	第5類	第1種自己反応性物質の性状を有するもの
	第6類	すべて
Ⅱ	第1類	第2種酸化性固体の性状を有するもの
	第2類	硫化りん、赤りん、硫黄、第1種可燃性固体の性状を有するもの
	第3類	危険等級Ⅰ以外のもの
	第4類	第一石油類・アルコール類
	第5類	危険等級Ⅰ以外のもの
Ⅲ	第1類	上記以外のもの
	第2類	
	第4類	

● 表17.収納する危険物に応じた注意事項

類別等		品名	注意事項
第1類		アルカリ金属の過酸化物とその含有品	火気・衝撃注意 可燃物接触注意 禁水
		その他のもの	火気・衝撃注意 可燃物接触注意
第2類		鉄粉、金属粉、マグネシウムと、これらの含有品	火気注意 禁水
		引火性固体	火気厳禁
		その他のもの	火気注意
第3類	自然発火性物品	すべて	空気接触厳禁 火気厳禁
	禁水性物品	すべて	禁水
第4類		すべて	火気厳禁
第5類		すべて	火気厳禁 衝撃注意
第6類		すべて	可燃物接触注意

その他、危険物の積載方法については、以下のような基準が定められている。

危険物の積載方法

❶危険物は、温度変化等により危険物が漏れないように運搬容器を**密封**して収納すること。ただし、温度変化等により危険物からガスが発生し、運搬容器内の圧力が上昇するおそれがある場合は、ガス抜き口を設けた運搬容器に収納することができる（発生するガスに毒性、引火性等の危険性があるときを除く）。

❷危険物は、収納する危険物と危険な**反応**を起こさないなど、危険物の性質に適応した材質の運搬容器に収納すること。

❸**固体**の危険物は、運搬容器の内容積の**95**％以下の収納率で収納すること（例外規定あり）。

❹**液体**の危険物は、内容積の**98**％以下の収納率で、かつ、**55**℃の温度において漏れないように十分な空間容積を有して収納すること（例外規定あり）。

❺危険物は、当該危険物が転落し、または危険物を収納した運搬容器が落下し、転倒し、もしくは破損しないように積載すること。

❻運搬容器は、収納口を**上方**に向けて積載すること。

❼第３類の危険物のうち、自然発火性物品は、運搬容器に**不活性の気体**を封入して密封する等**空気**と接しないようにすること。

❽第３類の危険物のうち、上記以外の物品は、パラフィン、軽油、灯油等の**保護液**で満たして密封し、または不活性の気体を封入して密封する等**水分**と接しないようにすること。

❾危険物を収納した運搬容器を積み重ねる場合は、**3m**以下とすること。

このほか、危険物の性質に応じて、日光の直射を避けるため遮光性の被覆で覆わなければならないもの、雨水の浸透を防ぐため防水性の被覆で覆わなければならないもの、保冷コンテナに収納する等適正な温度管理をしなければならないものなどがある。

3 運搬の基準（類の異なる危険物の混載禁止）

危険物を運搬する際に、同一車両において、**類の異なる**危険物を混載してはならない場合がある。たとえば、第４類の危険物は、第１類、第６類の危険物とは混載できない（表18（p.138）参照）。ただし、指定数量の1/10以下の危険物を運搬する場合は、この規定は適用されない。

● 表18.類の異なる危険物の混載の可否

	第1類	第2類	第3類	第4類	第5類	第6類
第1類		×	×	×	×	○
第2類	×		×	○	○	×
第3類	×	×		○	×	×
第4類	×	○	○		○	×
第5類	×	○	×	○		×
第6類	○	×	×	×	×	

※ 指定数量の1/10以下の危険物を運搬する場合は、この表は適用されない。

第４類危険物(引火性液体)は、第１類危険物(酸化性固体)と第６類危険物(酸化性液体)とは、危険なため混載できません。

4 運搬の基準(運搬方法)

危険物の運搬方法：以下のような基準が定められている。

❶危険物または危険物を収納した運搬容器が著しく摩擦または動揺を起こさないように運搬すること。

❷指定数量以上の危険物を車両で運搬する場合には、規則で定めるところにより、車両の前後の見やすい箇所に標識を掲げること(p.111参照)。

❸指定数量以上の危険物を車両で運搬する場合において、積替、休憩、故障等のため車両を一時停止させるときは、安全な場所を選び、かつ、運搬する危険物の保安に注意すること。

❹指定数量以上の危険物を車両で運搬する場合には、危険物に適応する消火設備を備えること。

❺危険物の運搬中危険物が著しく漏れる等災害が発生するおそれのある場合は、災害を防止するため応急の措置を講ずるとともに、もよりの消防機関その他の関係機関に通報すること。

なお、危険物を運搬する場合、法令上は、危険物取扱者の同乗は義務づけられていないが、運搬する危険物を取り扱うことができる危険物取扱者が乗車することが望ましい。

本試験攻略のポイントはココ！

危険物の運搬に関しては、**運搬容器**、**積載方法**、**運搬方法**について、それぞれ**技術上の基準**が定められており、出題範囲も非常に広い。

- 特に、運搬容器の**外部に表示**しなければならない事項、**類の異なる**危険物の**混載の可否**については、しっかり覚えておく。
- 容器への表示に関連して、危険物の**危険等級**に関する問題もよくでる。

こんな問題がでる！

問題1

危険物の運搬容器の外部に表示しなければならない事項に定められていないものは、次のうちどれか。

1　危険物の品名
2　危険物の数量
3　危険物の危険等級
4　危険物に応じた消火方法
5　危険物に応じた注意事項

解答・解説

4が危険物運搬容器の外部に表示しなければならない事項に定められていない。

問題2

危険等級Ⅰに該当しない危険物は、次のうちどれか。

1　カリウム
2　ナトリウム
3　ガソリン
4　ジエチルエーテル
5　過酸化水素

解答・解説

3が該当しない。ガソリンは危険等級IIに該当する。

問題3

危険物の運搬に関する技術上の基準について、次のうち誤っているものはどれか。

1　指定数量以上の危険物を車両で運搬する場合は、車両の前後の見やすい箇所に標識を掲げなければならない。
2　指定数量以上の危険物を車両で運搬する場合は、危険物に適応する消火設備を備えなければならない。
3　指定数量以上の危険物を車両で運搬する場合は、所轄消防長または消防署長に届け出なければならない。
4　運搬する危険物が指定数量の10分の1以下である場合を除いて、第4類の危険物と第1類の危険物を混載してはならない。
5　運搬容器は、収納口を上方に向けて積載しなければならない。

解答・解説

3が誤り。指定数量以上の危険物を車両で運搬する場合は、届出の義務はない。

語呂合わせで覚えよう　運搬容器の外部に行う表示

悲鳴とともに、
（品名）
危険な闘牛は終了。
（危険）（等級）（数量）
水曜には蚊がくるので注意！
（水溶性）（化学名）（注意事項）

運搬容器の外部には、危険物の品名、危険等級、化学名、数量、注意事項を表示し、第4類の水溶性の危険物には「水溶性」と表示する。

5 移送の基準

ココを押さえる！

移動タンク貯蔵所（タンクローリー）により危険物を運ぶことを、移送といいます。危険物の運搬の場合と異なり、移送の際は、危険物取扱者が同乗することが義務づけられています。

1 移送の基準

移動タンク貯蔵所（タンクローリー）により危険物を運ぶことを、移送という。

移動タンク貯蔵所による危険物の移送：以下のような基準が定められている。

❶移動タンク貯蔵所により危険物の移送をするときは、その危険物を取り扱うことができる**危険物取扱者**を乗車させなければならない。

❷危険物取扱者は、移動タンク貯蔵所に乗車しているときは、**危険物取扱者免状**を携帯していなければならない。

❸危険物の移送をする者は、移送の開始前に、移動貯蔵タンクの底弁その他の弁、マンホール及び注入口のふた、消火器等の点検を十分に行うこと。

❹危険物の移送をする者は、移送が以下のように長時間にわたるおそれがあるときは、**2人以上**の運転要員を確保すること。ただし、動植物油類その他総務省令で定める危険物の移送については、この限りでない。

・1人の運転要員による連続運転時間が4時間を超える移送

・1人の運転要員による運転時間が1日当たり9時間を超える移送

❺危険物の移送をする者は、移動タンク貯蔵所を休憩、故障等のため**一時停止**させるときは、安全な場所を選ぶこと。

❻危険物の移送をする者は、移動貯蔵タンクから危険物が著しく漏れる等災害が発生するおそれのある場合には、災害を防止するため**応急措置**を講ずるとともに、もよりの**消防機関**その他の関係機関に通報すること。

❼アルキルアルミニウム、アルキルリチウム等の危険物を移送する場合は、移送の経路その他必要な事項を記載した書面を関係消防機関に送付するとともに、当該書面の写しを携帯し、書面に記載された内容にしたがうこと（災害その他やむを得ない理由がある場合を除く）。

本試験攻略のポイントはココ！

危険物を移動タンク貯蔵所（タンクローリー）で運ぶ行為を移送という。**移送**と**運搬**（p.134参照）とは、法令において明確に区別されており、**技術上の基準**も異なる。

必ず覚える！

①移動タンク貯蔵所による危険物の移送には、危険物取扱者の同乗が必要（運搬の場合は不要）。

②移送する危険物の数量にかかわらず、必ず標識、消火設備を設置しなければならない（p.111参照。運搬の場合は、指定数量以上の場合のみ標識、消火設備の設置義務がある）。

こんな問題がでる！

問　題

移動タンク貯蔵所による危険物の移送について、次のうち誤っているものはどれか。

1　移送の際は、危険物取扱者が同乗しなければならない。
2　丙種危険物取扱者は、移動タンク貯蔵所でガソリンを移送できる。
3　移送の開始前に、移動貯蔵タンクの弁、マンホール及び注入口のふた、消火器等の点検を行わなければならない。
4　1人の運転要員による連続運転時間が4時間を超える場合は、2人以上の運転要員を確保しなければならない（動植物油類その他総務省令で定める危険物を移送する場合を除く）。
5　移動タンク貯蔵所に乗車する危険物取扱者の免状は、移動タンク貯蔵所の常置場所のある事務所等に保管しなければならない。

解答・解説

5が誤り。移動タンク貯蔵所に乗車する危険物取扱者は、危険物取扱者免状を携帯していなければならない。

6 行政命令等

ココを押さえる！

行政命令等については、市町村長等が、製造所等の許可の取消しまたは使用停止命令を命じることができる場合と、使用停止命令を命じることができる場合、それぞれに該当する事由をしっかり覚えましょう。

1 義務違反と措置命令

製造所等の所有者、管理者または占有者は、以下の事項または事案が発生した場合は、市町村長等から、それぞれに該当する**措置命令**を受けることがある。

- **製造所等における危険物の貯蔵・取扱い**が技術上の基準に違反しているとき
  ⇒危険物の貯蔵・取扱い基準の遵守命令
- **製造所等の位置、構造及び設備**が技術上の基準に違反しているとき
  ⇒製造所等の修理、改造、または移転の命令（製造所等の所有者、管理者または占有者で権原を有する者に対して行う）
- **危険物保安統括管理者**もしくは**危険物保安監督者**が消防法もしくは消防法に基づく命令の規定に違反したとき、またはこれらの者にその業務を行わせることが公共の安全の維持もしくは災害の発生の防止に支障を及ぼすおそれがあると認めるとき
  ⇒危険物保安統括管理者または危険物保安監督者の解任命令
- **火災の予防**のため必要があるとき
  ⇒予防規程の変更命令
- **危険物の流出その他の事故**が発生したが、**応急の措置**（p.146参照）を講じていないとき
  ⇒危険物施設の応急措置命令
- 管轄する区域にある**移動タンク貯蔵所**について、**危険物の流出その他の事故**が発生したとき
  ⇒移動タンク貯蔵所の応急措置命令

これらの命令を受けた場合は、標識の設置その他の方法により、その旨を公示される。

2 無許可貯蔵等の危険物に対する措置命令

市町村長等は、製造所等の許可（p.29参照）または仮貯蔵・仮取扱いの承認（p.22参照）を受けずに指定数量以上の危険物を貯蔵し、または取り扱っている者に対し、危険物の**除去**その他危険物による災害防止のための必要な措置をとるように命ずることができる。

3 製造所等の許可の取消しと使用停止命令

製造所等の所有者、管理者または占有者は、以下の事項に該当する場合は、市町村長等から製造所等の**設置許可の取消し**、または期間を定めて製造所等の**使用停止命令**を受けることがある。

①製造所等の位置、構造または設備を**無許可**で変更したとき（無許可変更）

②製造所等を**完成検査済証**の交付前に使用したとき、または仮使用の承認を受けずに使用したとき（完成検査前使用）

③製造所等の位置、構造、設備にかかわる**措置命令**（p.143参照）に違反したとき（措置命令違反）

④政令で定める屋外タンク貯蔵所または移送取扱所の**保安検査**（p.64参照）を受けないとき（保安検査未実施）

⑤**定期点検**（p.61参照）が必要な製造所等について、定期点検の実施、点検記録の作成、保存がなされないとき（定期点検未実施）

製造所等の許可の取消しは、期間を定めた使用停止命令よりもさらにきびしい措置です。

4 製造所等の使用停止命令

製造所等の所有者、管理者または占有者は、以下の事項に該当する場合は、市町村長等から期間を定めて製造所等の**使用停止命令**を受けることがある。

①危険物の貯蔵・取扱い基準の遵守命令（p.143参照）に違反したとき

②**危険物保安統括管理者**を定めないとき、またはその者に事業所における危険物の保安に関する業務を統括管理させていないとき

③**危険物保安監督者**を定めないとき、またはその者に危険物の取扱作業に関して保安の監督をさせていないとき

④危険物保安統括管理者または危険物保安監督者の解任命令に違反したとき

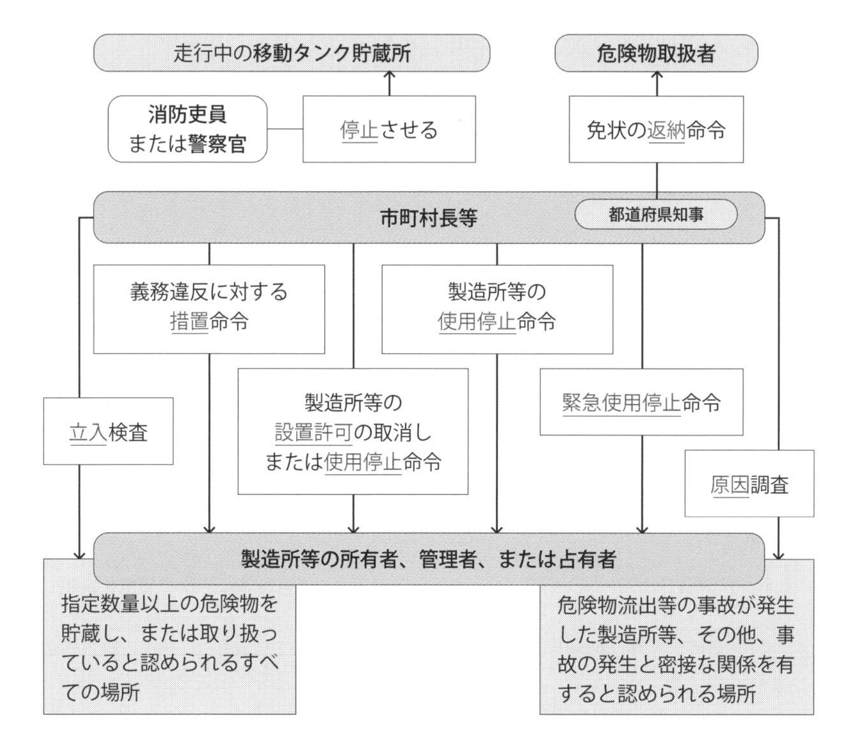

■ 図23.行政命令等

5 緊急使用停止命令・立入検査等・その他

市町村長等は、公共の安全の維持または災害の発生の防止のため緊急の必要があると認めるときは、製造所等の所有者、管理者または占有者に対し、製造所等の使用を**一時停止**すべきことを命じ、またはその使用を**制限**することができる。

市町村長等は、火災の防止のため必要があると認めるときは、指定数量以上の危険物を貯蔵し、もしくは取り扱っていると認められるすべての場所の所有者、管理者もしくは占有者に対して**資料**の提出を命じ、もしくは**報告**を求め、または消防事務に従事する職員を立ち入らせ、これらの場所の位置、構造、設備、危険物の貯蔵・取扱いについて**検査**させ、関係のある者に質問させ、もしくは試験のため必要な最少限度の数量に限り危険物もしくは危険物であることの疑いのある物を**収去**させることができる。

消防吏員または**警察官**は、危険物の移送に伴う火災の防止のため特に必要があると認める場合には、走行中の移動タンク貯蔵所を**停止**させ、乗車している危険物取扱者に対し、**危険物取扱者免状**の提示を求めることができる。

危険物取扱者が消防法または消防法に基づく命令の規定に違反しているときは、危険物取扱者免状を交付した**都道府県知事**は、免状の**返納**を命ずることができる。

6 事故時の措置

事故時の措置については次のようなものがあります。

● 表19. 事故時の措置

事故時の措置	措置を行う者	措置の内容
事故発生時の応急措置	製造所等の所有者、管理者または占有者	● 製造所等において、危険物の流出その他の事故が発生したときは、**直ちに**、引き続く危険物の流出及び拡散の防止、流出した危険物の除去その他災害の発生の防止のための**応急の措置**を講じなければならない。
	市町村長等	● 製造所等の所有者、管理者または占有者による応急の措置が講じられていないと認めるときは、所有者等に**応急の措置**を講ずべきことを**命ずる**ことができる。
通報義務	事故を発見した者	● **直ちに**、その旨を消防署、市町村長の指定した場所、警察署または海上警備救難機関に**通報**しなければならない。
事故の原因調査	市町村長等	事故の**原因調査**のため、以下のことができる。 ● 事故が発生した製造所等その他事故の発生と密接な関係を有すると認められる場所の所有者、管理者もしくは占有者に対して必要な資料の提出を命じ、もしくは**報告**を求める。 ● 消防事務に従事する職員に、これらの場所に立ち入り、所在する危険物の状況もしくは製造所等その他の事故に関係のある工作物もしくは物件を**検査**させ、もしくは関係のある者に質問させることができる。

本試験攻略のポイントはココ！

- 行政命令等に関する出題例では、製造所等の**許可の取消し**と**使用停止命令**に関する問題が最も多い。
- 製造所等の**無許可変更**、**完成検査前使用**、製造所等の位置、構造、設備にかかわる**措置命令違反**、**保安検査未実施**、**定期点検未実施**に該当する場合は、使用停止命令にとどまらず、製造所等の許可の取消しといった、よりきびしい処分が下される場合がある。
- 許可の取消しの事由に該当する事項は、いずれも**施設的な面**での違反であり、危険物の貯蔵・取扱い基準の遵守命令違反、危険物保安統括管理者の選任義務違反などの**人的な面**での違反は、許可の取消しの事由にはならない。

こんな問題がでる！

問　題

製造所等の所有者等に対し、市町村長等が許可の取消しを命ずることができる事由に該当しないものは、次のうちどれか。

1　製造所等の位置、構造、設備を無許可で変更したとき
2　製造所等を完成検査を受けずに使用したとき
3　製造所等の修理、改造、または移転の命令に違反したとき
4　危険物保安監督者を選任しなければならない製造所等において、危険物保安監督者を選任していないとき
5　定期点検が義務づけられている製造所等において、点検を実施していないとき

解答・解説

4が該当しない。危険物保安監督者を選任しなければならない製造所等において、危険物保安監督者を選任していないときは、期間を定めて製造所等の**使用停止命令**を受けることがあるが、許可の取消しの事由とはならない。

語呂合わせで覚えよう　製造所等の許可の取消し

そっちの言うこと聞かずに、
（措置）（命令）（違反）

勝手に変えてゴメン。
（無許可）（変更）

貯金できる前に使っちゃった…。
（完成）（前）（使用）

定期預金はまだだけど。許して！ なかったことにして！
（定期検査）（未実施）（許可）（取消し）

製造所等の無許可変更、措置命令への違反、完成検査前使用、定期点検未実施等に該当する場合、製造所等の許可の取消しを命じられることがある。

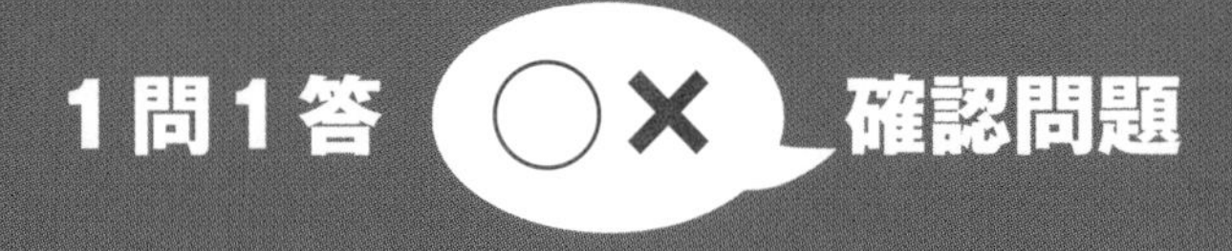

次の問題の内容が正しければ○、誤っていれば×で答えなさい。

	問　題	チェック
消火・警報設備の基準	1. 大型消火器は、第1種の消火設備である。	
	2. 危険物は、指定数量の10倍を1所要単位とする。	
	3. 指定数量の倍数が100以上の危険物を貯蔵し、または取り扱う製造所等には、警報設備を設置しなければならない。	
貯蔵・取扱いの基準	4. 屋内貯蔵所において、危険物を類ごとに取りまとめて相互に1m以上の距離を置けば、第1類と第6類の危険物を同時に貯蔵できる。	
	5. 第3類の危険物のうち、黄りんは、水との接触を避ける。	
	6. 顧客に自ら給油等をさせる給油取扱所においては、顧客用固定給油設備以外の固定給油設備を使用して、顧客に自ら給油をさせてはならない。	
運搬の基準	7. 危険物の運搬容器の外部には、危険物に応じた消火方法を表示しなければならない。	
	8. 運搬する危険物が指定数量の10分の1以下である場合は、第4類の危険物と第1類の危険物を混載することができる。	
移送の基準	9. 移動タンク貯蔵所により危険物を移送するときは、危険物取扱者を乗車させなければならない。	
行政命令等	10. 危険物の貯蔵・取扱い基準の遵守命令に違反したときは、製造所等の許可の取消しを命じられることがある。	

〔解答・解説〕

1.× 大型消火器は、第4種の消火設備である。　2.○　3.× 指定数量の倍数が10以上の危険物を貯蔵し、または取り扱う製造所等には、警報設備を設置しなければならない。　4.○　5.× 第3類の危険物のうち、黄りんは、**禁水性物質**ではない。　6.○　7.× 危険物の運搬容器の外部に表示しなければならない事項に、**消火方法**は含まれていない。　8.○　9.○　10.× 危険物の貯蔵・取扱い基準の遵守命令に違反したときは、製造所等の**使用停止命令**を受けることがあるが、許可の取消しの事由とはならない。

第2章 物理学及び化学

1 物質の状態の変化

ココを押さえる！

液体の水が気体の水蒸気になったり、固体の氷になったりするのが水の状態変化です。この物質の状態変化と現象名、また状態変化と熱の出入りについて学習することが大切です。

普通、物質はそのときの温度や圧力によって、固体であったり、液体であったり、あるいは気体であったりする。これを**物質の三態**という。たとえば、水（液体）は条件によって氷（固体）になったり、あるいは水蒸気（気体）になったりする。

このように、水が氷や水蒸気に変わるのは、単に液体・固体・気体という状態が変化するだけであって、水という物質が別の物質に変わるわけではない。このような三態の間の物理変化を、**状態変化**または三態の変化という。一般には20℃を普通の温度、1気圧を普通の圧力とみなし、これを**常温常圧**という。

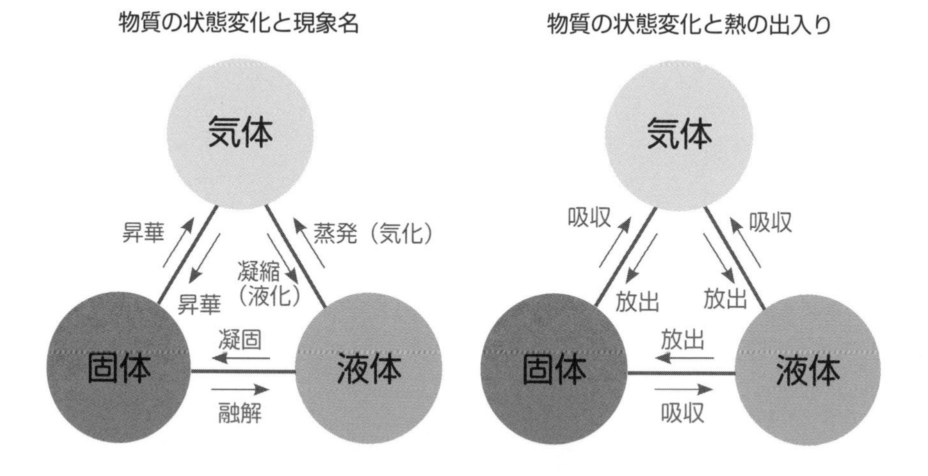

■ 図1. 物質の状態変化

気体と固体の間の変化はどちらも昇華といいます。

水の状態変化を例に、氷(固体)を加熱して水(液体)とし、さらに加熱して気体(水蒸気)とするときの温度変化を、図2に示す。横軸は一定の熱を加えた時間(または加えられた熱エネルギー)、縦軸は物質の温度である。

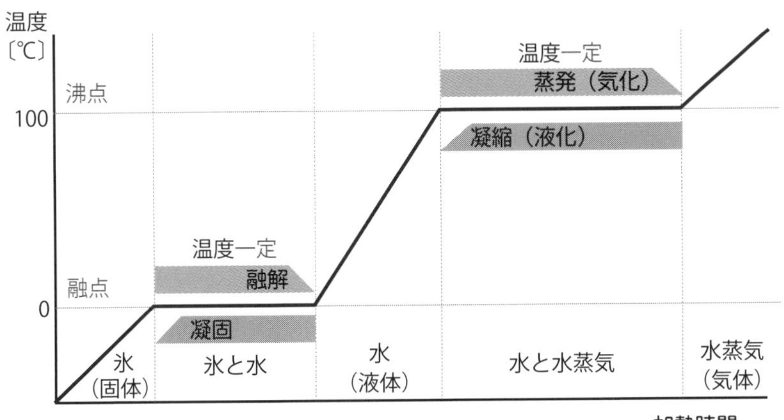

■ **図2. 水の状態変化(1気圧〔1atm〕)**

同じ圧力のもとでは、物質は温度によって状態変化を起こします。

こんな問題がでる！

問　題

物質の状態変化と熱の出入りについて、次のうち誤っているものはどれか。

1　固体が液体に変わることを融解といい、熱を吸収する。
2　液体が気体に変わることを気化といい、熱を吸収する。
3　固体が直接気体に変わることを昇華といい、熱を放出する。
4　液体が固体に変わることを凝固といい、熱を放出する。
5　気体が液体に変わることを凝縮といい、熱を放出する。

解答・解説

3が誤り。この場合、熱を放出するのではなく、熱を吸収する。

語呂合わせで覚えよう　物質の状態変化

これから駅へ。愉快な旅に
（固体から）（液体）（融解）

行きたいと答える、今日この頃。
（液体から）（固体）（凝固）

北へ行きたい、今日着く駅から。
（気体から）（液体）（凝縮）（液化）

駅から北へ？ 蒸発する気か！
（液体から）（気体）（蒸発）（気化）

固体から液体への変化は融解。液体から固体への変化は凝固。気体から液体への変化は凝縮、または液化。液体から気体への変化は蒸発、または気化。

2 気体の性質

ココを押さえる！

気体の性質として、臨界温度と臨界圧力、ボイル・シャルルの法則やこの法則から導き出された気体の状態方程式は大切な項目です。これらの法則を表す公式を理解し、しっかりと使えるようにすることがきわめて重要となります。

1 臨界温度と臨界圧力

気体は、一定の温度以下において圧力を加えると液化する。つまり、一定の温度以下でなければ液化しない。この一定の温度を**臨界温度**といい、臨界温度の気体を液化させるのに必要な圧力を**臨界圧力**という。

温度が臨界温度より低ければ、液化に要する圧力は臨界圧力より小さくてすむ。

● 表1.気体の臨界温度と臨界圧力

物　質	臨界温度〔℃〕	臨界圧力	
		〔MPa〕	〔atm〕
空気	−140.7	3.8	37.2
アンモニア	132.4	11.3	112
二酸化炭素	31.1	7.4	73.0
水素	−239.9	1.3	12.8
メタン	−82.5	4.6	45.8
酸素	−118.0	5.0	49.3
水	374.1	22.1	218.5

たとえば、二酸化炭素の臨界温度は31.1〔℃〕なので、この温度の二酸化炭素を圧縮すると、臨界圧力の73.0〔atm〕に達したときに液化する。これに対し、二酸化炭素の温度が31.1〔℃〕を超えると、いくら強く圧縮しても液体にはならない。

こんな問題がでる！

問　題

下表から考えて、次の記述で誤っているものはどれか。

	アンモニア	二酸化炭素	メタン
臨界温度〔℃〕	132.4	31.1	－82.5
臨界圧力〔atm〕	112.0	73.0	45.8

1　アンモニアは、150〔℃〕では気体である。
2　アンモニアが132.4〔℃〕のときは、112〔atm〕以上の圧力を加えると液化する。
3　二酸化炭素は、31.1〔℃〕を超えると、いくら圧力を加えても液化しない。
4　二酸化炭素は、メタンと比べると液化しにくい物質といえる。
5　メタンは、－82.5〔℃〕以下では、45.8〔atm〕以下の圧力でも液化する。

解答・解説

4が誤り。メタンの臨界温度は二酸化炭素と比べてかなり低い。したがって、メタンのほうが二酸化炭素より**液化しにくい物質**である。

2 ボイル・シャルルの法則

「一定質量の気体の体積Vは圧力Pに反比例し、絶対温度Tに比例する」。この関係をボイル・シャルルの法則という。これにより次式が成り立つ。

$$\frac{PV}{T} = 一定 \quad または \quad \frac{P_1V_1}{T_1} = \frac{P_2V_2}{T_2} \ (=一定)$$

ここで、絶対温度とは、セ氏温度（セルシウス温度）−273℃を0度とするもので（単位はケルビン〔K〕）、セ氏温度tが1℃上昇するごとに絶対温度Tも1Kずつ上昇する。

つまり、$T=t+273$　の関係が成り立つ。

ボイル・シャルルは２人の学者の名前です。
ボイルはイギリスの化学者・物理学者、
シャルルはフランスの物理学者です。

計算してみる

24〔℃〕、9.970×10^4〔Pa〕で35.9〔L〕を占める窒素は、0〔℃〕、1〔atm〕（標準状態）では何〔L〕か。

➡ ボイル・シャルルの法則$\dfrac{P_1V_1}{T_1}=\dfrac{P_2V_2}{T_2}$に代入し、解を求める。

Pa（パスカル）は圧力の基準単位の1つ。この場合、〔atm〕は〔Pa〕になおす。また、温度は絶対温度（単位記号K）で表す。

1気圧〔atm〕は1.013×10^5〔Pa〕であるから、

$$V_2=V_1\times\frac{T_2}{T_1}\times\frac{P_1}{P_2}=35.9〔L〕\times\frac{273〔K〕}{(24+273)〔K〕}\times\frac{9.970\times10^4〔Pa〕}{1.013\times10^5〔Pa〕}$$

≒**32.4**〔L〕となる。

圧力の単位は〔atm〕または〔Pa〕です。
大気の圧力は1.013×10^5〔Pa〕、したがって、
1気圧〔atm〕＝1.013×10^5〔Pa〕となります。

3 気体の状態方程式

ボイル・シャルルの法則 $\dfrac{PV}{T}$ ＝一定という関係式に、「0℃（絶対温度で273K）、1気圧（atm）で1モル（mol）の気体の体積は22.4Lである（アボガドロの法則*という）」、これらの数値を代入すると、

$$\frac{PV}{T} = \frac{1〔\mathrm{atm}〕\times 22.4〔\mathrm{L/mol}〕}{273〔\mathrm{K}〕} = 0.082〔\mathrm{L\cdot atm/K\cdot mol}〕$$

となる。この定数を**気体定数**といい、Rで表す。気体定数Rは**気体の種類に無関係**である。つまり、$PV=RT$（気体1mol）となる。

n〔mol〕の気体については、Rの代わりにnRを入れて、

$$\frac{PV}{T} = nR \quad \text{または} \quad PV = nRT$$

この式を**気体の状態方程式**という。

また、分子量Mの気体がw〔g〕あるとき、その物質量n〔mol〕は、$n=\frac{w}{M}$であることから、次のようになる。

$$PV = nRT = \frac{w}{M}RT$$

圧力P〔atm〕、体積V〔L〕、物質量n〔mol〕、温度T〔K〕の４つの量のうち、いずれか３つが定まると残りの１つの量が求められます。

＊ アボガドロの法則については、「Section2 化学 5 化学の基本法則 1（p.183）」で詳述します。

計算してみる

体積2.0〔L〕の容器に、ある気体0.05〔mol〕を入れて27〔℃〕に保ったとき、気体の圧力P〔atm〕はいくらになるか。ただし、気体定数は0.082〔L・atm/K・mol〕とし、絶対温度T〔K〕とセ氏温度t〔℃〕の関係は、$T=t+273$とする。

➡ 気体の状態方程式 $PV = nRT$ に代入し、解を求める。

$P \times 2.0 = 0.05 \times 0.082 \times (27 + 273)$

$\therefore P =$ **0.615**〔atm〕となる。

計算してみる

0.78〔L〕の容器を真空にして、ある純粋な液体物質1.0〔g〕を入れて57〔℃〕にしたところ、液体は全部蒸発して0.63〔atm〕の圧力を示した。この物質の分子量を求めよ。

➡ 気体の状態方程式 $PV = \frac{w}{M}RT$ に代入し、分子量 M を求める。

$0.63〔atm〕\times 0.78〔L〕= \frac{1.0〔g〕}{M} \times 0.082〔L・atm/K・mol〕\times (57 + 273)〔K〕$

したがって、$M = \frac{1.0 \times 0.082 \times 330}{0.63 \times 0.78}$ ≒ **55.0**

∴分子量≒ **55.0** となる。

（分子量に単位はない。「Section2 化学 4 物質量（モル）1（p.180）」参照）

語呂合わせで覚えよう　ボイル・シャルルの法則

圧力鍋が半開き！
（圧力に）　（反比例）

肉は絶対にヒレ！
（絶対温度に比例）

一定質量の気体の体積は、圧力に反比例し、絶対温度に比例する（ボイル・シャルルの法則）。

③ 熱量

ココを押さえる！

熱量については、比熱や熱容量の意味をまず理解することが大切です。
次に熱量の計算ができるように、公式 $Q = cm\Delta t$〔J〕をしっかり覚えて使えるようにすることが重要となります。

1 比熱と熱容量

物質1gの温度を1℃上昇させるのに必要な熱量を比熱cといい、単位は〔J/g・k〕または〔J/g・℃〕で表す。（注）J…ジュール

熱容量C〔J/℃〕とは比熱cにその物質の質量m〔g〕を掛けた値である。

$C = cm$〔J/℃〕（熱容量＝物質の比熱×質量）

比熱は物質を加熱したときの温まりにくさ、あるいは放置したときの冷めにくさを表す。比熱の大きい物質は温まりにくく、冷めにくい。

● 表2. 主な物質の比熱

物　質	比熱〔J/g・℃〕
アルミニウム（0℃）	0.877
鉄（0℃）	0.437
銅（20℃）	0.380
木材（20℃）	約1.25
氷（－23℃）	1.94
コンクリート（室温）	約0.8
水（15℃）	4.186
海水（17℃）	3.93

（注）比熱は、同一物質であっても温度によって違うが、一般にはこれらを定数と考えて計算している。

比熱：物質1gの温度を1℃上昇させるのに必要な熱量
熱容量：物質全体の温度を1℃上昇させるのに必要な熱量
（物質の比熱にその物質の質量を掛けた値）

2 熱量の計算

前述の$C = cm$において、Δt〔℃〕（Δtは温度差を表し、Δは「デルタ」と読む）上昇させれば、cm〔J/℃〕のさらにΔt倍、すなわち$cm\Delta t$〔J〕となる。

すなわち、質量m〔g〕の物質をΔt〔℃〕上昇させる熱量Q〔J〕は、

$Q = cm\Delta t$〔J〕（熱量＝物質の比熱×質量×温度差）

という式で表される。

計算してみる

比熱が0.72〔J/g・℃〕である物質100〔g〕の温度を10〔℃〕から25〔℃〕まで上昇させるのに要する熱量はいくらか。

➡ 求める熱量をQ〔J〕として、$Q = cm\Delta t$に代入し、解を求める。

$Q = c \times m \times \Delta t = 0.72 \times 100 \times (25 - 10)$
$= 0.72 \times 100 \times 15$
$= 1080$〔J〕となる。

水は、他の物質と比べて比熱が大きいため、温まりにくく、冷めにくい物質です。
湯タンポの湯が冷めにくいのは、水の比熱が大きいためです。

④ 静電気

ココを押さえる！

静電気は、ほぼ毎回出題されるきわめて重要な事項です。特に放電エネルギーの公式 $E=\frac{1}{2}CV^2$ をしっかり把握し使えることが求められます。また、静電気除去の三大ポイント①空気中の湿度を高く、②送油での流速をゆっくり、③接地（アース）する、を使えば、ほとんど正解できます。

静電気は摩擦電気ともいわれ、電気の不良導体同士を摩擦すると、一方の物質には正(＋)、他方の物質には負(－)の電荷が発生し帯電する。これらの電荷は移動しない電気ということで静電気という。

〔身の回りで見る静電気現象の例〕
- ドアノブ(金属製)に指を伸ばした瞬間に「パシッ」と衝撃が走る
- テレビ・パソコン画面のホコリの付着
- ノコギリを使ったときの切り粉の付着

静電気は火災の原因となるため、その意味はもちろん、帯電列、静電気による放電、静電気が発生しやすい条件、静電気災害の防止について確実に理解することが大切です。

1 帯電列

2つの物質が接触したときに発生する電荷の正負は、接触する物質同士によって変わる。物質が正負のどちらに帯電しやすいかを表したものを帯電列という。

● 表3.帯電列

⊕ ガラス＞人毛＞ナイロン＞羊毛＞木綿＞硬質ゴム＞ポリエチレン＞テフロン ⊖

帯電列にある2種の物質の摩擦等で、左側のものが正(＋)に、右側のものが負(－)に帯電する。

2 静電気による放電

静電気の帯電量（電気量）Qと帯電電圧V、静電容量C（どのくらい電荷が蓄えられるかを表す値）の間には、$Q = C \times V$の関係がある。

静電気が放電するときは電気エネルギーを放出し、このエネルギーを**放電エネルギー**という。

静電気が放電するときのエネルギーE〔J〕は、次式で与えられる。

$$E = \frac{1}{2} \times Q \times V = \frac{1}{2} \times C \times V^2$$

Q：帯電量〔C〕……クーロン
V：帯電電圧（電位差）〔V〕……ボルト
C：静電容量〔F〕……ファラド
（注）静電容量Cと帯電量の単位〔C〕とを混同しないこと。

計算してみる

静電容量2.0×10^{-10}〔F〕の物体が1000〔V〕に帯電したときの放電エネルギーE〔J〕はいくらか。

➡ 求める放電エネルギーEは、$E = \frac{1}{2} CV^2$に代入し、解を求める。

$E = \frac{1}{2} \times 2.0 \times 10^{-10}$〔F〕$\times 1000^2$〔V〕

$= \frac{1}{2} \times 2.0 \times 10^{-10} \times (10^3)^2$

$= \frac{1}{2} \times 2.0 \times 10^{\quad 10} \times 10^6$

$= \frac{1}{2} \times 2.0 \times 10^{-4}$

$= 1.0 \times 10^{-4}$〔J〕となる。

こんな問題がでる！

問題

静電気を帯びた物体が放電するときのエネルギー E〔J〕は、次式で与えられる。

$$E=\frac{1}{2}QV=KCV^n$$

Q は帯電量〔C〕、V は帯電電圧〔V〕、C は静電容量〔F〕

上式の係数 K、n の組合せで、次のうち正しいものはどれか。

1　$K=1$　$n=3$

2　$K=\frac{1}{2}$　$n=2$

3　$K=\frac{1}{2}$　$n=\frac{1}{2}$

4　$K=\frac{1}{3}$　$n=2$

5　$K=\frac{1}{2}$　$n=3$

解答・解説

2の $K=\frac{1}{2}$　$n=$**2**の組合せが正しい。

放電エネルギー $E=\frac{1}{2}QV=KCV^n$ において、$Q=CV$ であるから、$\frac{1}{2}QV$ に代入すると、

$$E=\frac{1}{2}CVV=\frac{1}{2}CV^2\text{〔J〕}$$となる。

静電気が何らかの原因で空気中に**放電**されれば、その電気エネルギーが**着火源**となり付近に滞留する**引火性蒸気**に引火、または爆発し火災となる危険性があります。

3 静電気が発生しやすい条件

静電気が発生しやすい条件は、次のようなものがある。

①絶縁性が高い物質(導電性が低い物質)ほど静電気が発生しやすい。

②ガソリンや灯油などの送油作業では、流速が大きいほど静電気が発生しやすい。また、流れが乱れるほど静電気が発生しやすい。

③湿度が低い(乾燥している)ほど静電気が発生しやすい。

④合成繊維の衣類(ナイロンなど)は、木綿の衣類より静電気が発生しやすい。

空気中の温度または物質の温度と静電気の発生のしやすさについては、直接の関係はありません。

こんな問題がでる!

問　題

静電気に関して、次のうち誤っているものはどれか。

1　静電気は、物質の絶縁性が高いほど発生しやすい。
2　静電気は、蓄積すると放電火花を生じることがある。
3　静電気は人体にも帯電する。
4　エボナイト棒を毛皮でこすると、エボナイト棒は静電気を帯びて紙の小片を引きつける。
5　静電気により危険物の温度が上昇する。

解答・解説

5が誤り。正しくは、静電気は危険物の温度には関係ない。

2の静電気の放電火花は、たとえばガソリンの蒸気に引火し、事故の原因となることがある。

4 静電気災害の防止

静電気災害を予防する方法は、前項③静電気が発生しやすい条件の逆を考えればよい。

①容器や配管など**導電性の高い材料**を用いる。

②給油時などでは、物質の**流速を遅く**する。

③**湿度を高く**し、発生した静電気を空気中の水分に逃がす。

④合成繊維の衣服を避け、木綿の服などを着用する。

このほか、

⑤**摩擦を少なく**する。

⑥導線で**接地**(アース)する。

⑦室内の**空気をイオン化**する(静電気除去装置などで空気をイオン化して静電気を中和する)。

などがある。

こんな問題がでる!

問　題

静電気による災害防止の対策として、次のうち誤っているものはどれか。

1　空気中の湿度を高くする。
2　給油ゴムホースに導電性材料を使用する。
3　接地(アース)する。
4　送油での流速を上げる。
5　合成繊維の衣服を避け、木綿の服などを着用する。

解答・解説

4が誤り。この場合、静電気による災害防止として、送油での流速を上げるのではなく、**流速をゆっくり**(流体の摩擦を少なく)することが必要である。

2の給油ゴムホースでの導電性材料には、導線を巻き込んだもの、カーボンブラック(炭素の微粒子)の入ったものなどを使う。

第4類の石油類には、流動や動揺などによって**静電気が発生しやすい性質**がある。第4類の石油類の取扱いにおいて、**静電気災害を防止する方法**としては、図3のようなポイントがある。

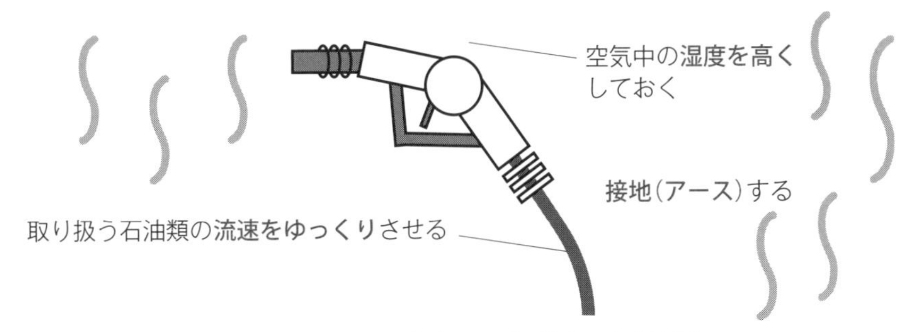

■ **図3. 静電気除去の三大ポイント(必須)**

静電気除去の三大ポイントは、きわめて重要です。しっかりと覚えましょう。

こんな問題がでる!

問 題

静電気に関する説明として、A～Eのうち正しいものはいくつあるか。

A　静電気は、固体だけでなく、液体でも発生する。
B　可燃性液体に静電気が蓄積すると、発熱により可燃性蒸気の発生が促進される。
C　可燃性液体に静電気が蓄積すると、蒸発しやすくなる。
D　電気量をQとし、帯電電圧をVとすると、静電気の放電エネルギーE〔J〕は、$E=\frac{1}{2}QV$で与えられる。
E　静電気は冬より夏のほうが帯電しやすい。

1　なし

2　1つ

3　2つ

4　3つ

5　4つ

解答・解説

3の**2つ**が正しい。1つはAで、静電気は、たとえばガソリンのような**引火性液体でも発生**する(因みに気体でも発生する)。もう1つはDで、静電気の**放電エネルギー**はこの式で与えられる。

Bは、静電気が蓄積しても発熱はしないので、誤り。Cは、可燃性液体に静電気が蓄積したからといって蒸発しやすくなることはないので、誤り。Eは、冬のほうが湿度が低く乾燥しているので、夏より帯電しやすくなり、誤り。

簡単にできる静電気の発生 ― 下敷きと髪の毛 ―
衣服でこすって帯電させたプラスチックの下敷きを、人の頭にあてがうと、髪の毛が逆立ちます。

語呂合わせで覚えよう　静電気が蓄積しやすい条件

静かな電気屋が
(静)　(電気)

不良のたまり場に！
(不良導体)(蓄積しやすい)

静電気は、電気の良導体よりも不良導体に蓄積しやすい。

1問1答 ○× 確認問題

次の問題の内容が正しければ○、誤っていれば×で答えなさい。

	問 題	チェック
物質の状態の変化	1. 融解の逆は気化であり、凝縮の逆は凝固である。	
	2. 固体が直接気体に変化する現象は昇華といい、熱を吸収する。	
気体の性質	3. 臨界温度で気体を圧縮すると、臨界圧力に達したときに液化する。	
	4. 気体定数R、圧力P〔atm〕、絶対温度T〔K〕、気体の体積V〔L〕、物質量n〔mol〕とすると、$PV=\frac{1}{n}RT$の式が成り立つ。	
熱量	5. 物質1〔g〕の温度を1〔℃〕（または1〔K〕）上昇させるのに必要な熱量を比熱という。	
	6. 比熱（c）×体積（v）×温度差（Δt）という式から、物質の熱量（Q）が求められる。	
静電気	7. 静電気の放電エネルギーEは、静電容量Cが一定のとき、帯電電圧Vの2乗に比例する。	
	8. 静電気の災害を防止するためには、空気の湿度を低くしたほうがよい。	
	9. 配管により液体を送る際には、流速をなるべく速くする。	
	10. 静電気の災害を防止するには、物質を電気的に絶縁しないようにアースをとる。	

〔解答・解説〕

1.× 融解の逆は**凝固**であり、凝縮（液化）の逆は**蒸発**（**気化**）である。　2.○　3.○　4.× $PV=\frac{1}{n}RT$ではなく、$PV=nRT$（気体の状態方程式）。　5.○　6.× $Q=cm\Delta t$である。体積vではなく、**質量m**である。　7.○ $E=\frac{1}{2}\times C\times V^2$　8.× 静電気は湿度の**低い**（**乾燥**している）ときに帯電しやすいので、災害防止のためには空気の湿度を**高く**したほうがよい。　9.× 流速を速くすると静電気の発生量が**増える**ので、流速を**遅く**する。　10.○

1 化学変化

ココを押さえる！

化学変化と物理変化の違いを理解し、また、化合や分解、置換などの化学変化の形態を、具体的な例によって把握することが大切です。これらの学習で、物質の変化に対する理解を深めることができます。

空気中に放置した鉄がさびて酸化鉄になったり、水を電気分解によって水素と酸素とに分けたりするなど、ある物質が性質が違う別の物質になる変化を化学変化という。

これに対し、食塩を水に溶かして食塩水をつくったり、バネに力を加えると伸びるなど、単に状態や形が変化するだけの変化を物理変化という。

1 化学変化の形態

物質が化学的に変化する仕方には、化合・分解・置換・複分解などの形態がある。

● 表4. 化学変化の形態とその例（＊例に、化学反応式（後述の「6 化学反応式（p.186）」で詳述）が書かれているのは、最も適切なのであえて記した。以下同じ）

種　類	化学変化の形態	例
化　合 （2種類以上の物質から異なる物質を生じる）	A＋B ⟶ AB	①水素と酸素が反応して水になる。 $2H_2 + O_2 \longrightarrow 2H_2O$＊ ②炭素と酸素が反応して二酸化炭素になる。 $C + O_2 \longrightarrow CO_2$ ③エチレンに水が付加してエタノールになる。 $C_2H_4 + H_2O \longrightarrow C_2H_5OH$
分　解 （化合物が2種類以上の物質に分かれる）	AB ⟶ A＋B	①水を電気分解すると水素と酸素になる。 $2H_2O \longrightarrow 2H_2 + O_2$ ②塩素酸カリウムを加熱すると塩化カリウムと酸素になる。 $2KClO_3 \longrightarrow 2KCl + 3O_2$
置　換 （化合物中の原子または原子団が、他の原子または原子団で置換される）	A＋BC ⟶ AC＋B	①亜鉛に希硫酸を加えると硫酸亜鉛と水素になる。 $Zn + H_2SO_4 \longrightarrow ZnSO_4 + H_2$

複分解 (2種類の化合物が、原子または原子団を交換して2種類の新しい化合物になる)	AB＋CD ⟶ AD＋CB	①塩化カリウムに硝酸銀を加えると硝酸カリウムと塩化銀になる。 $KCl + AgNO_3 \longrightarrow KNO_3 + AgCl$

他に、エチレンが重合(高分子になる化学変化)してポリエチレンが生成するなどがある。

チャレンジしてみる

次に掲げる用語のうち、化学変化であるものはいくつあるか。

蒸発　　化合　　凝固　　置換　　分解

➡ 化学変化＝ある物質が性質が違う別の物質になる変化　という定義をもとに考えてみる。

この場合、「化合」、「置換」、「分解」の3つが化学変化の用語である。「蒸発」と「凝固」は物理変化である。

化学変化は物質の化学式が変わる変化、物理変化は物質の化学式が変わらない変化と言いかえることもできます。

こんな問題がでる！

問題1

化学変化と物理変化の現象について、次のうち誤っているものはどれか。

1　ショ糖を水に入れたら溶けた。これは物理変化である。
2　炭化カルシウムに水を作用させたらアセチレンガスが発生した。これは物理変化である。

3　ナフタリン(固体)を放置したら直接気体に変わった。これは物理変化である。

4　メタノールが炎を上げて燃えた。これは化学変化である。

5　過酸化水素水(過酸化水素の水溶液)を放置したら酸素が発生した。これは化学変化である。

解答・解説

2が誤り。**2**は化学変化である。

$CaC_2 + 2H_2O \longrightarrow C_2H_2 + Ca(OH)_2$

(炭化カルシウム)　(水)　(アセチレン)　(水酸化カルシウム)

あとの4肢は正しい。**1**は溶解で物理変化。**3**は昇華で物理変化。

4は、$2CH_3OH + 3O_2 \longrightarrow 2CO_2 + 4H_2O$ で化学変化。

(メタノール)　(酸素)　(二酸化炭素)　(水)

5は、$2H_2O_2 \longrightarrow O_2 + 2H_2O$ で化学変化。

(過酸化水素)　(酸素)　(水)

問題2

次のうち化学変化であるものはどれか。

1　エタノールを燃やしたら、二酸化炭素と水を生じた。

2　水に食塩を混ぜて食塩水とした。

3　ドライアイスが常温常圧で二酸化炭素になった。

4　氷がとけて水になった。

5　ガソリンをパイプに速く送ったら静電気が発生した。

解答・解説

化学変化であるものは**1**である。

$C_2H_5OH + 3O_2 \longrightarrow 2CO_2 + 3H_2O$

(エタノール)　(酸素)　(二酸化炭素)　(水)

2は、混合物となり物理変化。**3**のドライアイス(二酸化炭素を冷却・圧縮して固体にしたもの)は、昇華で物理変化。**4**は、融解で物理変化。**5**は、速い流動による静電気の発生で物理変化。

2 物質の種類

ココを押さえる！

物質には純物質と混合物があり、純物質には単体と化合物があります。単体には同素体と呼ばれるものもあり、これらの分類としての区別をしっかりと理解することが大切です。また、構造異性体と呼ばれる物質についても重要となります。

1 物質の分類

物質には純物質と混合物があり、純物質には単体と化合物がある。水素(H_2)や酸素(O_2)のように1種類の元素からなるものが単体で、水(H_2O)やエタノール(C_2H_5OH)のように2種類以上の元素からなるものが化合物である。

また、酸素(O_2)とオゾン(O_3)のように、同じ元素からなる単体が2種類以上ある場合、それらを互いに同素体という。

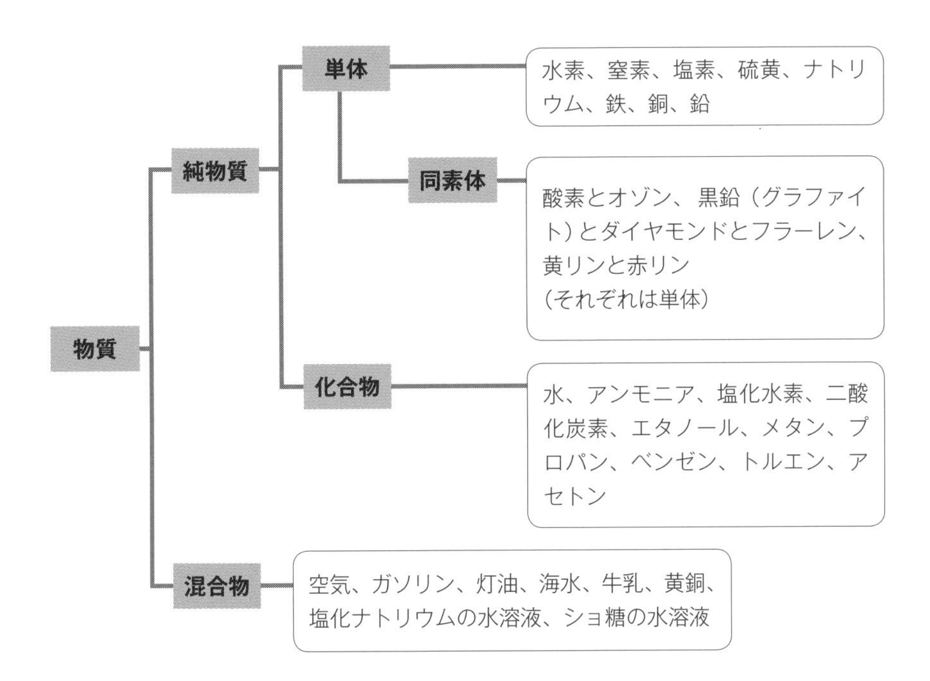

■ 図4. 物質の分類とその例

● 表5. 主な同素体

元素	同素体
炭素（C）	黒鉛（グラファイト）、ダイヤモンド、フラーレン
酸素（O）	酸素、オゾン
リン（P）	黄リン、赤リン
硫黄（S）	斜方硫黄、単斜硫黄、ゴム状硫黄

同素体は同じ元素からなる単体ですが、それぞれ性質が異なります。
また、化合物と混合物の見分け方は、
化合物→１つの化学式で表現できます。
混合物→１つの化学式で表現できません。

こんな問題がでる！

問題１

次のうち、単体、化合物、混合物の正しい組合せはどれか。

	単体	化合物	混合物
1	酸素	水	灯油
2	プロパン	鉄	アセトン
3	銅	窒素	ガソリン
4	二酸化炭素	メタン	トルエン
5	鉛	ダイヤモンド	ベンゼン

解答・解説

1の組合せが正しい。酸素（O_2）は**単体**、水（H_2O）は**化合物**、灯油は**混合物**（炭化水素の混合物）である。あとの4肢は、正しい組合せではない。正しくは次表の（　）内の通り。

	単体	化合物	混合物
2	プロパンは× （正しくは**化合物**）	鉄は× （正しくは**単体**）	アセトンは× （正しくは**化合物**）
3	銅は○	窒素は× （正しくは**単体**）	ガソリンは○
4	二酸化炭素は× （正しくは**化合物**）	メタンは○	トルエンは× （正しくは**化合物**）
5	鉛は○	ダイヤモンドは× （正しくは**単体**）	ベンゼンは× （正しくは**化合物**）

問題2

次の組合せのうち、互いに同素体であるものはいくつあるか。

A　黒鉛(グラファイト)とダイヤモンド
B　一酸化炭素と二酸化炭素　　C　酸素とオゾン
D　黄リンと赤リン　　E　メタンとエタン

1　1つ　　2　2つ　　3　3つ　　4　4つ　　5　5つ

解答・解説

3の3つである。その1つは、Aの黒鉛(グラファイト)とダイヤモンドで、同じ**炭素(C)**のみからできているが、まったく結晶構造が違っている同素体。2つ目はCの**酸素(O_2)**と**オゾン(O_3)**が同素体。3つ目はDの黄リンと赤リンも同素体である。

因みに、Bの一酸化炭素(CO)と二酸化炭素(CO_2)は、単体である同素体ではなく、2つの異なる**化合物**である。また、Eのメタン(CH_4)とエタン(C_2H_6)も2つの異なる**化合物**である。

2 異性体

同一の分子式をもつ化合物なのに、構造・性質が異なる物質を、互いに**異性体**という。

このうち、炭素骨格の違い、または官能基*の種類や位置の違いによって、分子の構造式が異なる異性体を**構造異性体**という。

*官能基については後述の「13 有機化合物と官能基(p.215)」で詳述する。

〔構造異性体の例〕

●炭素骨格が異なるものの例

分子式はいずれも C_4H_{10}

```
   H  H  H  H
   |  |  |  |
H—C—C—C—C—H
   |  |  |  |
   H  H  H  H
```

n-ブタン(ノルマルブタンという)

```
   H  H  H
   |  |  |
H—C—C—C—H
   |  |  |
   H  |  H
      |
   H—C—H
      |
      H
```

イソブタン(メチルプロパン)

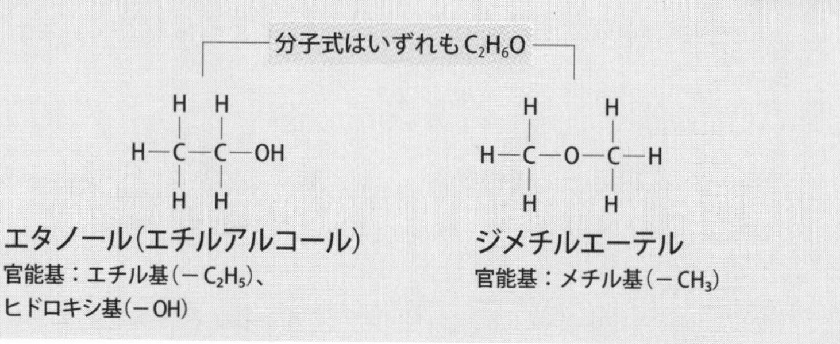

異性体には構造異性体の他に**立体異性体**(分子の立体構造が異なることによって生じる異性体)もある。

こんな問題がでる!

問　題

異性体について、次のうち誤っているものはどれか。

1. 異性体とは、分子式が同じであるが、分子の構造・性質が異なる化合物である。
2. エタノールとジメチルエーテルは、互いに異性体である。
3. ノルマルブタンとイソブタンは、互いに異性体である。
4. オルトキシレンとメタキシレンとパラキシレンは互いに異性体である。
5. 過酸化水素と水は互いに異性体である。

解答・解説

5が誤り。過酸化水素(H_2O_2)と水(H_2O)は、**分子式**が異なっているので異性体ではない(異性体は**分子式**が同じ場合である)。**4**は、次のように官能基の位置が異なっている構造異性体であり、正しい。

分子式はいずれもC_8H_{10}

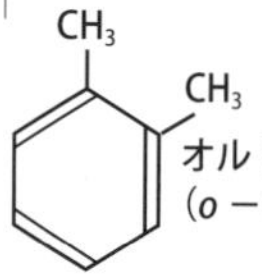

CH_3 CH_3 オルトキシレン (o −キシレン)

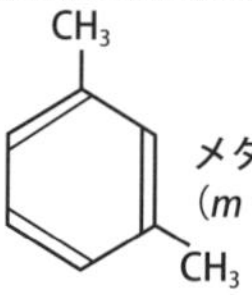

CH_3 CH_3 メタキシレン (m −キシレン)

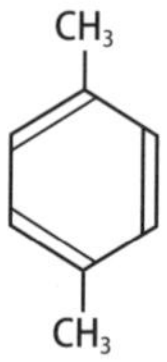

CH_3 CH_3 パラキシレン (p −キシレン)

3 原子

ココを押さえる！

原子は物質を構成する基本的な粒子です。この原子の構造を把握することがまず大切です。そして、次に原子番号と質量数のかかわりを学習していくことが重要です。また、元素の周期表、同じ元素の原子でも中性子の数が異なる同位体についてもマークしておく必要があります。

1 原子の構造

原子は、原子核とその周りにある電子で構成されている。原子核は正の電気を、電子は負の電気を帯びている。さらに、原子核は、正の電気をもつ陽子と電気的に中性な中性子からできている。原子全体としては電気的に中性である。また、陽子の数と電子の数は等しい。

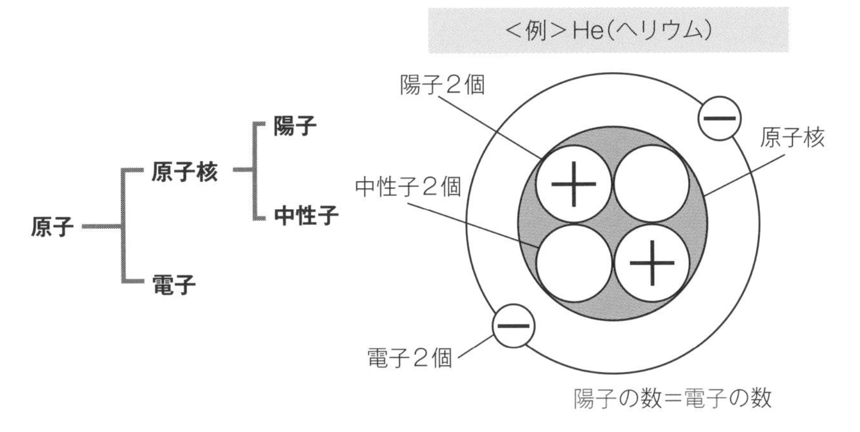

■ 図5. 原子の構造

原子は、物質を構成する基本的な粒子 〔例〕H…水素原子
分子は、物質の特性をもつ最小の単位粒子 〔例〕H_2…水素分子

2 原子番号と質量数

原子核中の陽子の数をその元素の**原子番号**といい、陽子の数と中性子の数の和を**質量数**という。

<例>炭素原子 $^{12}_{6}C$

●原子番号＝陽子の数（＝電子の数）

●質量数＝陽子の数＋中性子の数

したがって、中性子の数を求めるような場合、
中性子の数＝質量数－陽子の数（原子番号）

質量数（陽子の数＋中性子の数）

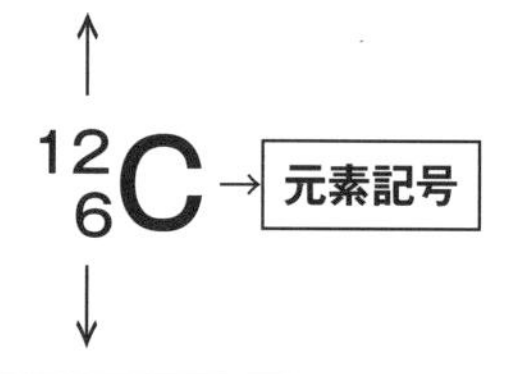

原子番号（陽子の数）

この場合の中性子の数は12－6＝6個（Cの左肩の数字から左下の数字を引けばよい）

■ **図6. 元素記号の原子番号と質量数の書き方**

計算してみる

塩素原子 $^{35}_{17}Cl$ の場合の中性子の数はいくらか。

➡ 中性子の数を求めるには、質量数から陽子の数（原子番号）を引く。

すなわち、元素記号Clの左肩の数字から左下の数字を引き算（35－17）した18が、求める塩素原子 $^{35}_{17}Cl$ の中性子の数である。したがって、この場合の中性子の数は18である。

元素を原子番号の順に並べた元素の周期表は、化学の原点ともいわれ、最も重要な表です（次ページ 表6参照）。

● 表6.元素の周期表(抜粋)

周期＼族	1	2	3	4	5	6	7	8	9	10	11	12	13	14	15	16	17	18
1	$_{1}$H 水素 1.0																	$_{2}$He ヘリウム 4.0
2	$_{3}$Li リチウム 6.9	$_{4}$Be ベリリウム 9.0											$_{5}$B ホウ素 10.8	$_{6}$C 炭素 12.0	$_{7}$N 窒素 14.0	$_{8}$O 酸素 16.0	$_{9}$F フッ素 19.0	$_{10}$Ne ネオン 20.2
3	$_{11}$Na ナトリウム 23.0	$_{12}$Mg マグネシウム 24.3											$_{13}$Al アルミニウム 27.0	$_{14}$Si ケイ素 28.1	$_{15}$P リン 31.0	$_{16}$S 硫黄 32.1	$_{17}$Cl 塩素 35.5	$_{18}$Ar アルゴン 40.0
4	$_{19}$K カリウム 39.1	$_{20}$Ca カルシウム 40.1	$_{21}$Sc スカンジウム 45.0	$_{22}$Ti チタン 47.9	$_{23}$V バナジウム 50.9	$_{24}$Cr クロム 52.0	$_{25}$Mn マンガン 54.9	$_{26}$Fe 鉄 55.9	$_{27}$Co コバルト 58.9	$_{28}$Ni ニッケル 58.7	$_{29}$Cu 銅 63.6	$_{30}$Zn 亜鉛 65.4	$_{31}$Ga ガリウム 69.7	$_{32}$Ge ゲルマニウム 72.6	$_{33}$As ヒ素 74.9	$_{34}$Se セレン 79.0	$_{35}$Br 臭素 79.9	$_{36}$Kr クリプトン 83.8
5	$_{37}$Rb ルビジウム 85.5	$_{38}$Sr ストロンチウム 87.6	$_{39}$Y イットリウム 88.9	$_{40}$Zr ジルコニウム 91.2	$_{41}$Nb ニオブ 92.9	$_{42}$Mo モリブデン 96.0	$_{43}$Tc テクネチウム (99)	$_{44}$Ru ルテニウム 101.1	$_{45}$Rh ロジウム 102.9	$_{46}$Pd パラジウム 106.4	$_{47}$Ag 銀 107.9	$_{48}$Cd カドミウム 112.4	$_{49}$In インジウム 114.8	$_{50}$Sn スズ 118.7	$_{51}$Sb アンチモン 121.8	$_{52}$Te テルル 127.6	$_{53}$I ヨウ素 126.9	$_{54}$Xe キセノン 131.3
6	$_{55}$Cs セシウム 132.9	$_{56}$Ba バリウム 137.3	57－71 ランタノイド	$_{72}$Hf ハフニウム 178.5	$_{73}$Ta タンタル 180.9	$_{74}$W タングステン 183.8	$_{75}$Re レニウム 186.2	$_{76}$Os オスミウム 190.2	$_{77}$Ir イリジウム 192.2	$_{78}$Pt 白金 195.1	$_{79}$Au 金 197.0	$_{80}$Hg 水銀 200.6	$_{81}$Tl タリウム 204.4	$_{82}$Pb 鉛 207.2	$_{83}$Bi ビスマス 209.0	$_{84}$Po ポロニウム (210)	$_{85}$At アスタチン (210)	$_{86}$Rn ラドン (222)
7	$_{87}$Fr フランシウム (223)	$_{88}$Ra ラジウム (226)	89－103 アクチノイド	$_{104}$Rf ラザホージウム (267)	$_{105}$Db ドブニウム (268)	$_{106}$Sg シーボーギウム (271)	$_{107}$Bh ボーリウム (272)	$_{108}$Hs ハッシウム (277)	$_{109}$Mt マイトネリウム (276)									

▼凡例

原子番号 → $_{1}$H ← 元素記号
水素 ← 元素名
原子量 → 1.0

(注)色のついている元素は特に重要な元素を示す。

3 元素の周期表

100を超える種類の元素を原子番号順に並べ、性質の似たものが縦にそろうように配列すると、表6（p.177）のような整然とした表ができる。これを**元素の周期表**という。縦の列を**族**、横の列を**周期**と呼ぶ。族は1～18族まであり、周期は1～7周期まである。

元素の周期表は、ロシアの化学者であるメンデレーエフが現在の形に近い周期表を発表しました。彼は、元素を原子量の順に並べましたが、現在の周期表は、元素を原子番号の順に並べたものとなっています。

4 同位体

同じ元素の原子は、原子核の中の陽子の数は同じであるが、**中性子の数が異なるもの**、つまり質量数が異なるものがある。これらを**同位体**または同位元素、アイソトープという。

● 表7. 元素の同位体の例

元素名	同位体の記号	陽子の数 P	中性子の数 N	質量数 A＝P＋N
水素	$^{1}_{1}H$ $^{2}_{1}H$	1 1	0 1	1 2
炭素	$^{12}_{6}C$ $^{13}_{6}C$	6 6	6 7	12 13
塩素	$^{35}_{17}Cl$ $^{37}_{17}Cl$	17 17	18 20	35 37

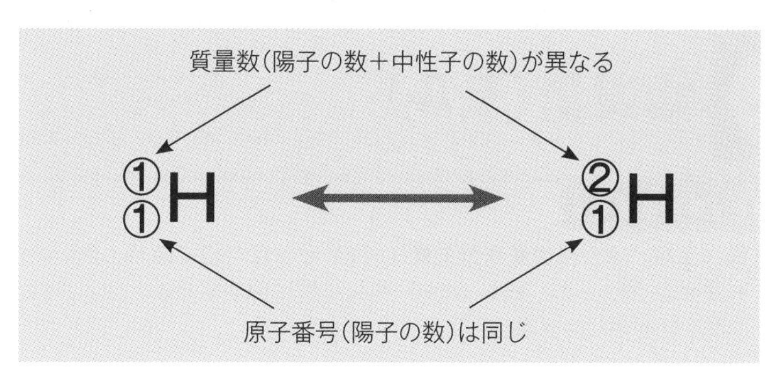

■ 図7. 水素の同位体

計算してみる

酸素原子には $^{16}_{8}O$、$^{17}_{8}O$、$^{18}_{8}O$ の3種類の同位体が存在する。それぞれの同位体の中の①陽子の数、②中性子の数、③電子の数は何個か。

➡ 同位体の原子番号（陽子の数）は同じ、質量数は陽子＋中性子と考える。

酸素の同位体

記号	$^{16}_{8}O$	$^{17}_{8}O$	$^{18}_{8}O$
①陽子の数	8	8	8
②中性子の数	8	9	10
③電子の数	8	8	8

語呂合わせで覚えよう

質量数、陽子の数、中性子の数の関係

失礼！
（質量〔数〕）
中世の
（中性子〔の数〕）
様式を
（陽子〔の数〕）
プラスしてみました。
（たす）

質量数＝陽子の数＋中性子の数

4 物質量(モル)

ココを押さえる！

物質量（モル）は、原子量や分子量に〔g〕をつけた値であり、化学の単位として最も重要なものです。モル（mol）を具体的に把握することで、これからの学習に生かすことができます。

1 原子量と分子量

原子量は、質量数12の炭素原子 $^{12}_{6}C$ の質量を基準としたもので、これと比較した各原子の質量の比を表した数値をいう。原子量は質量の比であるから単位はない。

● 表8. 主な原子量の概数値

元素名	元素記号	原子量*
水素	H	1
炭素	C	12
窒素	N	14
酸素	O	16
ナトリウム	Na	23
アルミニウム	Al	27
硫黄	S	32
塩素	Cl	35.5
鉄	Fe	55.9

＊「3 原子 表6. 元素の周期表（p.177）」参照。

分子量は、分子の中に含まれている**元素の原子量の和**をその分子の分子量という。分子量にも単位がない。

分子量は、分子式から計算する。

たとえば、

二酸化炭素(CO_2)の分子量は、$12 + 16 \times 2 = 44$。

水(H_2O)の分子量は、$1 \times 2 + 16 = 18$。

2 物質量(モル)

ある元素の原子量に単位〔g〕をつけると、その原子1〔mol〕の質量になる。同様に、ある物質の分子量に単位〔g〕をつけると、その分子1〔mol〕の質量になる。〔mol〕は物質量の単位である。

1〔mol〕は化学で使用される物質量の単位

〔物質1molの質量の例〕

●炭素原子1mol(6.02×10^{23}個)*の質量は、炭素の原子量12に〔g〕をつけた12〔g〕である。

●水分子1mol(6.02×10^{23}個)の質量は、水の分子量18に〔g〕をつけた18〔g〕である。

*アボガドロ定数(詳しくは$6.022140857 \times 10^{23}$)

なお、気体の場合、0℃、1気圧**(101.325〔kPa〕)の標準状態においては、どの気体も1〔mol〕の体積はすべて**22.4〔L〕**(詳しくは22.413962〔L〕)となる(アボガドロの法則 後述の「5 化学の基本法則①(p.183)」参照)。

**1気圧を1〔atm〕とも記す。

ここでは、原子量や分子量から物質量〔mol〕を求める方法をしっかりと理解しましょう。
アボガドロ定数、アボガドロの法則については、次の「5 化学の基本法則①(p.183)」で詳述します。

計算してみる

次の物質100〔g〕は、それぞれの原子または分子は何〔mol〕か。

Al（アルミニウム）　　H_2SO_4（硫酸）　　CH_4（メタン）

➡ 物質1〔mol〕の質量は、原子量、分子量に単位〔g〕をつけたものであるから、

Al原子………$\dfrac{100}{\text{原子量}27} \fallingdotseq 3.70$〔mol〕

H_2SO_4分子…$\dfrac{100}{\text{分子量}1\times2+32+16\times4}=\dfrac{100}{98}\fallingdotseq 1.02$〔mol〕

CH_4分子……$\dfrac{100}{\text{分子量}12+1\times4}=\dfrac{100}{16}=6.25$〔mol〕

こんな問題がでる！

問　題

物質量（モル）について、次のうち誤っているものはどれか。

1　1〔mol〕当たりの質量は、原子量や分子量の値に〔g〕をつけたものである。
2　二酸化炭素（CO_2）88〔g〕は、CO_2分子2〔mol〕の質量である。
3　酸素（O）の原子量は16、したがってO原子1〔mol〕の質量は16〔g〕である。
4　窒素（N）のN原子1〔mol〕は28〔g〕である。
5　アンモニア（NH_3）の分子量は17、したがってNH_3分子1〔mol〕の質量は17〔g〕である。

解答・解説

4が誤り。N原子1〔mol〕は14〔g〕である。28〔g〕の数値はN原子2〔mol〕の質量である。因みに、**2**のCO_2 88〔g〕は、CO_2の分子1〔mol〕が$12+16\times2=44$〔g〕なので、この2倍の分子2〔mol〕で正しい。

5 化学の基本法則

ココを押さえる！

アボガドロの法則は気体についての法則で、「0℃、1 気圧ではすべての気体 1〔mol〕は 22.4〔L〕の体積を占める」という事実を覚えることが大切です。また、質量保存の法則は、「化学変化の前後では総質量は不変である」というきわめて重要な規則性であり、化学の基礎となります。この 2 つは、化学の基本法則の中で特に重要な法則です。

1 アボガドロの法則

すべての気体は、同温同圧のとき同体積中に同数の分子を含む。また、標準状態(0℃, 1atm(101.325kPa))では、すべての気体1〔mol〕は体積22.4〔L〕(詳しくは22.413962〔L〕)を占め、その中に6.02×10^{23}個(アボガドロ定数という)の気体分子を含む。

どの気体も0〔℃〕、1〔atm〕において

水素 (H_2)	酸素 (O_2)	窒素 (N_2)	二酸化炭素 (CO_2)
1mol (2g)	1mol (32g)	1mol (28g)	1mol (44g)
分子 6.02×10^{23} 個	分子 6.02×10^{23} 個	分子 6.02×10^{23} 個	分子 6.02×10^{23} 個

↓

すべて22.4〔L〕の体積を占める

■ 図8. アボガドロの法則

アボガドロはイタリアの法律家、物理学や化学の学者でもあり、有名なアボガドロの法則を発表しました。後年、その功績をたたえて、6.02×10^{23}という数値をアボガドロ定数と名付けました。

計算してみる

メタン(CH_4)50〔g〕の0〔℃〕、1〔atm〕における体積は何〔L〕か。

➡ まずメタンの分子量と質量を求め、アボガドロの法則により解を求める。

メタン(CH_4)の分子量は、

$CH_4 = 12 + 1 \times 4 = 16$

ゆえにメタン1〔mol〕は16〔g〕であり、これは0〔℃〕、1〔atm〕において22.4〔L〕を占める。

したがって、50〔g〕の0〔℃〕、1〔atm〕におけるメタンの体積は、

$22.4〔L〕 \times \frac{50〔g〕}{16〔g〕} = 70〔L〕$となる。

2 質量保存の法則

化学反応が起こる前(原系)に含まれる物質の全質量と、化学反応が起こったあと(生成系)に含まれる物質の全質量とは等しい。これを質量保存の法則という。

〔質量保存の法則の具体例〕

●水素4〔g〕と酸素32〔g〕が反応して、水36〔g〕ができる。

$2H_2 + O_2 \longrightarrow 2H_2O$ *

4〔g〕(2×2) ＋ 32〔g〕＝36〔g〕 ←〔等しい〕→ 36〔g〕(2×18)

●メタン16〔g〕と酸素64〔g〕が反応して、二酸化炭素44〔g〕と水36〔g〕ができる。

$CH_4 + 2O_2 \longrightarrow CO_2 + 2H_2O$ *

16〔g〕＋64〔g〕(2×32)＝80〔g〕 ←〔等しい〕→ 44〔g〕＋36〔g〕(2×18)＝80〔g〕

＊化学反応式については、後述の「6 化学反応式(p.186)」参照。

計算してみる

炭素5.0〔g〕を完全燃焼させたところ、18.3〔g〕の二酸化炭素が発生した。このとき、反応した酸素は何〔g〕であったか。

➡ 求める酸素をx〔g〕として、質量保存の法則により、解を求める。

$$C + O_2 \longrightarrow CO_2$$

$$\underbrace{5.0〔g〕+x〔g〕}_{反応前} = \underbrace{18.3〔g〕}_{反応後}$$

$\therefore x = 18.3 - 5.0 = 13.3$〔g〕となる。

アボガドロの法則、質量保存の法則は、化学の問題を解くうえで基本となるきわめて重要な法則です。

語呂合わせで覚えよう　アボガドロの法則

ふつう　1回に　持つ
（標準）　（1　mol）

容器は　ふた　つ　よ。
（体積）　（2　2.　4〔L〕）

運んだ　分の　数の　記　録は
（分子）　（個数）　（6.0

2階で　自由　に　見られるよ。
2かける　10〔の〕　2　3〔乗〕）

標準状態（0℃,1atm）では、すべての気体1〔mol〕は22.4〔L〕の体積を占める。またその中に、6.02×10^{23}個の気体分子を含む（アボガドロの法則）。

6 化学反応式

ココを押さえる！

化学反応式は、化学の基礎・基本である「化学反応式の書き方のルール」や「化学反応式が表す物質の量的関係」をしっかりと理解すれば、決してむずかしくはありません。そして、次に化学反応式がつくれたり、化学反応式を使って計算問題が解けることが必要です。化学反応式は、化学式や物質量（モル）や質量保存の法則などからできていて、化学にとってきわめて重要な式です。

化学式を使って化学反応を書き表したものが化学反応式である。

〔化学反応式の例〕

●炭素が不完全燃焼して一酸化炭素ができる。

$$2C + O_2 \longrightarrow 2CO$$

●エタンが完全燃焼して二酸化炭素と水ができる。

$$2C_2H_6 + 7O_2 \longrightarrow 4CO_2 + 6H_2O$$

1 化学反応式の書き方のルール

化学反応式の書き方には次の3つのルールがある。

①反応する物質の化学式を式の左辺に書き、生成する物質の化学式を式の右辺に書いて、両辺を矢印(⟶)で結ぶ。

②左辺と右辺とで、それぞれの原子数が等しくなるように化学式の前に係数をつける。係数はふつう最も簡単な整数比になるようにする。係数が1になるときは省略する。

③触媒のように、反応の前後で変化しない物質は化学反応式の中には書かない。

〔化学反応式の書き方の例〕

● $4Fe + 3O_2 \longrightarrow 2Fe_2O_3$

（鉄）　（酸素）　（酸化鉄（Ⅲ））

左辺（原系）　右辺（生成系）

左辺（原系）と右辺（生成系）の各原子の数が合っている。

	左辺（原系）	右辺（生成系）
Fe	4	4
O	6	6

● $2CH_3OH + 3O_2 \longrightarrow 2CO_2 + 4H_2O$

（メタノール）　（酸素）　（二酸化炭素）　（水）

左辺（原系）　右辺（生成系）

	左辺（原系）	右辺（生成系）
C	2	2
H	8	8
O	8	8

化学反応式の**係数の定め方**については、このように（**目算法**という）左辺と右辺の各原子の数を一致させるのが最も効果的である。

チャレンジしてみる

次の化学反応に係数をつけて、正しい化学反応式を完成しなさい（目算法）。

$C_3H_8 + O_2 \longrightarrow CO_2 + H_2O$

（プロパン）　（酸素）　（二酸化炭素）　（水）

➡ C_3H_8の係数を1として、各原子の数を左辺と右辺で一致させる。

C_3H_8の係数を1として、

①Cの原子数を左辺と右辺で等しくする。　C_3H_8　$3CO_2$

②Hの原子数を左辺と右辺で等しくする。　C_3H_8　$4H_2O$

③Oの原子数を左辺と右辺で等しくする。　xO_2　$3CO_2$　$4H_2O$

$$2x = 3 \times 2 + 4 \times 1$$

$$2x = 10$$

$$\therefore x = 5$$

したがって、求める正しい化学反応式は、

$C_3H_8 + 5O_2 \longrightarrow 3CO_2 + 4H_2O$

（完成したら、再確認をしてみることが重要！）

2 化学反応式が表す物質の量的関係

化学反応式をみると、反応の前後での物質の量的関係がわかる。

たとえば、水素と酸素から水(水蒸気)が生じる反応を例にとると、表9のようになる。

● 表9. 化学反応式が表す物質の量的関係の例

化学反応式	$2H_2$ ＋	O_2 ⟶	$2H_2O$
①分子の数	2分子	1分子	2分子
②物質量	2mol	1mol	2mol
③質量	2×(1×2)＝4g	1×(16×2)＝32g	2×(1×2＋16)＝36g
④体積 (0℃, 1atm)	2×22.4L	1×22.4L	2×22.4L

➡ ①については、化学反応式の係数は、分子の数の比を表す。
②については、化学反応式の係数は、物質量〔mol〕の比を表す。
③については、化学反応式の質量は、物質1〔mol〕当たりの質量(分子量に〔g〕をつけたもの)に〔mol〕数を掛け算した質量を表し、左辺と右辺は質量保存の法則を示す。
④については、化学反応式の体積は、「気体1〔mol〕当たりの体積は、標準状態(0℃, 1atm)ではすべて22.4〔L〕である」ことより、水素2〔mol〕、44.8〔L〕と酸素1〔mol〕、22.4〔L〕から水蒸気2〔mol〕、44.8〔L〕が生成することを表す。

チャレンジしてみる

次の式は、一酸化炭素が燃えて二酸化炭素が生成する化学反応式である。

$2CO$ ＋ O_2 ⟶ $2CO_2$
(一酸化炭素)　(酸素)　(二酸化炭素)

この反応の①分子の数、②物質量、③質量、④体積(標準状態)の量的関係(原系と生成系)について、それぞれいくらか、表にして答えなさい。

➡表9を参考に、問題文に示された化学反応式の物質の量的関係を考えてみる。

この化学反応式の量的関係を表にすると、

化学反応式	$2CO$ +	O_2 →	$2CO_2$
①分子の数	2分子	1分子	2分子
②物質量	2mol	1mol	2mol
③質量	56g 〔2×(12＋16)〕g	32g (16×2)g	88g 〔2×(12＋16×2)〕g
④体積 (0℃, 1atm)	44.8L (2×22.4)L	22.4L (1×22.4)L	44.8L (2×22.4)L

こんな問題がでる！

問題1

エタノールの燃焼の化学反応式として、正しいものはどれか。

1　$2C_2H_5OH + 2O_2 \longrightarrow 3CO_2 + H_2O$
2　$3C_2H_5OH + 3O_2 \longrightarrow CO_2 + 2H_2O$
3　$C_2H_5OH + 3O_2 \longrightarrow 2CO_2 + 3H_2O$
4　$C_2H_5OH + O_2 \longrightarrow 2CO_2 + 2H_2O$
5　$2C_2H_5OH + 2O_2 \longrightarrow 2CO_2 + 3H_2O$

解答・解説

3が正しい。左辺(原系)と右辺(生成系)で各原子の数が一致しているかどうか、目算法を使うのが効果的である。1つの元素でも左辺と右辺の原子の数が不一致であれば誤り。

問題2

次の物質1〔mol〕が完全燃焼する場合、最も酸素量が多く必要なものはどれか。

1　アセトアルデヒド(CH_3CHO)
2　メタノール(CH_3OH)
3　エタノール(C_2H_5OH)
4　アセトン(CH_3COCH_3)
5　メタン(CH_4)

解答・解説

4のアセトンが最も酸素量が多く必要である。

各物質の1〔mol〕が完全燃焼する場合の化学反応式は次の通りである。

1	CH_3CHO	+	$\frac{5^*}{2} O_2$	⟶	$2\ CO_2$	+	$2\ H_2O$
2	CH_3OH	+	$\frac{3^*}{2} O_2$	⟶	CO_2	+	$2\ H_2O$
3	C_2H_5OH	+	$3\ O_2$	⟶	$2\ CO_2$	+	$3\ H_2O$
4	CH_3COCH_3	+	$4\ O_2$	⟶	$3\ CO_2$	+	$3\ H_2O$
5	CH_4	+	$2\ O_2$	⟶	CO_2	+	$2\ H_2O$

*化学反応式では、ふつう係数は整数で表すが、題意が物質1〔mol〕なので、また他の肢との比較のためにも係数を分数とした。

したがって、最も酸素量が多く必要なものは、酸素の〔mol〕数(係数)の多い**4**である。

問題3

標準状態(0℃, 1atm)でナトリウム5〔g〕を水と接触させると何〔L〕の水素が発生するか、次のうち正しいものはどれか。

1　1.0〔L〕　2　1.6〔L〕　3　2.0〔L〕　4　2.4〔L〕　5　2.8〔L〕

解答・解説

4の**2.4**〔L〕が正しい。ナトリウムと水とが反応すると、水酸化ナトリウムと水素ガスが発生する。

$2\ Na$	+	$2\ H_2O$	⟶	$2\ NaOH$	+	H_2
2×23		2×(1×2＋16)		2×(23＋16＋1)		1×2

2〔mol〕のナトリウム(2×23〔g〕)から1〔mol〕の水素ガス(22.4〔L〕)が発生する。

アボガドロの法則により、「標準状態(0℃, 1atm)において気体1〔mol〕は22.4〔L〕の体積を占める」。

したがって、ナトリウム5〔g〕からは、

$\frac{5}{2 \times 23} \times 22.4 \fallingdotseq$ **2.4**〔L〕の水素が発生する。

次の問題の内容が正しければ○、誤っていれば×で答えなさい。

	問　題	チェック
化学変化	1. 化合、分解、置換、蒸発は、すべて化学変化である。	
	2. 水を電気分解すると、水素と酸素とに分かれる現象は、化学変化である。	
物質の種類	3. 酸素とオゾンは、同素体である。	
	4. エタノールとジメチルエーテルは、互いに異性体である。	
原子	5. 原子核中の陽子の数をその元素の「質量数」という。	
	6.「元素の周期表」は、縦の列を「周期」、横の列を「族」と呼ぶ。	
物質量（モル）	7. 水分子1〔mol〕の質量は、水の分子量18に〔g〕をつけた18〔g〕であるので、水0.1〔mol〕の質量は0.18〔g〕である。	
化学の基本法則	8. 標準状態（0℃,1atm）では、すべての気体1〔mol〕は体積22.4〔L〕を占める。	
	9. 化学反応が起こる前に含まれる物質の全質量と、化学反応が起こったあとに含まれる物質の全質量とは等しくない。	
化学反応式	10. プロパン（C_3H_8）が燃焼して、二酸化炭素と水が生じる反応を化学反応式で表すと、$C_3H_8 + 5O_2 \longrightarrow 3CO_2 + 4H_2O$となる。	
	11. エタノール1〔mol〕を完全燃焼させるのに必要な酸素の量は、1〔mol〕である。	

〔解答・解説〕

1.× 蒸発は**物理変化**。その他は**化学変化**。　2.○　3.○　4.○　5.× 原子核中の陽子の数は、質量数ではなく、**原子番号**という。　6.× 元素の周期表は、縦の列を**族**、横の列を**周期**と呼ぶ。　7.× 水0.1〔mol〕の質量は**1.8**〔g〕である。　8.○　9.× 化学変化前の物質の全質量と、化学変化後の物質の全質量は**変わらない**（**等しい**）。　10.○　11.× $C_2H_5OH + 3O_2 \longrightarrow 2CO_2 + 3H_2O$となり、エタノール1〔mol〕を完全燃焼させるのに必要な酸素の量は、**3**〔mol〕である。

7 熱化学方程式

ココを押さえる！

反応熱（発熱反応と吸熱反応）の意味、熱化学方程式の書き方を中心に学習します。この熱化学方程式と化学反応式の違いをしっかりと把握し、熱化学方程式に示された内容が読み取れること（特に反応熱）が重要です。また、熱化学の基本法則であるヘスの法則は、例をもとに理解しておくことが大切です。

1 反応熱

化学反応に伴って発生または吸収する熱(熱量)を**反応熱**という。その際、熱を発生する反応を**発熱反応**といい、熱を吸収する反応を**吸熱反応**という。

2 熱化学方程式

化学反応式に反応熱を記入し、両辺を矢印(→)の代わりに等号(＝)で結んだ式を**熱化学方程式**という。

このとき、

①発熱反応(熱を放出)を＋、吸熱反応(熱を取り込む)を－で表す。

②係数は物質量〔mol〕を示すが、原則として主体となる物質の係数が1〔mol〕になるようにする。したがって、他の物質の係数が分数になる場合がある。

③**物質の状態**が違うと反応熱の値も違ってくるので、原則として化学式には、物質の状態を(気)、(液)、(固)*のように付記する。

＊(気)は気体、(液)は液体、(固)は固体を示し、(g)、(l)、(s)とも書く。gはgas、lはliquid、sはsolidの略。

〔熱化学方程式の例〕

●水素1〔mol〕が酸素0.5〔mol〕と反応して水になる。

H_2(気)＋$\frac{1}{2}$$O_2$(気)＝$H_2O$(液)＊＊＋286〔kJ〕(発熱反応)

＊＊H_2O(気)の場合は242〔kJ〕

●炭素(コークス)を加熱しながら水蒸気と反応させる。

C(固)＋H_2O(気)＝H_2(気)＋CO(気)－131〔kJ〕(吸熱反応)

● 表10. 化学反応式と熱化学方程式の違い

化学反応式： $\underline{2}\,H_2$ ＋ $\underline{1}^{*}O_2$ ⟶ $2\,H_2O$

↖ 係数は物質量〔mol〕の比　↑ 矢印　＊1は実際には書かない。

熱化学方程式： $\underline{H_2}$ $\underline{(気)}$ ＋ $\frac{1}{2}$ O_2(気) ＝ H_2O(液) ＋ $\underline{286〔kJ〕}$

- 水素1〔mol〕を示す
- 物質の状態を示す
- 反応した物質量を示す（この場合係数が分数となる）
- 等号
- 発熱反応を示す（吸熱反応は－）
- 反応熱

3 ヘスの法則

「反応がいくつかの経路で起こるとき、それぞれの経路における反応熱の総和は、途中の経路には関係なく、反応の最初と最後の状態が同じであれば一定の値を示す」。これをヘスの法則または総熱量不変の法則という。

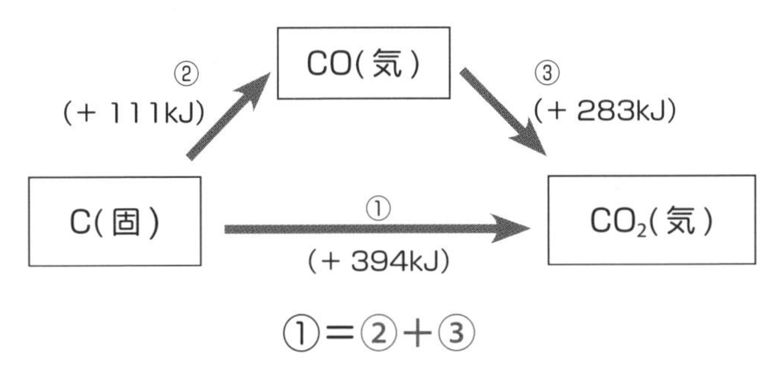

■ 図9. ヘスの法則の例（熱化学方程式による）

図9のように、炭素(C)の燃焼を例にとると、

①炭素(C)が完全燃焼して二酸化炭素(CO_2)になる。反応熱は＋394〔kJ〕。

C(固)＋O_2(気)＝CO_2(気)＋394〔kJ〕

②炭素(C)が不完全燃焼して一酸化炭素(CO)になる。反応熱は＋111〔kJ〕。

$$\mathrm{C(固)} + \frac{1}{2}\mathrm{O_2(気)} = \mathrm{CO(気)} + 111〔\mathrm{kJ}〕$$

③一酸化炭素(CO)が完全燃焼して二酸化炭素(CO_2)になる。反応熱は＋283〔kJ〕。

$$\mathrm{CO(気)} + \frac{1}{2}\mathrm{O_2(気)} = \mathrm{CO_2(気)} + 283〔\mathrm{kJ}〕$$

①の394〔kJ〕は、②の111〔kJ〕と③の283〔kJ〕の和になっている。

②＋③＝①が成り立つことを熱化学方程式で確かめてみると、

$$② \quad C(固) + \frac{1}{2}O_2(気) = \cancel{CO(気)} + 111〔kJ〕$$

$$+)\ ③ \quad \cancel{CO(気)} + \frac{1}{2}O_2(気) = CO_2(気) + 283〔kJ〕$$

$$① \quad C(固) + O_2(気) = CO_2(気) + 394〔kJ〕$$

以上より、①の場合、また②＋③の場合、いずれの経路をとっても、1〔mol〕の炭素（C）から1〔mol〕の二酸化炭素（CO_2）を生じるときに発生する総熱量は一定となる。

このように、「ある反応の反応熱（総熱量）は、その反応の途中経路とは関係なく一定」である。これがヘスの法則であり、**熱化学の基本法則**である。

熱化学方程式による計算は、連立方程式を解くように扱うことができます。ヘスの法則を利用することにより、直接測定しなくても計算で反応熱を求めることも可能です。ヘスは、スイス生まれのロシアの化学者です。

こんな問題がでる！

問題1

$C(固) + O_2(気) = CO_2(気) + 394〔kJ〕$

上記の熱化学方程式に関する記述として、次のうち誤っているものはどれか（炭素の原子量は12、酸素の原子量は16である）。

1　炭素12〔g〕が完全燃焼すると、標準状態で22.4〔L〕の二酸化炭素を生成する。
2　炭素12〔g〕が完全燃焼したときの反応熱は394〔kJ〕である。
3　炭素24〔g〕が完全燃焼したときの反応熱は1182〔kJ〕である。
4　この熱化学方程式は、発熱反応を示している。
5　炭素1〔mol〕と酸素1〔mol〕が反応して、二酸化炭素1〔mol〕ができる反応である。

解答・解説

3が誤り。炭素24〔g〕は $\frac{24}{12}$ ＝2〔mol〕であるので、反応熱は2〔mol〕分(2倍)となる。すなわち、394〔kJ〕×2＝**788**〔kJ〕が正しく、1182〔kJ〕ではない。

問題2

気体の水素と気体の酸素が反応し1〔mol〕の水蒸気ができたとき、242〔kJ〕の熱が発生した。このときの熱化学方程式は次の通りである。

H_2(気)＋ $\frac{1}{2}$ O_2(気)＝ H_2O(気)＋242〔kJ〕

この式から、144〔g〕の水蒸気が発生するときの反応熱はいくらか。ただし、水素の原子量は1、酸素の原子量は16である。

1　1144〔kJ〕　　2　1734〔kJ〕　　3　1936〔kJ〕
4　2288〔kJ〕　　5　3249〔kJ〕

解答・解説

3の**1936**〔kJ〕が正しい。

1〔mol〕の水蒸気(H_2O)の質量は1×2＋16＝18〔g〕である。

144〔g〕の水蒸気は18〔g〕の8倍なので、242〔kJ〕×8倍＝**1936**〔kJ〕となる。

語呂合わせで覚えよう　ヘスの法則

上司　へする報告は
(ヘスの法則)
最初と　最後だけ。
(最初)　(最後)
経過は　飛ばしても
(経路)　(関係なく)
反応は　同じ。
(反応熱)　(一定の値)

それぞれの経路における反応熱の総和は、途中の経路には関係なく、反応の最初と最後の状態が同じであれば一定の値を示す(ヘスの法則)。

8 溶液の濃度（モル濃度）

ココを押さえる！

溶液の濃度の表し方は、化学では一般にモル濃度を用います。このモル濃度の考え方を、モル濃度のつくり方によって良く理解し、モル濃度などを求める計算ができるようにすることが重要となります。

溶液中に溶けている物質の濃度の表し方には、質量パーセント濃度やモル濃度などいろいろある。

化学では一般にモル濃度を用いる

モル濃度は、溶液1〔L〕中に溶けている溶質の物質量〔mol〕で表す。単位は〔mol/L〕である。

$$\text{モル濃度〔mol/L〕} = \frac{\text{溶質の物質量〔mol〕}}{\text{溶液の体積〔L〕}}$$

〔モル濃度の考え方〕

● 1〔mol/L〕の食塩水を1〔L〕つくる場合、塩化ナトリウム1〔mol〕を全体の体積が1〔L〕になるように水で溶かしていく。

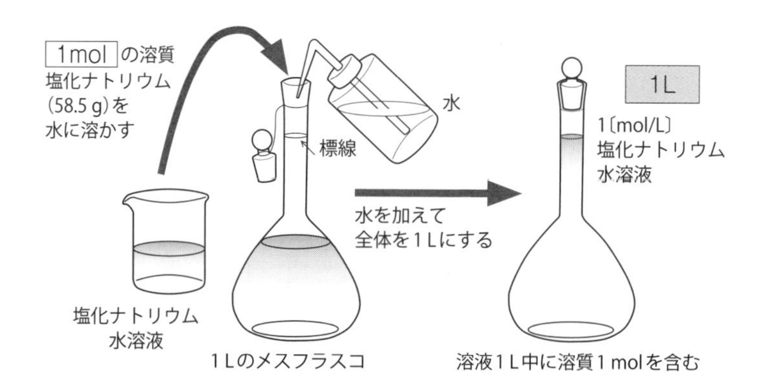

■ 図10. モル濃度のつくり方

〔水酸化ナトリウム溶液の例〕

●水酸化ナトリウム溶液1〔L〕中に水酸化ナトリウムが40〔g〕（NaOH＝40）、すなわち1〔mol〕溶けているとき、この溶液の濃度は水酸化ナトリウム溶液1〔mol/L〕である（Naの原子量は23）。

計算してみる

塩化ナトリウム50〔g〕を水に溶かして1〔L〕の溶液とした。この塩化ナトリウム水溶液のモル濃度はいくらか。

➡ 塩化ナトリウムの式量と質量を求め、モル濃度を求める。

塩化ナトリウムNaClの式量は58.5（Na 23＋Cl 35.5）であるから、1〔mol〕の質量は58.5〔g〕である。

したがって、50〔g〕のNaClは、

$\frac{50}{58.5} \fallingdotseq 0.85$〔mol〕である。

これが1〔L〕の溶液中に含まれているから、モル濃度は**0.85**〔mol/L〕となる。

式量とは？
塩化ナトリウム（NaCl）や塩化カルシウム（$CaCl_2$）などのイオン結晶の化学式は組成式で表され、またイオンについてもイオン式で表されます。これらの場合は、分子量の代わりに式量（組成式量、イオン式量）を用います。

計算してみる

0.4〔mol/L〕の硫酸水溶液500〔mL〕には何〔mol〕の硫酸が溶けているか。

➡ モル濃度に溶液の体積を掛け合わせ、溶質の物質量を求める。

モル濃度に溶液の体積（500〔mL〕＝0.5〔L〕，〔mL〕を〔L〕になおす）を掛け合わせると、溶質の物質量は、

0.4×0.5＝**0.2**〔mol〕となる。

9 酸と塩基

ココを押さえる！

酸と塩基の違いはもちろん、酸、塩基の価数とはどのようなものかを学習することが大切です。甲種試験化学では「酸性酸化物と塩基性酸化物並びに両性酸化物」の問題が出題されやすく、その分類の違いをしっかりと把握することが重要です。また、中和について、定義はもちろん、中和反応の関係式 $ncV = n'c'V'$ を使った計算問題も解けることが求められます。

酸性を示す物質を酸（塩化水素や硝酸などの水溶液）といい、アルカリ性を示す物質を塩基（水酸化ナトリウムや水酸化カリウムなどの水溶液）という。

1 酸、塩基の価数

電離*した際に生じる水素イオンH^+の数を**酸の価数**といい、水酸化物イオンOH^-の数を**塩基の価数**という。

＊ 水に溶けると陽イオンと陰イオンとになること。

たとえば、HCl（塩酸）は1〔mol〕当たり1個のH^+を生じるので1価の酸、H_2SO_4（硫酸）は2個のH^+を生じるので2価の酸となる。またNaOH（水酸化ナトリウム）は1個のOH^-を生じるので1価の塩基、$Ca(OH)_2$（水酸化カルシウム）は2個のOH^-を生じるので2価の塩基となる。

● 表11.酸・塩基の価数による分類

酸	1価の酸（一塩基酸）… HCl（塩酸）、HNO_3（硝酸）、CH_3COOH*（酢酸）など
	2価の酸（二塩基酸）… H_2SO_4（硫酸）、H_2CO_3（炭酸）など
	3価の酸（三塩基酸）… H_3PO_4（リン酸）、H_3BO_3（ホウ酸）など
塩基	1価の塩基（一酸塩基）… NaOH（水酸化ナトリウム）、KOH（水酸化カリウム）、NH_3**（アンモニア）など
	2価の塩基（二酸塩基）… $Ca(OH)_2$（水酸化カルシウム）、$Ba(OH)_2$（水酸化バリウム）など
	3価の塩基（三酸塩基）… $Al(OH)_3$（水酸化アルミニウム）、$Fe(OH)_3$（水酸化鉄(Ⅲ)）など

＊ CH_3COOH（酢酸）は、H原子は4個あるが、次のように、電離した際に生じるH^+の数は1個であるので、1価の酸である。 $CH_3COOH \longrightarrow CH_3COO^- + \underline{H^+}$

＊＊ NH_3（アンモニア）は、水と次のように反応して1個の水酸化物イオンを生じるので、1価の塩基として扱われる。$NH_3 + H_2O \longrightarrow NH_4^+ + \underline{OH^-}$

こんな問題がでる！

問　題

1価の酸(一塩基酸)は次のうちどれか。

1　酢酸　2　リン酸　3　水酸化ナトリウム　4　炭酸　5　硫酸

解答・解説

1の酢酸が1価の酸(一塩基酸)である。酢酸(CH_3COOH)はH^+になる数は1個である。

因みに、**2**のリン酸(H_3PO_4)は3価の酸、**4**の炭酸(H_2CO_3)は2価の酸、**5**の硫酸(H_2SO_4)も2価の酸、**3**の水酸化ナトリウム(NaOH)は1価の塩基(一酸塩基)である。

2 酸性酸化物と塩基性酸化物

酸素とほかの元素との化合物を**酸化物**という。たとえば、SO_2(二酸化硫黄)、CaO(酸化カルシウム)などは酸化物である。

酸化物の中にも、酸または塩基と同じようなはたらきをするものがある。酸のはたらきをする酸化物を**酸性酸化物**、塩基のはたらきをする酸化物を**塩基性酸化物**という。なお、酸化物の中には、酸に対しては塩基性酸化物として反応し、また、塩基に対しては酸性酸化物として反応するものがある。このような酸化物を**両性酸化物**という。

● 表12.酸化物の分類

酸化物の分類
①酸性酸化物……水に溶けて酸性を示すか、あるいは、塩基と反応する酸化物をいう。 二酸化炭素(CO_2)、二酸化窒素(NO_2)、二酸化硫黄(SO_2)など。 ●**非金属元素**の酸化物が多い。
②塩基性酸化物…水に溶けて塩基性を示すか、あるいは、酸と反応する酸化物をいう。 酸化ナトリウム(Na_2O)、酸化カルシウム(CaO)など。 ●**金属元素**の酸化物が多い。
③両性酸化物……酸とも塩基とも反応する酸化物である。 酸化アルミニウム(Al_2O_3)、酸化亜鉛(ZnO)など。 ●**両性元素**(酸とも塩基とも反応する元素)の酸化物が多い。

こんな問題がでる！

問　題

酸化物とその分類として、次のうち正しいものはどれか。

1　CO_2　塩基性酸化物　　2　CaO　酸性酸化物
3　Al_2O_3　両性酸化物　　4　Na_2O　酸性酸化物
5　NO_2　塩基性酸化物

解答・解説

3の **Al_2O_3**(酸化アルミニウム)の**両性酸化物**が正しい。

酸化アルミニウムと、酸及び塩基との反応の化学反応式は次の通りである。

$$Al_2O_3 + 3H_2SO_4 \longrightarrow Al_2(SO_4)_3 + 3H_2O$$
(硫酸)　(硫酸アルミニウム)

$$Al_2O_3 + 2NaOH \longrightarrow 2NaAlO_2 + H_2O$$
(水酸化ナトリウム)　(アルミン酸ナトリウム)

誤っている**1**の CO_2 (二酸化炭素)は、正しくは**酸性酸化物**、**2**の CaO(酸化カルシウム)は**塩基性酸化物**、**4**の Na_2O(酸化ナトリウム)は**塩基性酸化物**、**5**の NO_2(二酸化窒素)は**酸性酸化物**である。

3 中和

酸(H^+)と塩基(OH^-)が反応して、**塩**(えん)と**水**が生じることを**中和**(または**中和反応**)という。

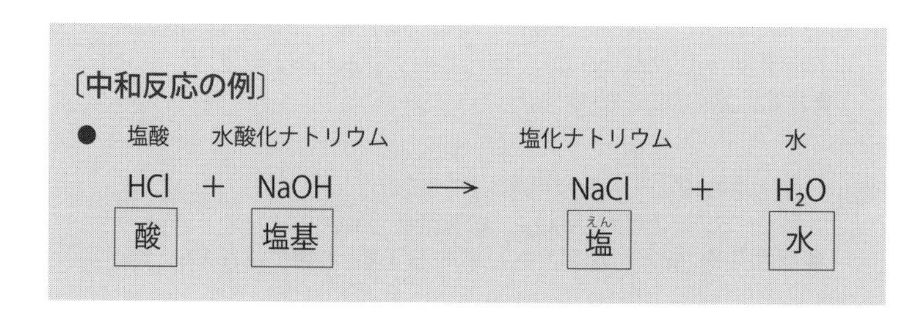

中和反応を利用して、酸(または塩基)の濃度を決定する操作を**中和滴定**という。この操作により、濃度既知の酸(または塩基)を用いて、濃度未知の塩基(または酸)の濃度を求めることができる。

〔中和反応(中和滴定)の関係式〕

酸		塩基
$n \times c \times V$ 価数　モル濃度　体積	=	$n' \times c' \times V'$ 価数　モル濃度　体積

計算してみる

0.1〔mol/L〕の塩酸20〔mL〕を完全に中和する10〔mL〕の水酸化ナトリウム水溶液のモル濃度はいくらか。

➡ 中和反応の関係式より、解を求める。

この場合の中和反応は、次のように表される。

$$HCl + NaOH \longrightarrow NaCl + H_2O$$

(塩酸)　(水酸化ナトリウム)　(塩化ナトリウム)　(水)

中和反応の関係式 ncV (酸側) $=$ $n'c'V'$ (塩基側) から計算する。

n：酸の価数，c：酸のモル濃度〔mol/L〕，V：酸の体積〔mL〕
n'：塩基の価数，c'：塩基のモル濃度〔mol/L〕，V'：塩基の体積〔mL〕

求める水酸化ナトリウム水溶液のモル濃度 c' は、

$$c' = \frac{ncV}{n'V'} = \frac{1 \times 0.1 \times 20}{1 \times 10} = 0.2〔mol/L〕$$ となる。

(ここで、HClの価数 $n = 1$、NaOHの価数 $n' = 1$)

酸から生じるH^+の物質量と、塩基から生じるOH^-の物質量が等しいとき、ちょうど中和します。
このことを利用して、酸と塩基の水溶液の一方の濃度から他方の濃度を計算することができます。

⑩ 水素イオン指数(pH)

ココを押さえる!

水素イオン指数いわゆるpH(ピーエイチ)の定義であるpH＝－log[H⁺]の式を確実に覚え、pHを求める計算ができることが重要です。また、水溶液の「pHと[H⁺]と酸性・アルカリ性の強弱」の関係をしっかり理解することが大切です。

水素イオン濃度の逆数の常用対数を**水素イオン指数**といい、pHの記号で表す(読みはピーエイチ、独語でペーハー)。pHは次の式で定義される。

$$pH = \log_{10}{}^{*} \frac{1}{[H^+]^{**}} = -\log_{10}[H^+]$$

＊$\log_{10}$の底の10はふつう省略する。
＊＊$[H^+]$は水素イオン濃度を表す記号。

水溶液の$[H^+]$が1×10^{-7}〔mol/L〕より大きいときに**酸性**、小さいときに**アルカリ性**という。$[H^+]$が1×10^{-7}〔mol/L〕のときは**中性**である。

すなわち、

酸性…………$[H^+] > 1 \times 10^{-7}$〔mol/L〕, $pH < 7$＊
中性…………$[H^+] = 1 \times 10^{-7}$〔mol/L〕, $pH = 7$
アルカリ性…$[H^+] < 1 \times 10^{-7}$〔mol/L〕, $pH > 7$

＊pHそのものには単位はない。

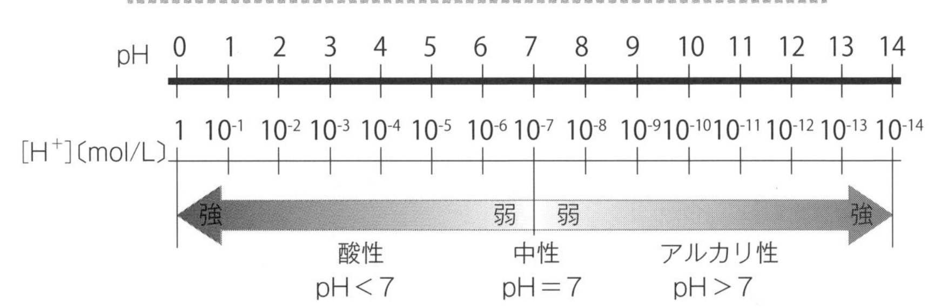

■ **図11. pHと$[H^+]$と酸性・アルカリ性の強弱**

計算してみる

$[H^+] = 2.0 \times 10^{-5}$〔mol/L〕の溶液のpHを求めよ。
ただし、$\log 2 = 0.30$とする。

➡ $pH = -\log[H^+]$の式に代入し、解を求める。

$$pH = -\log(2.0 \times 10^{-5}) = -(\log 2.0 + \log 10^{-5})$$
$$= 5 - 0.30$$
$$= 4.70$$ となる。　（対数計算による）

計算してみる

$pH = 3$の溶液の$[H^+]$は、$pH = 5$の溶液の$[H^+]$の何倍か。

➡ $pH = -\log[H^+]$の式より、まず水素イオン濃度を求めてから計算する。

$pH = 3 \cdots\cdots [H^+] = 10^{-3}$〔mol/L〕　,　$pH = 5 \cdots\cdots [H^+] = 10^{-5}$〔mol/L〕

$$\therefore \frac{10^{-3}}{10^{-5}} = 10^{-3-(-5)} = 10^2 = 100$$ 倍となる。　（指数計算による）

語呂合わせで覚えよう　pH

ピーッ！エッチな話は
（p）（H）（7より）
小さい声で！　賛成！
（小さい）（酸性）

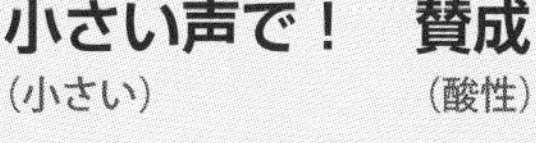

pHが7よりも小さい水溶液は酸性である。

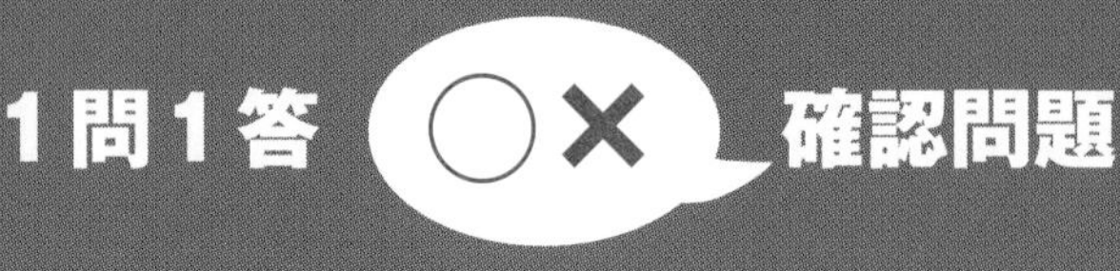

次の問題の内容が正しければ○、誤っていれば×で答えなさい。

	問　題	チェック
熱化学方程式	1. 水素1〔mol〕が酸素0.5〔mol〕と反応して水になる場合の熱化学方程式は、次のように表される。 H_2(気)＋$\frac{1}{2}$ O_2(気) ⟶ H_2O(液)＋286〔kJ〕	
	2.「ある反応の反応熱は、その反応がいくつかの段階に分かれて起きた場合でも、それぞれの反応熱の総和と等しくなる」	
溶液の濃度（モル濃度）	3. モル濃度は、溶液1〔L〕中に溶けている溶質の物質量〔mol〕で表す。単位は〔mol/L〕である。	
酸と塩基	4. 酢酸（CH_3COOH）は、4価の酸である。	
	5. 中和（または中和反応）とは、酸と塩基が反応して塩（えん）と水が生じることをいう。	
水素イオン指数（pH）	6. 酸性の水溶液は、pH値が7よりも小さくなる。	
	7. pH＝2の溶液の［H^+］は、pH＝4の溶液の［H^+］の1000倍である。	

〔解答・解説〕

1.× H_2(気)＋$\frac{1}{2}$ O_2(気)＝H_2O(液)＋286〔kJ〕（矢印ではなくイコール）因みに、H_2O(気)の場合は242〔kJ〕である。　2.○ ヘスの法則。　3.○　4.× CH_3COOH（酢酸）は、H原子は4個あるが、電離した際に生じる水素イオンH^+の数は1個であるので、1価の酸である。$CH_3COOH \longrightarrow CH_3COO^- + H^+$　5.○　6.○　7.× pH＝2の溶液の［H^+］＝10^{-2}〔mol/L〕、pH＝4の溶液の［H^+］＝10^{-4}〔mol/L〕、したがって $\frac{10^{-2}}{10^{-4}} = 10^{-2-(-4)} = 10^2 =$ **100**倍

11 酸化と還元

まず、酸化と還元は1つの反応で同時に起こることに着目し、酸化と還元の4つの定義（①酸素のやりとり②水素のやりとり③電子のやりとり④酸化数の取り入れ）を正しく理解しましょう。特に、酸化数を使って、物質の酸化・還元を判断する問題が出題されているため、酸化数の決め方のルールを確実にマスターすることがきわめて重要です。

1 酸化と還元の同時性

酸化と還元は1つの反応で同時に起こる。1つの反応は、部分的に見れば酸化あるいは還元反応であるが、全体としては酸化還元反応である。

酸化されて（A → C）

$$A + B \longrightarrow C + D$$

還元されて（B → D）

たとえば、

酸化された（H_2 → H_2O）

$$H_2 + CuO \longrightarrow H_2O + Cu$$

（水素）　（酸化銅（Ⅱ））　（水）　（銅）

還元された（CuO → Cu）

CuOのように他の物質を酸化するはたらきのある物質を酸化剤といい、H_2のように他の物質を還元するはたらきのある物質を還元剤という。

1つの反応で同時に起こる酸化還元反応におけるはたらきとして、酸化剤と還元剤のはたらきとその物質自体の変化にも注目しましょう。

2 酸化と還元の４つの定義

①**酸素のやりとり**による酸化と還元

たとえば、CuOとCとの反応では、

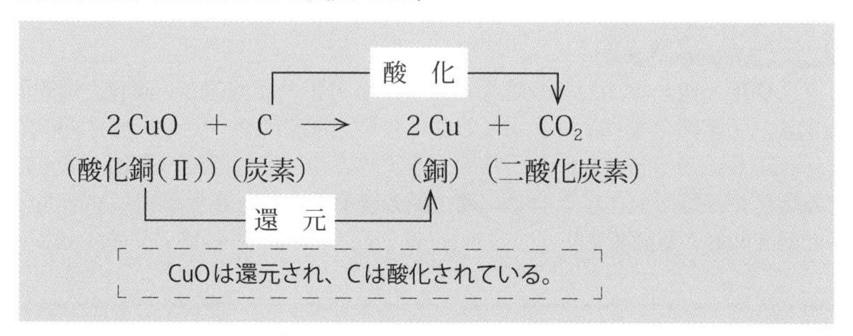

このように、**酸化**とは物質が「**酸素と化合した**」ことであり、**還元**とは物質が「**酸素を失った**」ことである。

②**水素のやりとり**による酸化と還元

たとえば、H_2SとCl_2との反応では、

$$H_2S + Cl_2 \longrightarrow 2HCl + S$$

（硫化水素）（塩素）（塩化水素）（硫黄）

H_2Sは水素を失いSに変化しているので酸化され、Cl_2は水素と化合してHClに変化しているので還元されている。

このように、物質が「**水素を失う変化**」を**酸化**といい、物質が「**水素と化合する変化**」を**還元**という。

③**電子のやりとり**による酸化と還元

$2Cu + O_2 \longrightarrow 2CuO$　の反応で、電子をe^-で表すと、

（銅）（酸素）（酸化銅(Ⅱ)）

$$2Cu \longrightarrow 2Cu^{2+} + 4e^-$$
$$O_2 + 4e^- \longrightarrow 2O^{2-}$$
$$2Cu + O_2 \longrightarrow 2CuO(= 2Cu^{2+}O^{2-})$$

のように、2 Cuは電子4個を失い、O_2は電子4個を得ている。

そこで、物質が「電子を失った」ことを酸化されたといい、物質が「電子を得た」ことを還元されたという。

つまり、**酸化**とは「**電子を失った**」ことであり、**還元**とは「**電子を得た**」ことである。

④酸化数を取り入れた酸化と還元

酸化数という考えを取り入れて、その物質が酸化されたのか、それとも還元されたのかを判別する。

以下のようにして決めた「酸化数が反応前より反応後で**増加**」していれば、その原子は**酸化**されたと判断し、また、「酸化数が反応前より反応後で**減少**」していれば**還元**されたと判断する。

● 表13.酸化数の決め方のルール

酸化数の決め方	例
(1) **単体**の中の原子の酸化数は**0**(ゼロ)とする。	H_2、O_2、C、S、金属などの原子は0
(2) 化合物中の**水素**原子の酸化数は**+1***、**酸素**原子の酸化数は**−2**とする。	H_2Oでは、Hは+1、Oは−2
(3) 化合物中の各原子の酸化数の総和は**0**である。	SO_2では、Sは+4、Oは−2で、+4+(−2)×2=0
(4) 単原子のイオンの酸化数はその**イオンの価数**に等しい。	K^+、H^+では+1、S^{2-}では−2
(5) 原子団からできているイオンでは、その中の原子の酸化数の総和はその**イオンの価数**に等しい。	CO_3^{2-}では、Cは+4、Oは−2であるから、+4+(−2)×3=−2

(注) 1. 過酸化物(H_2O_2、Na_2O_2など)では、例外として酸素原子の酸化数を−1とする。
2. 元素の周期表の1族と2族の金属の水素化物(LiH、NaH、CaH_2など)では、例外として水素原子の酸化数を−1とする。

* 酸化数は正の値でも+を省略せずに書くので注意する。また、酸化数の表し方は、+Ⅰ、−Ⅱのようにローマ数字に+、−をつけて書いてもよい。

計算してみる

NO_2(二酸化窒素)のN(窒素)原子の酸化数はいくらか。

➡ 酸化数の決め方のルールにより解を求める。

酸化数の決め方のルールにより、化合物中のO(酸素)原子の酸化数は－2。そこでNO_2中のO原子は2個なので、－2×2＝－4となる。これと合計して0(ゼロ)になるのだからN原子の酸化数は＋4となる。

チャレンジしてみる

次のマグネシウムと酸素との反応で、酸化数による酸化と還元を説明しなさい。

$$2Mg + O_2 \longrightarrow 2MgO$$

(マグネシウム)　(酸素)　(酸化マグネシウム)

➡酸化数の増減に注目し、各原子の酸化と還元を説明する。

酸化数の決め方のルールにより、

$$2\underline{Mg} + \underline{O}_2 \longrightarrow 2\underline{Mg}\,\underline{O}$$

酸化数(0)　(0)　(＋2)(－2)

この反応で、マグネシウムについては、酸化数が0 ⟶ ＋2と増加しているので酸化されている。酸素については、酸化数が0 ⟶ －2と減少しているので還元されている。

● **表14.酸化と還元の4つの定義のまとめ**

	酸　化	還　元
①酸素	酸素と化合	酸素を失う
②水素	水素を失う	水素と化合
③電子	電子を失う	電子を受け取る
④酸化数	酸化数が増加する	酸化数が減少する

こんな問題がでる！

問題1

酸化と還元に関する説明として、次のうち誤っているものはどれか。

1　物質が酸素と化合する反応を酸化といい、物質が酸素を失う反応を還元という。
2　水素が関与する反応では、物質が水素を失う反応を酸化といい、逆に、物質が水素と結びつく反応を還元という。
3　酸化とは物質が電子を失う変化であり、還元とは物質が電子を受け取る変化である。
4　一般に、酸化と還元は1つの反応で同時に進行する。
5　酸化剤とは酸化されやすい物質であり、還元剤とは還元されやすい物質である。

解答・解説

5が誤り。酸化剤(Cl_2やCuOなど)とは自分は**還元**されやすい物質であり、還元剤(H_2やCなど)とは自分は**酸化**されやすい物質である。

問題2

硫黄(S)の酸化数が＋4(＋Ⅳ)のものは、次のうちどれか。

1　S　　2　SO_2　　3　SO_3　　4　H_2S　　5　H_2SO_4

解答・解説

酸化数のルールにより、硫黄(S)の酸化数が＋4(＋Ⅳ)のものは**2**の**SO_2**(二酸化硫黄)である。

因みに、**1**のS(硫黄)の酸化数は**0**(ゼロ)、**3**のSO_3(三酸化硫黄)のSの酸化数は**＋6**(＋Ⅵ)、**4**のH_2S(硫化水素)のSの酸化数は**－2**(－Ⅱ)、**5**のH_2SO_4(硫酸)のSの酸化数は**＋6**(＋Ⅵ)である。

12 金属の性質

ココを押さえる！

金属の性質については、炎色反応、金属のイオン化傾向、金属の腐食が大切な項目です。特に金属のイオン化列の順序は必ず確実に覚えておく必要があります。

甲種試験化学では、特に「金属の腐食」に関する問題が頻出しているので、金属のイオン化傾向や腐食が進みやすい環境の理解がきわめて重要となります。

1 炎色反応

主としてアルカリ金属やアルカリ土類金属及びそれらの化合物を、白金線の先につけて（ニクロム線でもよい）、バーナーの炎の中で強熱すると、炎にそれぞれの元素固有の色がつく。これを炎色反応という。これらの元素の確認に利用される。夏の夜空を彩る花火の色は、これらの金属の炎色反応を利用したものである。

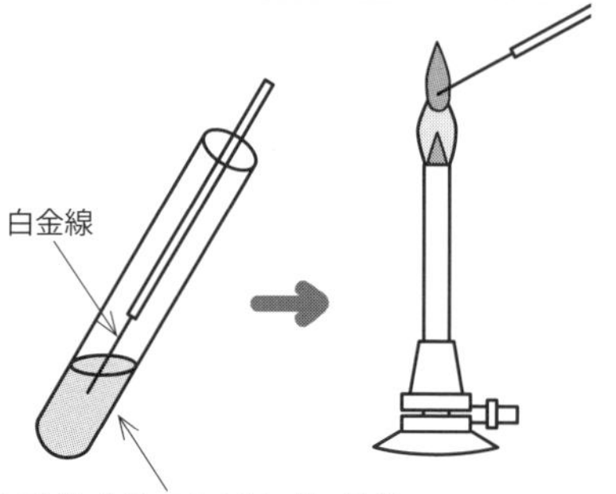

■ 図12. 炎色反応の実験

● 表15. アルカリ金属とアルカリ土類金属

アルカリ金属 （周期表*の1族元素のうち、水素を除く6元素）	リチウム（Li）、ナトリウム（Na）、カリウム（K）、ルビジウム（Rb）、セシウム（Cs）、フランシウム（Fr）
アルカリ土類金属 （周期表の2族元素のうち、ベリリウムとマグネシウムを除く4元素）	カルシウム（Ca）、ストロンチウム（Sr）、バリウム（Ba）、ラジウム（Ra）

＊「3 原子 表6. 元素の周期表（p.177）」参照。

● 表16. 炎色反応の色

Li	Na	K	Rb	Cs	Ca	Sr	Ba	Cu**
赤	黄	淡紫	赤紫	青紫	橙赤	深赤	緑	青緑

＊＊Cu（銅）は、アルカリ金属やアルカリ土類金属ではないが、炎色反応を示す。

〔身近に見る炎色反応の例〕

●ガスレンジ上のなべの中の味噌汁が吹きこぼれたときに、ガスの炎が黄色くなる現象。これは味噌汁の中のNa(ナトリウム)の炎色反応である。

こんな問題がでる！

問　題

次の金属の炎色反応で、炎の色が誤っているものはどれか。

	金属	炎の色
1	リチウム	赤
2	ナトリウム	黄
3	セシウム	青紫
4	カルシウム	橙赤
5	バリウム	白

解答・解説

5のバリウム(Ba)が誤り。バリウムの炎色反応は「緑」の色である。

2 金属のイオン化傾向

硫酸銅(Ⅱ)の水溶液に鉄(Fe)を入れると、鉄がイオンとなって溶液中に溶け出し、銅(Cu)が析出する。

$$Cu^{2+} + Fe \longrightarrow Cu + Fe^{2+}$$

これは、鉄の原子Feが電子2個を放出してFe^{2+}となり、その電子を水溶液中のCu^{2+}が受け取って正電荷を失い、Cuとなったのである。すなわち、鉄のほうが銅よりも**イオンになりやすい**ことを示す。これを「鉄は銅より**イオン化傾向**が大きい」という。

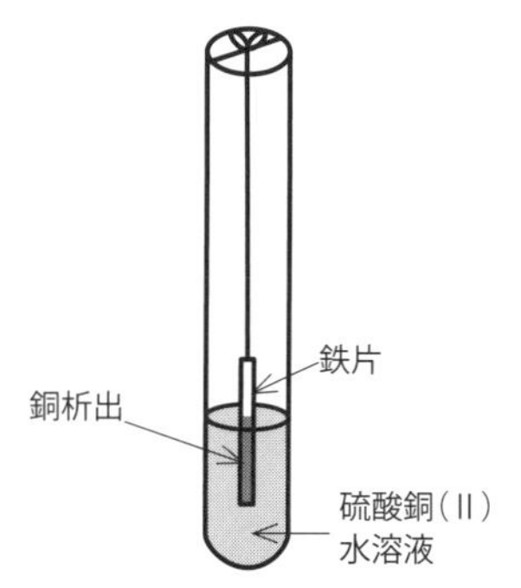

■ **図13.硫酸銅(Ⅱ)水溶液に鉄片を入れた実験**

主な金属をイオン化傾向の大小の順に

並べると、表17のようになる。

● 表17. 金属のイオン化列

Li > K > Ca > Na > Mg > Al > Zn > Fe > Ni > Sn > Pb > (H_2)* > Cu > Hg > Ag > Pt > Au
大 ←―― イオン化傾向 ――→ 小

＊水素H_2は金属ではないが、金属と同様に水溶液中で陽イオンとなるので、イオン化列の中に加える。そのため(　　)にしてある。

これを**金属のイオン化列**＊＊といい、一般に、イオン化傾向の大きな金属ほど反応性が強い。＊＊このイオン化列の順序は必ず覚えること。

〔イオン化傾向の違いによって析出する金属の例〕

- ●酢酸鉛(Ⅱ)($Pb(CH_3COO)_2$)の水溶液中に亜鉛(Zn)をつるしておくと、鉛(Pb)の結晶が析出する(イオン化傾向Zn > Pb)。
- ●硝酸銀($AgNO_3$)の水溶液中に銅(Cu)をつるしておくと、銀(Ag)の結晶が析出する(イオン化傾向Cu > Ag)。

こんな問題がでる！

問　題

次の金属のイオン化傾向の大小(不等号)で正しいものはどれか。

1　Na < Al　　2　Fe < Sn　　3　Cu > Ni
4　Pb > Hg　　5　Ag < Au

解答・解説

金属のイオン化列により、**4のPb > Hg**が正しい。他の4肢は誤っている(不等号が逆である)。

3 金属の腐食

地下に埋設された鋼製のタンク・配管など**鉄の製品**は、防食被覆等が劣化した部分から腐食が進む。鋼製配管等を腐食(鉄がさびる)から防ぐ方法の1つとして、鉄よりイオン化傾向の大きい**異種金属と接続**することが挙げられる。

異種金属には鉄の配管の場合、鉄よりイオン化傾向の大きい、たとえばアルミニウムが有効である。アルミニウムのほうが先に溶け、鉄は腐食から守られるからである。

鉄製の配管の腐食を防ぐ金属(異種金属)

➡Fe(鉄)よりもイオン化傾向の大きいZn(亜鉛)、Al(アルミニウム)、Mg(マグネシウム)

なお、金属の組合せによっては鉄の腐食が促進されることに注意する。

鉄の腐食が進みやすい環境としては、次のようなものがある。

①**湿度**が高いなど、水分の存在する場所
②乾燥した土と湿った土など、**土質が異なっている場所**
③**酸性**が高い土中などの場所
④**強アルカリ性でない**コンクリート内
⑤**塩分**が多い場所
⑥**異種金属**が接触(接続)している場所
⑦**迷走電流**(鉄道のレールから漏れる電流などをいう)の流れる土壌中

こんな問題がでる!

問題1

鋼製の配管を埋設した場合、次のうち最も腐食しにくいのはどれか。

1　迷走電流の流れる土壌に埋設する。
2　乾いた土壌と湿った土壌の境に埋設する。
3　強アルカリ性が保たれているコンクリートの中に埋設する。
4　酸性が高い土中の場所に埋設する。
5　種類の違う材質の配管と接続し、埋設する。

解答・解説

最も腐食しにくいのは**3**である。コンクリートの中で鋼製配管がさびないで半永久的な構造を保つのは、コンクリートのpH(水素イオン指数)が12〜13の強アルカリ性であるからである。

1は、迷走電流（鉄道のレールから漏れる電流など）が流れている近くの土壌中では腐食が進みやすい。**2**は、乾燥した土と湿った土の境は、土質が異なっている場所なので腐食しやすい環境である。**4**は、酸により腐食が進みやすい。**5**は、種類の違う異種金属との接続は、鉄と他の金属の組合せによって腐食の防止または、逆に促進が決まるので、一概には言えない。

問題2

地中に埋設された鉄製配管を電気化学的な腐食から守るために、異種金属と接続する方法がある。その接続する金属として、次のうち正しいものはいくつあるか。

Pb　　Ag　　Zn　　Al　　Mg　　Pt

1　1つ　　2　2つ　　3　3つ　　4　4つ　　5　5つ

解答・解説

正しいものは**3の3つ、Zn**（亜鉛）、**Al**（アルミニウム）、**Mg**（マグネシウム）である。鉄(Fe)よりもイオン化傾向の大きいZnやAlやMgと接続すると、鉄の腐食を防ぐことができる（「表17. 金属のイオン化列(p.212)」参照）。

語呂合わせで覚えよう　イオン化列

リッチな人に借りた軽石
（リチウム）　（カリウム）（カルシウム）
納豆うまくね？ ある意味で
（ナトリウム）（マグネシウム）（アルミニウム）
会えない日には、徹夜で日記
（亜鉛）　（鉄）　（ニッケル）
ズーズー弁、なまりキツいぞ！
（すず）　（鉛）　（水素）
どう、最近？ 銀のブラしながら筋トレ？
（銅）　（水銀）　（銀）（プラチナ＝白金）　（金）

金属元素をイオン化傾向の大きいものから順に並べた、イオン化列の順序。

13 有機化合物と官能基

ココを押さえる！

有機化合物は、まず代表的なアルコールについての分類や特性について理解する必要があります。

また、甲種試験化学では特に「官能基」の理解が不可欠なので、主な官能基の名称やその化合物などを確実に把握しておくことがきわめて重要となります。

有機化合物とは、炭素（C）を含む化合物（ただし、一酸化炭素（CO）、二酸化炭素（CO_2）、炭酸ナトリウム（Na_2CO_3）などを除く）のことをいい、炭素（C）を含まない化合物は**無機化合物**という。前述の（　　）内のCO、CO_2、Na_2CO_3などは、便宜的に無機化合物として扱われている。

1 アルコール* （*いろいろなアルコールの総称名）

①アルコールの1価、2価、3価

アルコールは、1分子中に含まれるヒドロキシ基（－OH**）の数により、ヒドロキシ基の数が1個なら**1価アルコール**、2個なら**2価アルコール**、3個なら**3価アルコール**などと呼ばれる。また、2価以上のアルコールをまとめて**多価アルコール**ともいう。

＊＊後述の「2官能基（p.218）」参照。

〔アルコールの分類の例〕

●1価アルコール　CH_3OH（メタノール）、C_2H_5OH（エタノール）

●2価アルコール

```
CH2―OH
|          （エチレングリコール）
CH2―OH
```

●3価アルコール

```
CH2―OH
|
CH―OH   （グリセリン）
|
CH2―OH
```

②アルコールの第一級アルコール、第二級アルコール、第三級アルコール

1価アルコールは、次のように分類される。

ヒドロキシ基(−OH)をもつ炭素原子に、直接結合している**炭素原子**の個数が、

1個(メタノールの場合だけは0個)のもの……**第一級アルコール**

2個のもの……**第二級アルコール**

3個のもの……**第三級アルコール**

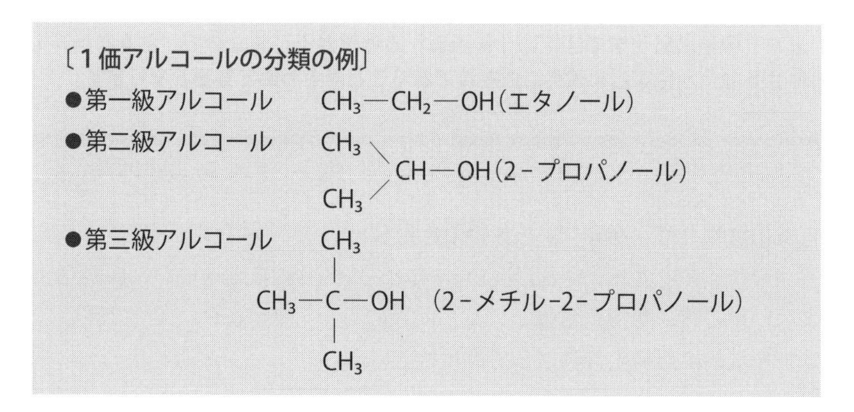

一般に、炭素数が5くらいまでのアルコールを**低級アルコール**、炭素数がそれより多いアルコールを**高級アルコール**という。

低級アルコールは**水に溶けるが**、高級アルコールは**水に溶けにくい**。

③1価アルコールを**酸化**すると、第一級アルコールは**アルデヒド***になり、さらに酸化されて**カルボン酸***になる。また、第二級アルコールを酸化すると**ケトン***になるが、第三級アルコールは**酸化されにくい**。

＊後述の「2官能基(p.218)」参照。

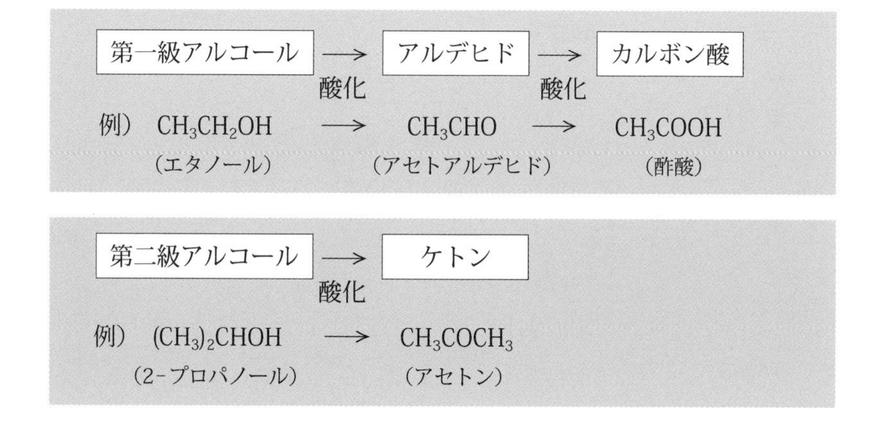

④アルコールは一般にナトリウムと反応して水素を発生し、アルコキシドをつくる。

例） $2\ C_2H_5OH$（エタノール） ＋ $2\ Na$（ナトリウム） $\longrightarrow$ $2\ C_2H_5ONa$（ナトリウムエトキシド） ＋ H_2（水素）

こんな問題がでる！

問題

アルコールの一般的性質について、次のうち誤っているものはどれか。

1 低級アルコールは水に溶けるが、高級アルコールは水に溶けにくい。
2 ナトリウムと反応して、水素を発生し、アルコキシドを生成する。
3 一般に、1価アルコールは炭素数が多くなるほど沸点は高くなる。
4 第一級アルコールは、酸化するとケトンが生成される。
5 第三級アルコールは、酸化されにくい。

解答・解説

4が誤り。第一級アルコールは酸化すると、ケトンではなく、アルデヒドが生成される。

〔例〕 C_2H_5OH（エタノール） $\longrightarrow$ CH_3CHO（アセトアルデヒド）

ケトンが生成されるのは、第二級アルコールの酸化である。

因みに、**2**は、たとえばエタノールとナトリウムが反応して、水素を発生し、ナトリウムエトキシドが生成されるので正しい。

〔例〕 $2\ C_2H_5OH + 2\ Na \longrightarrow 2\ C_2H_5ONa + H_2$

3の沸点は、メタノール（CH_3OH）が64〔℃〕、エタノール（C_2H_5OH）が78〔℃〕、1−プロパノール（*n*−プロピルアルコール）（C_3H_7OH）が97.2〔℃〕と炭素数が多くなるほど高くなっている。

2 官能基

有機化合物には、その分子中にハロゲン（－Clなど）、ヒドロキシ基（－OH）、アルデヒド基$\left(-\mathrm{C}\genfrac{}{}{0pt}{}{/\!\!/\mathrm{O}}{\diagdown\mathrm{H}}\right)$、カルボキシ基$\left(-\mathrm{C}\genfrac{}{}{0pt}{}{/\!\!/\mathrm{O}}{\diagdown\mathrm{OH}}\right)$などの原子または原子団を含むものがあり、**同種の原子または原子団を含む化合物には、それぞれに共通した性質がある**。このような原子または原子団を、特に**官能基**という。

官能基とは、有機化合物の性質を特徴づける原子または原子団のこと

表18に、主な官能基と化合物の例を示す。

● 表18. 主な官能基と化合物の例

官能基の名称（別称）	官能基の式	化合物の一般名	化合物の例
ハロゲン	－X（－Clなど）	ハロゲン化合物	クロロメタンCH_3Cl
メチル基	$-CH_3$	アルコール エーテル	メタノールCH_3OH ジメチルエーテルCH_3OCH_3
エチル基	$-C_2H_5$		エタノールC_2H_5OH ジエチルエーテル$C_2H_5OC_2H_5$
ヒドロキシ基 ＊水酸基ともいう。	—OH	アルコール	メタノールCH_3OH エタノールC_2H_5OH 2-プロパノール $(CH_3)_2CHOH$
		フェノール類	フェノールC_6H_5OH （C_6H_5－OH）
アルデヒド基	$-\mathrm{C}\genfrac{}{}{0pt}{}{/\!\!/\mathrm{O}}{\diagdown\mathrm{H}}$ （—CHO）	アルデヒド ＊＊	ホルムアルデヒドHCHO アセトアルデヒドCH_3CHO
カルボニル基（ケトン基）	$>$C=O （$>$CO）	ケトン ＊＊	アセトンCH_3COCH_3 エチルメチルケトン $CH_3COC_2H_5$
カルボキシ基	$-\mathrm{C}\genfrac{}{}{0pt}{}{/\!\!/\mathrm{O}}{\diagdown\mathrm{OH}}$ （—COOH）	カルボン酸 ＊＊	酢酸CH_3COOH 安息香酸C_6H_5COOH （C_6H_5－COOH）
ニトロ基	$-NO_2$	ニトロ化合物	ニトロベンゼン$C_6H_5NO_2$ （C_6H_5－NO_2）

アミノ基	$-NH_2$	アミン	アニリン$C_6H_5NH_2$
スルホ基（スルホン酸基）	$-SO_3H$	スルホン酸	ベンゼンスルホン酸 $C_6H_5SO_3H$

＊＊ケトンの他、アルデヒドやカルボン酸にもカルボニル基（$>C=O$）が含まれている。
このようなカルボニル基を含んだ化合物のことを総称してカルボニル化合物という。

こんな問題がでる！

問題1

官能基とその化合物の一般名で、誤っているものはどれか。

	官能基	化合物の一般名
1	$-NH_2$	アミン
2	$-NO_2$	ニトロ化合物
3	$>CO$	ケトン
4	$-OH$	アルデヒド
5	$-COOH$	カルボン酸

解答・解説

4が誤り。$-$**OH**はヒドロキシ基であり、アルコールやフェノール類である。アルデヒドはアルデヒド基($-CHO$)をもつものである。

因みに、$-NH_2$（アミノ基）とアミン、$-NO_2$（ニトロ基）とニトロ化合物、$>CO$(カルボニル基またはケトン基)とケトン、$-COOH$(カルボキシ基)とカルボン酸はそれぞれ正しい。

問題2

次のＡ～Ｅの有機化合物にそれぞれ含まれる官能基の名称が、誤っているものの組合せはどれか。

A　CH_3COOH　カルボキシ基
B　C_6H_5OH　ヒドロキシ基

C　CH_3CHO　　スルホ基
D　$C_6H_5NO_2$　　アミノ基
E　CH_3COCH_3　　カルボニル基(ケトン基)

1　AとB　　2　AとE　　3　BとD　　4　CとD　　5　CとE

解答・解説

4の**C**と**D**が誤り。CのCH_3CHO（アセトアルデヒド）は、アルデヒド基「—CHO」を含み、スルホ基「—SO_3H」は含まれていない。また、Dの$C_6H_5NO_2$（ニトロベンゼン）は、ニトロ基「—NO_2」を含み、アミノ基「—NH_2」は含まれていない。

因みに、AのCH_3COOH（酢酸）は、カルボキシ基「—COOH」を含んでいて正しい。BのC_6H_5OH(フェノール)は、ヒドロキシ基「—OH」を含んでいて正しい。EのCH_3COCH_3（アセトン）は、カルボニル基(ケトン基)「＞CO」を含んでいて正しい。

問題3

A～Eの有機化合物のうち、カルボニル化合物に該当するものはいくつあるか。

A　アセトアルデヒド　　B　アニリン
C　2-ブタノール　　D　エチルメチルケトン
E　安息香酸

1　1つ　　2　2つ　　3　3つ　　4　4つ　　5　5つ

解答・解説

カルボニル化合物に該当するものは、**3**の**3つ(A、D、E)**である。カルボニル化合物とは、カルボニル基(ケトン基)＞C＝Oをもつ「アルデヒド」や「ケトン」並びに「カルボン酸」の化合物を総称していう。

以下のように、A～Eの構造式から明瞭にA、D、Eの3つがカルボニル化合物とわかる。

有機化合物	示性式	構造式
A　アセトアルデヒド	CH_3CHO	カルボニル基
B　アニリン	$C_6H_5NH_2$	NH_2
C　2-ブタノール	$CH_3CH_2CHCH_3OH$	
D　エチルメチルケトン	$CH_3COC_2H_5$	カルボニル基
E　安息香酸	C_6H_5COOH	カルボニル基

重要用語を覚えよう

基

基とは、有機化合物の分子を構成する成分になっているひとまとまりの原子の集団(原子団)で、化学反応の際には、ひとまとまりのまま移動し、他の化合物の成分になることが多い。

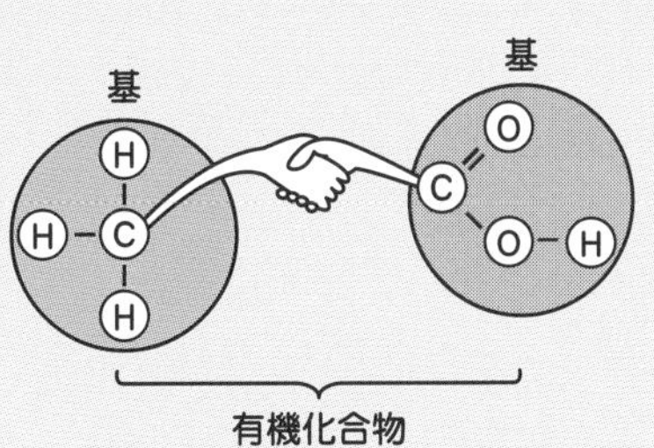

有機化合物の化学的性質を特徴づける基を、官能基という。

次の問題の内容が正しければ○、誤っていれば×で答えなさい。

	問題	チェック
酸化と還元	1. 1つの化学反応において、酸化と還元は同時に起こらない。	
	2. 2 Mg ＋ O_2 ⟶ 2 MgOという反応において、マグネシウム（Mg）の酸化数は0から＋2と増加している。	
金属の性質	3. 炎の中に入れたとき、ナトリウム（Na）は黄色、カルシウム（Ca）は橙赤色の炎色反応を示す。	
	4. 地中に埋設された鉄製配管よりもイオン化傾向の大きい異種金属と接続することによって、鉄の腐食を防止することができる。	
有機化合物と官能基	5. 総称名アルコールは、1分子中に含まれるヒドロキシ基（－OH）の数により、ヒドロキシ基の数が1個なら1価アルコール、2個なら2価アルコールなどと呼ばれる。	
	6. カルボニル化合物とは、カルボニル基（ケトン基）（>C＝O）をもつ「ケトン」と「アルデヒド」の化合物を総称していう。	

〔解答・解説〕

1.× 1つの化学反応において、酸化と還元は同時に**起こる**。　2.○ この反応で、マグネシウムについては、酸化数が0→＋2と増加しているので酸化されている。 3.○　4.○ 異種金属としては、鉄（Fe）よりもイオン化傾向の大きい亜鉛（Zn）、アルミニウム（Al）、マグネシウム（Mg）がある。　5.○　6.× カルボニル化合物とは、「ケトン」と「アルデヒド」以外に「**カルボン酸**」も含まれる。

⑭ 燃焼

ココを押さえる！

まず、燃焼に必要な要素である燃焼の原理を確実に理解する必要があります。次に、燃焼の仕方について、気体・液体・固体はどのような燃焼をするのか、また、燃焼の難易についても、どのような条件のときに燃焼しやすいかなど、しっかりと把握することが大切です。

燃焼については、甲種試験化学では頻出しているので、きわめて重要となります。

1 燃焼の原理（燃焼の三要素・四要素）

物質が酸素原子と結びつくことを**酸化**というが、この酸化反応が急激に進行し、著しい発熱と発光を伴うものがある。このように、熱と光の発生を伴う酸化反応を**燃焼**という。

鉄がさびるのは酸化であるが、発光を伴わないので燃焼とはいわない。

燃焼が起こるのに必要な条件としては、次の3つの要素（**燃焼の三要素という**）がある。

①「**可燃物**（可燃性物質）」………… 木材、石炭、金属粉、水素、メタンなど
②「**酸素供給体**（空気等）」………… 酸素、第1類の危険物など
③「**熱源**（点火源）」…………………… 火源、電気火花など

燃焼の絶対条件→燃焼の三要素が同時に存在すること

燃焼の三要素がそろうと燃焼が起こるが、これに④「**燃焼の継続**」を加えて**燃焼の四要素**と呼ぶことがある。

燃焼が継続するには、熱源と同時に可燃物と酸素が連続的に供給され、酸化反応が続くことが必要である。

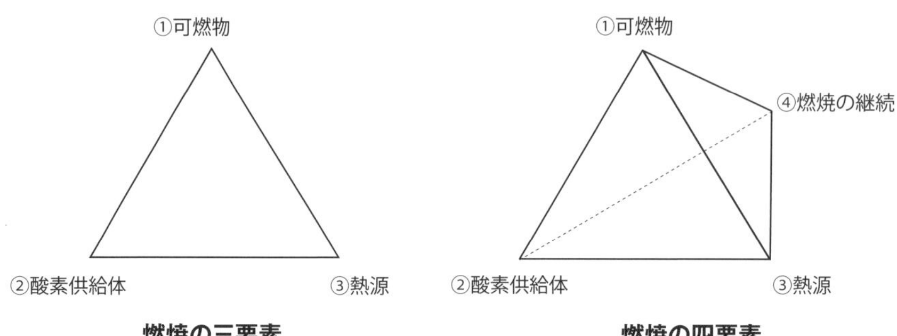

■ 図14.燃焼の三要素と四要素

燃焼と消火は相対的関係にあるので、燃焼の四要素のうち1つでも取り除けば鎮火する。したがって、「燃焼の原理」は「消火の原理」（後述の「16 消火の基礎（p.235）」参照）に対応している。

図14と図18（p.236）では、燃焼と消火の各要素がそれぞれ対応しています。
見くらべて、燃焼と消火の関係をよく理解しましょう。

語呂合わせで覚えよう　燃焼の三要素

年商3億よ。嘘！
（燃焼三）　（要素）

金は無さそうねっ！
（可燃物）（酸素）　（熱源）

燃焼の三要素は、可燃物、酸素供給体、熱源。

こんな問題がでる！

問 題

燃焼に関して、次のうち誤っているものはどれか。

1 燃焼とは、熱と光の発生を伴う酸化反応である。
2 二酸化炭素は可燃物である。
3 空気は酸素供給体である。
4 マッチの炎、静電気の火花は熱源となる。
5 可燃物、酸素供給体、熱源のうちどれか1つ欠けても燃焼しない。

解答・解説

2が誤り。二酸化炭素(CO_2)は燃焼しない(可燃物ではない)。因みに、一酸化炭素(CO)は燃えて二酸化炭素になる。

2 燃焼の仕方

可燃物の燃焼の仕方は、基本的には気体・液体・固体の三態に分けて考えることができる。

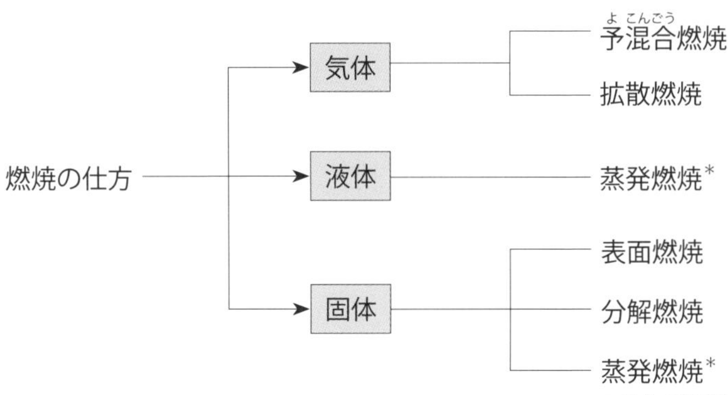

■ 図15. 燃焼の仕方

①気体の燃焼

可燃性ガスと空気についてあらかじめ両者が混合されて燃焼する場合を**予混合燃焼**という（爆発燃焼ともいう）。**ガソリンエンジン内部**の燃焼がその例である。また、可燃性ガスと空気の両者が混合しながら燃焼する場合を**拡散燃焼**という（バーナー燃焼ともいう）。**ガスコンロやライター**の燃焼がその例である。

②液体の燃焼

液体の燃焼は、液体が直接燃えるのではなく、液面から蒸発した**可燃性蒸気**が空気と混合して燃える。これを、**蒸発燃焼**という。液体の燃焼はすべて蒸発燃焼である。**ガソリン、アルコールや灯油**などの可燃性液体は、一見液体そのものが燃えているように見えるが、液面から蒸発した可燃性蒸気が空気と混合し、なんらかの熱源によって燃焼しているのである。

③固体の燃焼

1）**表面燃焼**　可燃性固体がその表面で、熱分解も蒸発も起こさずに、高温を保ちながら酸素と反応して燃焼する場合である。**木炭、コークス、金属粉**などの燃焼がその例である。

2）**分解燃焼**　可燃物が加熱により分解し、このとき発生する**可燃性ガス**が燃焼する場合である。**木材、石炭、プラスチック**などの燃焼がその例である。また、分解燃焼のうち、その物質中に**酸素を含有**するものが燃焼することを**自己燃焼**（または**内部燃焼**）という。**ニトロセルロース**などがその例である。

3）**蒸発燃焼**　固体を熱した場合、熱分解を起こすことがなく蒸発（昇華）してその蒸気が燃焼することをいう。燃焼のメカニズムは液体の蒸発燃焼の場合とまったく同様である。**硫黄、ナフタレン**などがその例である。

予混合燃焼は、燃焼開始より前に、可燃性ガスと空気があらかじめ混合されて燃焼します。拡散燃焼との違いを押さえておきましょう。

こんな問題がでる！

問　題

次の可燃物の燃焼の仕方で、組合せとして誤っているものはどれか。

1　木材が燃える ……………… 分解燃焼
2　エタノールが燃える …… 蒸発燃焼
3　木炭が燃える ……………… 表面燃焼
4　ガソリンが燃える ……… 表面燃焼
5　軽油が燃える ……………… 蒸発燃焼

解答・解説

4が誤り。ガソリンが燃えるのは表面燃焼ではなく、**蒸発燃焼**である。ガソリンは、液面から蒸発したガソリン蒸気が空気と混合し、なんらかの熱源によって燃焼するのである。

3 燃焼の難易

一般に、物質は表19のような条件（状態）のとき、燃えやすかったり、燃えにくかったりする。燃えやすければ火災の危険性が高くなる。

● 表19.一般的な燃焼の難易の条件

条　件	燃えやすい	燃えにくい
①**酸化**	酸化されやすい	酸化されにくい
②**酸素との接触面積**	**大きいもの**	小さいもの
③**発熱量（燃焼熱）**	**大きいもの**	小さいもの
④**熱伝導率**＊	小さいもの	**大きいもの**
⑤**乾燥度（含有水分）**	高い（少ない）もの	低い（多い）もの
⑥可燃性蒸気	発生しやすい	発生しにくい
⑦周囲の温度	高い	低い

＊ 物質についての熱の伝導の度合いを表す数値を熱伝導率という。熱伝導率が小さい（表面温度が高くなる）物質ほど燃焼しやすくなることに注意する。
熱伝導率が小さい→熱が伝わりにくい→熱が逃げにくい→温度が上昇する→燃えやすい

こんな問題がでる！

問　題

可燃性物質の燃えやすい条件として、次の組合せのうち正しいものはどれか。

	酸素との接触面積	酸　化	周囲の温度	熱伝導率
1	小	酸化されやすい	高い	小
2	小	酸化されやすい	高い	大
3	大	酸化されにくい	低い	大
4	大	酸化されやすい	高い	小
5	大	酸化されにくい	低い	小

解答・解説

4が正しい。すなわち、可燃性物質の燃えやすい条件は、この場合「酸素との接触面積が**大きい**」、「酸化され**やすい**」、「周囲の温度が**高い**」、「熱伝導率が**小さい**」ということである。

語呂合わせで覚えよう　熱伝導率と燃焼のしやすさ

伝統の一戦は、
（熱伝導率）
点差が小さいほど燃える！
（小さいほど）（燃焼しやすい）

可燃性物質では、熱伝導率が小さい物質ほど燃焼しやすい。

15 危険物の物性

ココを押さえる！

燃焼範囲、引火点及び発火点の定義を確実に理解することが大切です。

燃焼範囲については、可燃性蒸気の濃度を計算で求めて、燃焼範囲内にあるかどうかの見きわめができることが必要です。また、燃焼範囲と引火点との関連はもちろん、引火点と発火点とを比較してみることが重要です。

1 燃焼範囲

可燃性蒸気は、可燃性蒸気と空気との混合割合が一定の濃度範囲でないと、点火しても燃焼しない。この濃度範囲を**燃焼範囲**という（爆発範囲ともいう）。燃焼範囲のうち、低い濃度の限界を**下限値**、高い濃度の限界を**上限値**という。下限値の時の液温が**引火点***となる。

＊引火点については、後述の「2引火点と発火点（p.232）」参照。「引火点とは、可燃性物質（主として液体）が空気中で点火したとき燃えだすのに十分な濃度の蒸気を表面付近に発生する最低温度である」

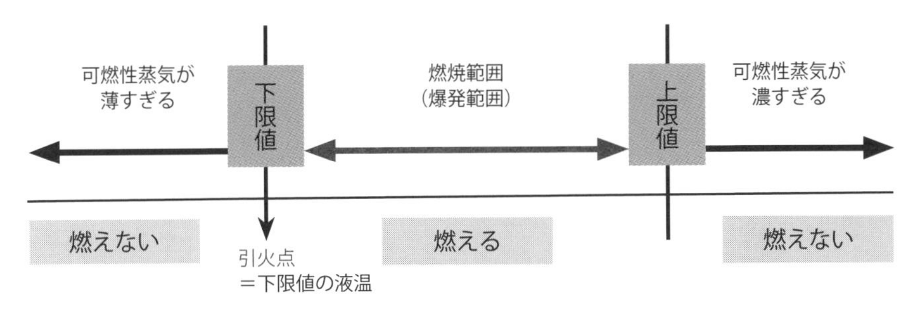

■ **図16.空気中の可燃性蒸気の濃度**

可燃性蒸気の濃度は、可燃性蒸気と空気との混合気体中の可燃性蒸気の体積（容量）パーセント〔vol%〕で表す。

$$\text{可燃性蒸気の濃度〔vol\%〕} = \frac{\text{蒸気の体積〔L〕}}{\text{蒸気の体積〔L〕} + \text{空気の体積〔L〕}} \times 100$$

燃焼範囲の下限値が低いものほど、また、燃焼範囲の幅が広いものほど、危険性が高くなる。主な物質の燃焼範囲を示すと次表の通りである。

● 表20. 主な物質の燃焼範囲

気体(蒸気)	燃焼範囲(爆発範囲)〔vol%〕
	下限値〜上限値
ジエチルエーテル	1.9〜36(48)*
二硫化炭素	1.3〜50
ガソリン	1.4〜7.6
ベンゼン	1.2〜7.8
アセトン	2.5〜12.8
エタノール	3.3〜19
灯　油	1.1〜6.0

*燃焼範囲の上限値を48〔vol%〕として採用している文献もある。

チャレンジしてみる

二硫化炭素(CS_2)について、可燃性蒸気14〔L〕と空気100〔L〕を均一に混合した混合気体に、火源を近づけたとき、この二硫化炭素は燃焼するか。ただし、二硫化炭素の燃焼範囲は1.3〜50〔vol%〕である。

➡混合気体中の可燃性蒸気の濃度を求め、二硫化炭素の燃焼範囲と照合する。

この混合気体中の可燃性蒸気の濃度を計算すると、

$$\frac{14}{14+100} \times 100 \fallingdotseq 12.2$$　したがって12.2〔vol%〕となる。

二硫化炭素の燃焼範囲1.3〜50〔vol%〕内にあるので、この二硫化炭素は燃焼する。

こんな問題がでる！

問　題

次のA～E(蒸気量)のうち、下記の燃焼範囲をもつ危険物の蒸気を空気100〔L〕と混合させ、その均一な混合気体に点火したとき、燃焼が可能な蒸気量はいくつあるか。

燃焼範囲……下限値2.5〔vol%〕、上限値12.8〔vol%〕

A　1〔L〕　B　3〔L〕　C　6〔L〕　D　10〔L〕　E　13〔L〕

1　1つ　　2　2つ　　3　3つ　　4　4つ　　5　5つ

解答・解説

燃焼可能な蒸気量は、**4の4つ**(B、C、D、E)である。

$$\text{可燃性蒸気の濃度〔vol\%〕}=\frac{\text{蒸気の体積〔L〕}}{\text{蒸気の体積〔L〕}+\text{空気の体積〔L〕}}\times 100$$

この式により、可燃性蒸気の濃度をA～Eの蒸気量ごとに求め、その値が燃焼範囲の下限値2.5と上限値12.8の間にあれば、燃焼が可能である。

A　$\frac{1}{1+100}\times 100 \fallingdotseq 0.99$

B　$\frac{3}{3+100}\times 100 \fallingdotseq 2.91$

C　$\frac{6}{6+100}\times 100 \fallingdotseq 5.66$

D　$\frac{10}{10+100}\times 100 \fallingdotseq 9.09$

E　$\frac{13}{13+100}\times 100 \fallingdotseq 11.50$

（B～E）下限値2.5～上限値12.8の間にある。

以上より、燃焼が可能なのは、B、C、D、Eの**4つ**である。

2 引火点と発火点

①引火点

引火点とは、可燃性物質(主として液体)が空気中で点火したとき燃えだすのに十分な濃度の蒸気を表面付近に発生する**最低**温度である。可燃性蒸気は、空気と燃焼範囲内で混合している場合にのみ燃焼する。したがって、引火点とは、液面付近の蒸気の濃度がちょうど燃焼範囲の**下限値**に達したときの液温であるともいえる。可燃性液体の温度がその引火点より高いときは、熱源(点火源)により引火する危険が高い。一般に、引火点が低い物質ほど危険性が高いといえる。

〔引火点が低い物質の例〕
●ガソリンの引火点は－40℃以下なので常温(20℃)でも引火する。

また、燃焼を継続するには、引火点よりも少し高い温度以上に加熱する必要がある。引火後5秒間以上燃焼が継続する最低の温度を**燃焼点**という。一般的に引火点より数℃～10℃ほど高い。

②発火点

発火点とは、空気中で可燃性物質を加熱した場合、これに熱源(点火源)を近づけなくとも自ら発火し、燃焼を開始する**最低**の温度をいう。

引火点の場合は、たとえ引火点に達しても熱源(点火源)がなければ引火しないが、発火点の場合は、物質自らが燃えだすので、熱源(点火源)は不要*である。

＊この場合、熱源(点火源)は不要でも、発火点まで加熱している熱源はあるわけで、燃焼の三要素は満たされている。

● 表21.引火点と発火点の比較

	引火点	発火点
測定対象	主に可燃性の液体	可燃性の固体、液体、気体
熱源(点火源)	必要	不要
ガソリンの場合	－40℃以下	約300℃
灯油の場合	40℃以上	220℃
エタノールの場合	13℃	363℃

発火点に対して、**自然発火**とは、空気中で加熱しなくても物質が常温(20℃)で酸化熱などにより発熱し、その熱が蓄積されて高温となり、物質の**発火点**に達して自ら燃焼を起こすなどの現象をいう。**アマニ油**が染み込んだボロ布を放置すると、自然発火の危険性があるのはこの例である(「第3章 Section3 類ごとの各論 8 第4類危険物の品名ごとの各論⑦動植物油類(p.342)」参照)。

引火点→熱源(点火源)があるときに燃える最低の温度
発火点→熱源(点火源)がなくても燃える最低の温度
燃焼点→引火後5秒間以上燃焼が継続する最低の温度

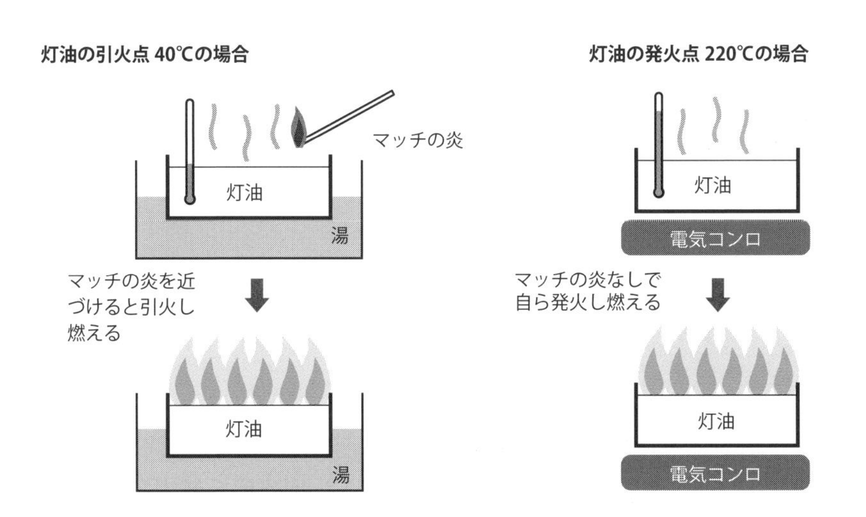

■ 図17. 灯油の引火点と発火点

こんな問題がでる！

問 題

引火点及び発火点等について、次のうち誤っているものはどれか。

1 同一可燃性物質においては、一般に発火点のほうが引火点より高い数値を示す。
2 発火点とは、可燃性物質を空気中で加熱したときに、熱源(点火源)なしに自ら燃焼し始める最低の温度をいう。
3 引火点とは、可燃性物質(主として液体)が空気中で点火したとき燃えだすのに十分な濃度の蒸気を表面付近に発生する最低温度である。
4 同一可燃性物質においては、引火点より燃焼点のほうが少し高い数値を示す。
5 引火点とは、可燃性液体が、その表面付近に燃焼範囲の上限値に相当する濃度の蒸気を発生したときの液温でもある。

解答・解説

5が誤り。引火点とは、可燃性物質(主として液体)の燃焼範囲の下限値の濃度の蒸気を発生したときの最低温度である。

語呂合わせで覚えよう　引火点と発火点

手加減すればいいか？
(点火源)(があれば)(引火点)

手加減などいらん！
(点火源)　(なくても)

早くかかってこい！
(発)　(火)　(点)

点火源があれば引火する温度が引火点。外部からの点火源がなくとも自ら発火し、燃焼を開始する温度が発火点。

16 消火の基礎

ココを押さえる!

消火は燃焼の裏返しです。先に学習した燃焼の原理（p.223）をふまえ、燃焼の三要素のうち 1 つでも取り除けば燃焼を止めることができます。消火の具体的な方法（除去消火、窒息消火、冷却消火など）を確実に学習することが重要となります。

1 消火の原理（消火の三要素・四要素）

消火とは、燃焼の中止に相当する。したがって、燃焼の三要素（可燃物、酸素供給体、熱源）のうちの一要素を取り除けば燃焼は中止し、消火することができる。

燃焼の三要素に対応した消火方法を、**消火の三要素**という。
①「**除去消火**（可燃物を取り除く消火方法）」
②「**窒息消火**（酸素供給体を断ち切る消火方法）」
③「**冷却消火**（熱源から熱を奪う消火方法）」

燃焼と消火の要素は相対的関係にある

燃焼の三要素に「燃焼の継続」を加えて燃焼の四要素と呼ぶ場合がある。

この燃焼の継続を抑えるため、酸化反応とは直接関係のない物質を加えて、酸化反応を断ち切り、燃焼を止める消火方法を「**燃焼の抑制消火**（**負触媒**(ふしょくばい)**効果**）」という。消火の三要素（「除去消火」、「窒息消火」、「冷却消火」）の他に、④「**燃焼の抑制消火**」（燃焼の継続を断ち切る消火方法）を加えて**消火の四要素**と呼ぶことがある。

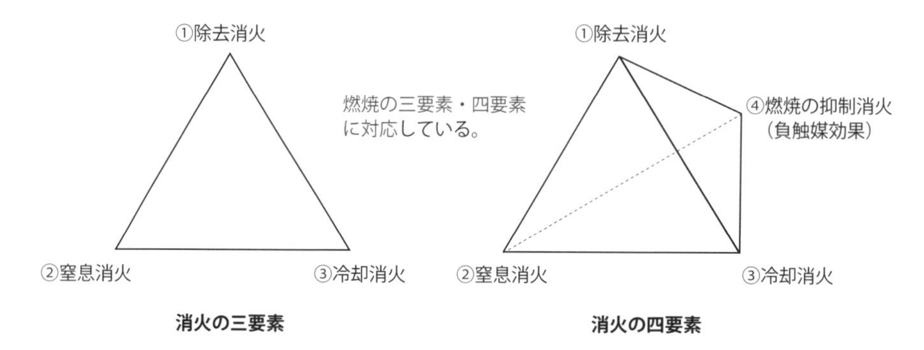

■ 図18. 消火の三要素と四要素

〔消火の三要素の具体例〕

●除去消火……ガスの元栓を閉める。ロウソクの火に息を吹きかけて消す。

●窒息消火……砂をかけて火を消す。燃えているフライパンに、ふたをして消す。

●冷却消火……燃焼物に水をかけて消火する。

不燃性の泡で燃焼物を覆う消火方法は、主に窒息消火です。
冷却消火での水は、冷却効果が高い、至る所で手に入るため安価である、大規模火災に使用できるといった長所があります。

こんな問題がでる！

問　題

消火に関して、次のうち誤っているものはどれか。

1　除去消火、窒息消火、冷却消火を消火の三要素という。
2　ガスの元栓を閉めての消火は、除去消火である。
3　たき火に水をかけての消火は、主に冷却消火である。
4　アルコールランプにふたをしての消火は、窒息消火である。
5　ロウソクの火に息を吹きかけての消火は、冷却消火である。

解答・解説

5が誤り。冷却消火ではなく、ロウの可燃性蒸気を吹きとばし、可燃物を除去する**除去消火**である。

2は、ガスの栓を閉めることによってガス（可燃物）の供給を除去しているので正しい。**3**のたき火に水をかけるのは冷却消火が歴然であるので正しいが、発生した水蒸気による窒息効果もあることに注意する。**4**は、ふたをすることによって空気（酸素）の供給を遮断しているので、窒息消火で正しい。

語呂合わせで覚えよう　消火の四要素

金を取られて、冷たくされて、
（可燃物）（除去）　（冷却）

首しめられて、侮辱され…、
（窒息）　（負触媒）

私はこれでいいのでしょうか？
（消火）

消火の三要素は、（可燃物を取り除く）除去消火と、冷却消火、窒息消火。これに、抑制（負触媒）効果による燃焼の抑制を加えて、消火の四要素という。

17 消火設備

ココを押さえる！

まず、危険物施設の消火設備の区分と対象物の区分（第１類から第６類危険物など）との適応関係、次に、第５類消火設備である主な小型消火器について、種類、消火剤の主成分、消火効果、適応火災を、確実に理解することが大切です。特に、消火剤の種類と特徴及び適応できる火災はしっかりと押さえておきましょう。

1 消火設備の適用（消火設備の区分と対象物の区分）

消火設備は第１種から第５種に区分される。

①第１種消火設備（屋内・屋外消火栓設備）
②第２種消火設備（スプリンクラー設備）
③第３種消火設備（泡・粉末等特殊消火設備）
④第４種消火設備（大型消火器）
⑤第５種消火設備（小型消火器）

これらの第１種から第５種までに区分された消火設備と、**危険物第１類から第６類**などの対象物の区分との適応が表22（p.239）のように定められている（「危険物の規制に関する政令別表第五」による）。

第１種消火設備→○○消火栓設備
第２種消火設備→スプリンクラー設備
第３種消火設備→○○消火設備
消火設備の名称の違いに注目して次ページの表22をみてみましょう。

● 表22. 消火設備の適用（消火設備の区分と対象物の区分）危険物の規制に関する政令別表第五

消火設備の区分		建築物その他の工作物	電気設備	第1類の危険物：アルカリ金属の過酸化物又はこれを含有するもの	第1類の危険物：その他の第1類の危険物	第2類の危険物：鉄粉、金属粉若しくはマグネシウム又はこれらのいずれかを含有するもの	第2類の危険物：引火性固体	第2類の危険物：その他の第2類の危険物	第3類の危険物：禁水性物品	第3類の危険物：その他の第3類の危険物	第4類の危険物	第5類の危険物	第6類の危険物
第1種	屋内消火栓設備又は屋外消火栓設備	○			○		○	○		○		○	○
第2種	スプリンクラー設備	○			○		○	○		○		○	○
第3種	水蒸気消火設備又は水噴霧消火設備	○	○		○		○	○		○	○	○	○
第3種	泡消火設備	○			○		○	○		○	○	○	○
第3種	不活性ガス消火設備		○				○				○		
第3種	ハロゲン化物消火設備		○				○				○		
第3種	粉末消火設備：りん酸塩類等を使用するもの	○	○		○		○	○			○		○
第3種	粉末消火設備：炭酸水素塩類等を使用するもの		○	○		○	○		○		○		
第3種	粉末消火設備：その他のもの			○		○			○				
第4種又は第5種	棒状の水を放射する消火器	○			○		○	○		○		○	○
第4種又は第5種	霧状の水を放射する消火器	○	○		○		○	○		○		○	○
第4種又は第5種	棒状の強化液を放射する消火器	○			○		○	○		○		○	○
第4種又は第5種	霧状の強化液を放射する消火器	○	○		○		○	○		○	○	○	○
第4種又は第5種	泡を放射する消火器	○			○		○	○		○	○	○	○
第4種又は第5種	二酸化炭素を放射する消火器		○				○				○		
第4種又は第5種	ハロゲン化物を放射する消火器		○				○				○		
第4種又は第5種	消火粉末を放射する消火器：りん塩酸類等を使用するもの	○	○		○		○	○			○		○
第4種又は第5種	消火粉末を放射する消火器：炭酸水素塩類等を使用するもの		○	○		○	○		○		○		
第4種又は第5種	消火粉末を放射する消火器：その他のもの			○		○			○				
第5種	水バケツ又は水槽	○			○		○	○		○		○	○
第5種	乾燥砂			○	○	○	○	○	○	○	○	○	○
第5種	膨張ひる石又は膨張真珠岩			○	○	○	○	○	○	○	○	○	○

備考
1 ○印は、対象物の区分の欄に掲げる建築物その他の工作物、電気設備及び第1類から第6類までの危険物に、当該各項に掲げる第1種から第5種までの消火設備がそれぞれ適応するものであることを示す。
2 消火器は、第4種の消火設備については大型のものをいい、第5種の消火設備については小型のものをいう。
3 りん酸塩類等とは、りん酸塩類、硫酸塩類その他防炎性を有する薬剤をいう。
4 炭酸水素塩類等とは、炭酸水素塩類及び炭酸水素塩類と尿素との反応生成物をいう。

2 小型消火器

小型消火器は第5種消火設備であり、小規模火災の初期段階の消火に適応するようにつくられたものである。

①小型消火器の火災の区別

小型消火器では、火災の区別として次の3つに区分されている。

1)普通火災(A火災)……普通可燃物(木材、紙類、繊維など)の普通火災。一般火災ともいう。

2)油火災(B火災)………引火性液体などの油火災。

3)電気火災(C火災)……電気設備(電線、変圧器、モーターなど)の電気火災。

②小型消火器の種類等

第5種消火設備である小型消火器の種類や成分、消火効果、適応火災は表23の通りである。

● 表23. 小型消火器の消火効果と適応火災

消火器の種類	消火剤の主成分	消火効果		適応火災 普通火災(A)	適応火災 油火災(B)	適応火災 電気火災(C)	備考
水消火器	水	棒状	冷却効果 窒息効果*	○	×	×	•油火災には使用できない。 •注水方法を棒状放射ではなく、霧状放射(噴霧状放射)にすれば電気火災に適応できる。
		霧状		○	×	○	
強化液消火器	炭酸カリウム(K_2CO_3)	棒状	冷却効果 再燃防止効果	○	×	×	•不凍性が高いので寒冷地でも使用できる。
		霧状	冷却効果 抑制効果	○	○	○	
泡消火器 化学泡	炭酸水素ナトリウム($NaHCO_3$)と硫酸アルミニウム($Al_2(SO_4)_3$)	窒息効果 冷却効果		○	○	×	•化学泡は、炭酸水素ナトリウムと硫酸アルミニウムの化合によって生じる二酸化炭素を、泡の中に含んだもの。
泡消火器 機械泡	合成界面活性剤泡または水成膜泡(すいせいまくあわ)						•機械泡は、合成界面活性剤などを用いて、ノズルから放射する際に空気を混入して発泡する。
二酸化炭素消火器	二酸化炭素	窒息効果 冷却効果		×	○	○	•圧縮液化された二酸化炭素をガス状に放出する。
ハロゲン化物消火器	〔例〕 ブロモトリフルオロメタン(一臭化三フッ化メタン)(CF_3Br)	抑制効果 窒息効果		×	○	○	•ブロモトリフルオロメタンはハロン1301ともいう。
粉末(ABC)消火器	リン酸アンモニウム($(NH_4)_3PO_4$)	窒息効果 抑制効果		○	○	○	•普通火災、油火災、電気火災のすべてに適応できる万能型消火剤で、最も広く用いられている。

*水蒸気に気化した場合。

普通火災に適応できない消火剤	**→**	**二酸化炭素、ハロゲン化物（例：ハロン1301）**
油火災に適応できない消火剤	**→**	**強化液（棒状）、水**
電気火災に適応できない消火剤	**→**	**水（棒状）、強化液（棒状）、泡**

なお、第５種消火設備（小型消火器）には、他に、水バケツまたは水槽、乾燥砂、膨張ひる石（バーミキュライト）または膨張真珠岩（パーライト）といった**簡易消火用具**がある。

③消火器取扱い上の留意点

1）**油類**の火災には**水**を使用しない。

2）**水溶性の液体**（**アルコール、アセトン**など）の火災には、「**耐アルコール泡**（消火薬剤）」*を用いる。

＊耐アルコール泡とは、水溶性液体用泡消火薬剤のことで、アルコフォームともいわれ、タンパクと界面活性剤を主剤としたもの。特殊泡ともいう。

泡を溶かすアルコールやアセトンなどの水溶性液体の火災には、普通の泡を用いても効果が薄い。このため、これらの消火には、特殊な耐アルコール泡が有効であり、耐アルコール泡消火器が用意されている。

3）地下街などのような**換気の悪い**場所での火災には、**二酸化炭素消火器**あるいは**ハロゲン化物消火器**を用いないようにする（これらの消火器は、消火剤による窒息効果を利用するので、多量の使用により酸欠状態になるため）。

チャレンジしてみる

次の消火の、適否の理由はそれぞれ何か。

(1) 棒状の水での消火は、電気火災には使用できないが、霧状にすれば電気火災に使用できる理由。

(2) 二酸化炭素消火器による消火は、室内では不適当である理由。

➡不適当とされる消火方法で、あえて消火した場合を考えてみると？

(1)は、棒状の水を使用すると感電の危険がある。しかし水を霧状にすると感電の危険はない。

(2)は、二酸化炭素による消火を室内で行うと、室内が酸欠状態になるので不適当である（もし使用する場合には、人を退室させてから）。

こんな問題がでる！

問題1

消火器と主たる消火効果との組合せで、次のうち誤っているものはどれか。

1　水消火器 …………………… 冷却効果、窒息効果
2　泡消火器 …………………… 窒息効果、冷却効果
3　粉末(ABC)消火器 ……… 冷却効果
4　二酸化炭素消火器 ……… 窒息効果、冷却効果
5　強化液消火器 …………… 冷却効果、抑制効果

解答・解説

3が誤り。粉末(ABC)消火器は、冷却効果ではなく**窒息効果**と**抑制効果**によるものである。粉末(ABC)消火器は、消火剤にリン酸アンモニウムを主成分とした粉末で、普通火災(A)、油火災(B)、電気火災(C)に適応する万能タイプの消火器である。

問題2

泡消火器について、次のうち誤っているものはどれか。

1　泡は、泡中の水分による冷却と、泡の被覆による窒息の効果がある。
2　アルコール、アセトンなどの水溶性液体による火災に、消火の効果が大きい。
3　泡消火器には、ふつう、化学泡と機械泡による消火器がある。
4　消火において、霧状で放射されることはない。
5　電気火災には感電の危険があるので使用できない。

解答・解説

2が誤り。アルコール、アセトンなどの水溶性液体の火災の場合、普通の泡では泡が溶けてしまうため、消火の効果は**薄い**。水溶性の液体の火災には、特殊な「**耐アルコール泡**」の消火器が有効である。

4は、泡と霧とは異なるので正しい。

問題3

消火器、消火剤の主成分及びそれぞれの主な消火効果との組合せについて、次のうち誤っているものはどれか。

	消火器	消火剤の主成分	主な消火効果
1	二酸化炭素消火器	二酸化炭素	窒息効果、冷却効果
2	化学泡消火器	合成界面活性剤泡または水成膜泡	窒息効果、冷却効果
3	強化液消火器	炭酸カリウム	冷却効果、抑制効果
4	ハロゲン化物消火器	〔例〕ブロモトリフルオロメタン	窒息効果、抑制効果
5	粉末(ABC)消火器	リン酸アンモニウム	窒息効果、抑制効果

解答・解説

2が誤り。化学泡消火器の消火剤の主成分は、**炭酸水素ナトリウム**($NaHCO_3$)と**硫酸アルミニウム**($Al_2(SO_4)_3$)である。

化学反応式は、

$$6\ NaHCO_3 + Al_2(SO_4)_3 \longrightarrow 2\ Al(OH)_3 + 3\ Na_2SO_4 + \underline{6\ CO_2}$$

因みに、消火剤の合成界面活性剤泡または水成膜泡は、機械泡消火器の主成分である。

語呂合わせで覚えよう 消火薬剤の消火効果と適応

元気か？
（電気火）

最近会わないけど。
（災）　（泡）（合わない＝適応しない）

ダメ。寒いし息が苦しい…
（冷却）　（窒息）

泡を放射する消火器には、窒息効果と冷却効果があり、普通火災と油火災に適応する。感電のおそれがあるので、電気火災には使用できない。

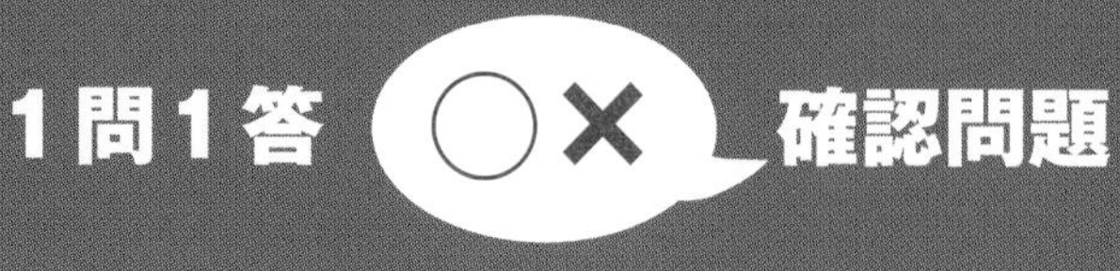

次の問題の内容が正しければ○、誤っていれば×で答えなさい。

	問　題	チェック
燃焼	1. 可燃物、酸素供給体、熱源の3つの要素のうち、どれか1つでもあれば燃焼は起こる。	
	2. 可燃性ガスと空気があらかじめ両者が混合されて燃焼する場合を、拡散燃焼という。	
危険物の物性	3. 燃焼範囲が2.5～12.8〔vol%〕の場合、可燃性蒸気の濃度が12.8〔vol%〕を超えると、熱源を与えても燃焼しない。	
	4. ガソリンは、引火点－40℃以下で、発火点約300℃である。	
消火の基礎	5.「除去消火」、「窒息消火」、「冷却消火」の3つを消火の三要素といい、これに「燃焼の抑制消火」を加えて消火の四要素ともいう。	
	6. ロウソクの火に息を吹きかけて消火する方法は、冷却消火である。	
消火設備	7. 消火器は、第4種の消火設備については小型のものをいい、第5種の消火設備については大型のものをいう。	
	8. アルコール、アセトンなどの水溶性液体の火災には、「耐アルコール泡」(水溶性液体用泡消火薬剤)を用いる。	

〔解答・解説〕

1.× 3つ同時に存在しなければ燃焼しない。　2.× 予混合燃焼という。拡散燃焼は、可燃性ガスと空気の両者が混合しながら燃焼する場合である。　3.○ 燃焼範囲内でないと燃焼しない。　4.○　5.○　6.× ロウの可燃性蒸気を吹きとばし、可燃物を除去している除去消火である。　7.× 消火器は、第4種の消火設備については大型のものをいい、第5種の消火設備については小型のものをいう。　8.○

第3章 危険物の性質並びにその火災予防及び消火の方法

1 甲種で学ぶ危険物一覧

ココを押さえる！

まず第一に大切なことは、甲種で学ぶ危険物にはどのようなものがあるか、その品名と物品をみることです。この具体的な一覧によって、次に危険物の類ごと（第1類～第6類）の各論が展開されます。

危険物は、その性質によって第1類から第6類までに分類されている。甲種試験に出題される主な危険物は表1の通りである。

まず、甲種で学ぶ危険物にはどのようなものがあるか、品名と物品をみてみましょう。次の単元からは類ごとの共通性質、類ごとの各論を学びます。

● 表1. 甲種で学ぶ危険物一覧表

（「類別」「性質」「品名」については、消防法別表第一による。また、「その他のもので政令で定めるもの」については、危険物の規制に関する政令第1条による。）

類別	性質	品名	品名に該当する物品	ページ
第1類	酸化性固体	1. 塩素酸塩類	塩素酸カリウム	260
			塩素酸ナトリウム	260
			塩素酸アンモニウム	261
			塩素酸バリウム	261
			塩素酸カルシウム	—
		2. 過塩素酸塩類	過塩素酸カリウム	263
			過塩素酸ナトリウム	263
			過塩素酸アンモニウム	264
		3. 無機過酸化物	過酸化リチウム	—
			過酸化カリウム	265
			過酸化ナトリウム	266
			過酸化ルビジウム	—
			過酸化セシウム	—
			過酸化カルシウム	266
			過酸化マグネシウム	267
			過酸化ストロンチウム	—
			過酸化バリウム	267

類別	性質	品　名	品名に該当する物品	ページ
第1類	酸化性固体	4.亜塩素酸塩類	亜塩素酸ナトリウム	269
			亜塩素酸カリウム	—
			亜塩素酸銅	—
			亜塩素酸鉛	—
		5.臭素酸塩類	臭素酸ナトリウム	—
			臭素酸カリウム	270
			臭素酸マグネシウム	—
			臭素酸バリウム	—
		6.硝酸塩類	硝酸カリウム	272
			硝酸ナトリウム	272
			硝酸アンモニウム	273
			硝酸バリウム	—
			硝酸銀	—
		7.ヨウ素酸塩類	ヨウ素酸ナトリウム	275
			ヨウ素酸カリウム	274
			ヨウ素酸カルシウム	—
			ヨウ素酸亜鉛	—
		8.過マンガン酸塩類	過マンガン酸カリウム	276
			過マンガン酸ナトリウム	277
			過マンガン酸アンモニウム	—
		9.重クロム酸塩類	重クロム酸アンモニウム	279
			重クロム酸カリウム	278
		10.その他のもので政令で定めるもの（過ヨウ素酸塩類，過ヨウ素酸，クロム，鉛又はヨウ素の酸化物，亜硝酸塩類，次亜塩素酸塩類，塩素化イソシアヌル酸，ペルオキソ二硫酸塩類，ペルオキソホウ酸塩類，炭酸ナトリウム過酸化水素付加物）	過ヨウ素酸ナトリウム	—
			メタ過ヨウ素酸	—
			三酸化クロム	280
			二酸化鉛	281
			五酸化二ヨウ素	—
			亜硝酸ナトリウム	—
			亜硝酸カリウム	—
			次亜塩素酸カルシウム	281
			三塩素化イソシアヌル酸	—
			ペルオキソ二硫酸カリウム	—
			ペルオキソホウ酸アンモニウム	—
			炭酸ナトリウム過酸化水素付加物	—

類別	性質	品　名	品名に該当する物品	ページ
第2類	可燃性固体	1.硫化リン	三硫化四リン	288
			五硫化二リン	289
			七硫化四リン	289
		2.赤リン		290
		3.硫黄		292
		4.鉄粉		293
		5.金属粉	アルミニウム粉	295
			亜鉛粉	296
		6.マグネシウム		297
		7.その他のもので政令で定めるもの（現在規定されていない）	—	—
		8.引火性固体	固形アルコール	299
			ゴムのり	300
			ラッカーパテ	300
第3類	自然発火性物質及び禁水性物質	1.カリウム		307
		2.ナトリウム		308
		3.アルキルアルミニウム		310
		4.アルキルリチウム	ノルマル（*n*-）ブチルリチウム	312
		5.黄リン		313
		6.アルカリ金属（カリウム及びナトリウムを除く）及びアルカリ土類金属	リチウム	315
			カルシウム	316
			バリウム	317
		7.有機金属化合物（アルキルアルミニウム及びアルキルリチウムを除く）	ジエチル亜鉛	318
		8.金属の水素化物	水素化ナトリウム	320
			水素化リチウム	320
		9.金属のリン化物	リン化カルシウム	321
		10.カルシウム又はアルミニウムの炭化物	炭化カルシウム	323
			炭化アルミニウム	324
		11.その他のもので政令で定めるもの（塩素化ケイ素化合物）	トリクロロシラン	325

類別	性質	品　名	品名に該当する物品	ページ
第4類	引火性液体	1.特殊引火物	ジエチルエーテル	333
			二硫化炭素	333
			アセトアルデヒド	333
			酸化プロピレン	333
		2.第一石油類	ガソリン	335
			ベンゼン	335
			トルエン	335
			n-ヘキサン	335
			酢酸エチル	335
			エチルメチルケトン	—
			アセトン	335
			ピリジン	335
			ジエチルアミン	335
		3.アルコール類	メタノール	337
			エタノール	337
			n-プロピルアルコール	337
			イソプロピルアルコール	337
		4.第二石油類	灯油	339
			軽油	339
			クロロベンゼン	339
			キシレン	339
			n-ブチルアルコール	—
			酢酸	339
			プロピオン酸	—
			アクリル酸	—
		5.第三石油類	重油	340
			クレオソート油	340
			アニリン	340
			ニトロベンゼン	340
			エチレングリコール	—
			グリセリン	340
		6.第四石油類	ギヤー油	341
			シリンダー油	341
		7.動植物油類	ヤシ油	—
			アマニ油	343

類別	性質	品　名	品名に該当する物品	ページ
第5類	自己反応性物質	1.有機過酸化物	過酸化ベンゾイル	350
			エチルメチルケトンパーオキサイド	351
			過酢酸	352
		2.硝酸エステル類	硝酸メチル	353
			硝酸エチル	354
			ニトログリセリン	354
			ニトロセルロース	354
		3.ニトロ化合物	ピクリン酸	356
			トリニトロトルエン	356
		4.ニトロソ化合物	ジニトロソペンタメチレンテトラミン	358
		5.アゾ化合物	アゾビスイソブチロニトリル	359
		6.ジアゾ化合物	ジアゾジニトロフェノール	361
		7.ヒドラジンの誘導体	硫酸ヒドラジン	362
		8.ヒドロキシルアミン	ヒドロキシルアミン	363
		9.ヒドロキシルアミン塩類	硫酸ヒドロキシルアミン	365
			塩酸ヒドロキシルアミン	365
		10.その他のもので政令で定めるもの（金属のアジ化物，硝酸グアニジン，1-アリルオキシ-2·3-エポキシプロパン，4-メチリデンオキセタン-2-オン）	アジ化ナトリウム	367
			硝酸グアニジン	367
			1-アリルオキシ-2·3-エポキシプロパン	—
			4-メチリデンオキセタン-2-オン	—
第6類	酸化性液体	1.過塩素酸		373
		2.過酸化水素		374
		3.硝酸	硝酸	377
			発煙硝酸	378
		4.その他のもので政令で定めるもの（ハロゲン間化合物）	フッ化塩素	—
			三フッ化臭素	379
			五フッ化臭素	380
			五フッ化ヨウ素	380

1 類ごとの共通性質の概要

ココを押さえる！

危険物の第１類から第６類についての各論に入る前に、危険物の類ごとに共通する性質の概要を知ることが重要となります。ほかの類との違いに注目することにより、各類の理解が深まります。この項目は甲種試験では必須となります。

危険物は、その性質によって第1類から第6類まで分類されており、**類ごとの共通性質**の概要を示すと表2の通りである。

固体のみは第１類と第２類、液体のみは第４類と第６類など、次表を用い各類の危険物の概要をつかみましょう。

● 表2.類ごとの共通性質の概要

類別	性　質	性状(状態)	性質の概要
第1類	酸化性固体	固体	• そのもの自体は**燃焼**しない。 • **酸素**を含み、**他の物質を強く酸化**させる。 • **可燃物**と混合したとき、熱、衝撃、摩擦によって分解し、激しい燃焼を起こさせる危険性がある。
第2類	可燃性固体	固体	• 火炎によって**着火**しやすく、または比較的低温(40℃未満)で**引火**しやすい。 • 燃焼が**速く**、消火は困難である。
第3類	自然発火性物質及び禁水性物質	液体または固体	• 自然発火性物質は、空気にさらされると**自然発火**する危険性がある。 • 禁水性物質は、水と接触すると**発火**、もしくは**可燃性ガスを発生**する危険性がある。
第4類	引火性液体	液体	• **引火性**を有する液体。
第5類	自己反応性物質	液体または固体	• 一般に**酸素**を含むものが多く、加熱や衝撃などで**自己反応**を起こすと、発熱または**爆発的に反応が進行**する危険性がある。
第6類	酸化性液体	液体	• そのもの自体は**燃焼**しない。 • **酸化力が強く**、混在する他の可燃物の燃焼を促進する性質を有する。

酸化性物質は、他の可燃物を酸化し、燃焼を促進する物質、
可燃性物質は、そのもの自体が燃焼する物質です。

こんな問題がでる！

問題1

危険物の類ごとに共通する性質・性状として、次のうち正しいものはどれか。

1　第1類の危険物は酸化性の固体である。
2　第2類の危険物は禁水性の固体である。
3　第3類の危険物は引火性の液体または固体である。
4　第5類の危険物は自己反応性の液体である。
5　第6類の危険物は酸化性の固体である。

解答・解説

1が正しい。

2の第2類の危険物は、**可燃性**の固体。**3**の第3類の危険物は、**自然発火性**及び**禁水性**の液体または固体。**4**の第5類の危険物は、自己反応性の物質であるが、**液体**だけではなく**固体**もある。**5**の第6類の危険物は、酸化性の**液体**である。

問題2

危険物の類ごとの性質の概要として、次のうち誤っているものはどれか。

1　第1類の危険物は、可燃物と混合し、熱などによって分解することにより激しい燃焼を起こさせる危険性がある。
2　第2類の危険物は、比較的低温で引火しやすく、または火炎により着火しやすい。

3　第3類の危険物は、自然発火性物質は空気にさらされると自然に発火する危険性を有し、禁水性物質は水と接触して発火し、もしくは可燃性ガスを発生する危険性がある。
4　第5類の危険物は、引火性を有する。
5　第6類の危険物は、混在する他の可燃物の燃焼を促進する性質がある。

解答・解説

4が誤り。第5類は**自己反応性物質**。引火性を有するのは第4類(引火性液体)である。

第1類、第6類は不燃性のもの、他の危険物は第3類の一部のものを除いてすべて可燃物です。

語呂合わせで覚えよう　危険物の類ごとの性質

3か国語ペラペラの金子さん、
(酸化性固体)　(可燃性固体)
自然が大好き、でも水は苦手。
(自然発火性物質)　(禁水性物質)
田舎の駅で、自分を見つめ直す旅に
(引火性)(液体)　(自己反応性物質)
3回行きたい!
(酸化性)(液体)

危険物は、第1類から順に、酸化性固体、可燃性固体、自然発火性物質及び禁水性物質、引火性液体、自己反応性物質、酸化性液体。

1 第1類危険物に共通する特性・火災予防の方法・消火の方法

ココを押さえる！

甲種試験合格のためには、第1類から第6類までの物質の共通する特性、共通する火災予防、共通する消火方法を把握することが非常に重要となります。なお、火災予防については、貯蔵及び取扱い上の注意と重なることに留意しておく必要があります。類の中では、第1類危険物の問題が最も多く出題されています。

1 第1類危険物に共通する特性

ここで、再び第1類危険物の品名と主な物品をみておく必要がある（表3)。第1類危険物の品名は、「消防法別表第一」による。

● 表3.第1類危険物の品名と主な物品

品　名	主な物品
塩素酸塩類	塩素酸カリウム 塩素酸ナトリウム 塩素酸アンモニウム 塩素酸バリウム
過塩素酸塩類	過塩素酸カリウム 過塩素酸ナトリウム 過塩素酸アンモニウム
無機過酸化物	過酸化カリウム 過酸化ナトリウム 過酸化カルシウム 過酸化バリウム 過酸化マグネシウム
亜塩素酸塩類	亜塩素酸ナトリウム
臭素酸塩類	臭素酸カリウム
硝酸塩類	硝酸カリウム 硝酸ナトリウム 硝酸アンモニウム
ヨウ素酸塩類	ヨウ素酸カリウム ヨウ素酸ナトリウム

過マンガン酸塩類	過マンガン酸カリウム 過マンガン酸ナトリウム
重クロム酸塩類	重クロム酸カリウム 重クロム酸アンモニウム
その他のもので政令で定めるもの (「表1.甲種で学ぶ危険物一覧表 第1類 10.(p.247)」参照)	三酸化クロム 二酸化鉛 次亜塩素酸カルシウム

第1類の危険物は酸化性固体

このほか、第1類危険物に共通する主な特性は以下の通りである。

①大部分は、無色の**結晶**または白色の**粉末**である。

②**不燃性**である(そのもの自体は燃焼しない)。

③**強酸化剤**である(分子構造中に**酸素**を含み、周囲の可燃物の燃焼を促進する)。

④比重は1より**大きい**。

⑤水に**溶ける**ものが多い。

⑥一般に、可燃物、有機物などの酸化されやすい物質(還元性物質)との混合物は、加熱、衝撃、摩擦などにより爆発する危険性がある。

⑦**アルカリ金属*の過酸化物**は、**水**と反応して**熱**と**酸素**を発生する(**重要**)。

* アルカリ金属とは、リチウム(Li)、ナトリウム(Na)、カリウム(K)、ルビジウム(Rb)、セシウム(Cs)などをいう。
アルカリ金属の過酸化物は、表3(p.254)の「無機過酸化物」のうちでは、過酸化カリウムと過酸化ナトリウムがこれに該当する。

⑧**潮解****性を有するもの(塩素酸ナトリウムなど)は木材や紙などに染み込むので、**乾燥**すると**爆発**の危険がある。

**潮解とは、固体の物質を空気中に放置すると、水蒸気を吸収して湿って溶ける現象をいう。

第1類危険物は、不燃性の固体、分解して酸素を放出することにより強酸化剤の役目をします。
アルカリ金属の過酸化物が水と反応して熱と酸素を発生する性質も重要です！

こんな問題がでる！

問　題

第1類の危険物について、次のうち誤っているものはどれか。

1　大部分は無色の結晶または白色の粉末である。
2　不燃性物質であるが、他の物質を酸化する酸素を分子構造中に含有している。
3　アルカリ金属の過酸化物は、水と反応して水素と熱を発生する。
4　水に溶けるものが多い。
5　比重は1より大きい。

解答・解説

3が誤り。アルカリ金属の過酸化物は、水と反応して酸素と熱を発生する。

たとえば過酸化ナトリウムの場合、

$$2\,Na_2O_2 + 2\,H_2O \longrightarrow 4\,NaOH + \underline{O_2}$$

（過酸化ナトリウム）　（水）　（水酸化ナトリウム）　（酸素）

2 第1類危険物に共通する火災予防の方法

第1類危険物に共通する火災予防（貯蔵及び取扱い上の注意と重なる）の方法は、以下の通りである。

①衝撃、摩擦などを与えないように注意する。
②火気または加熱などを避ける。
③可燃物、有機物、その他酸化されやすい物質との接触を避ける。
④強酸類との接触を避ける。
⑤容器を密栓し、冷暗所に貯蔵する。
⑥水と反応して酸素を放出するアルカリ金属の過酸化物にあっては、水との接触を避ける（**重要**）。
⑦潮解しやすいものは、湿気に注意する。

こんな問題がでる！

問　題

第1類の危険物に共通する火災予防(貯蔵及び取扱い上の注意)について、次のうち誤っているものはどれか。

1　火気または加熱などを避ける。
2　衝撃及び摩擦などを避ける。
3　容器を密栓して冷暗所に保存する。
4　熱源、酸化されやすい物質とは隔離する。
5　火災の発生した場合に備え、二酸化炭素消火器を設置しておく。

解答・解説

5が誤り。第1類の危険物に二酸化炭素消火器は**不適応**である(「第2章 Section2化学 17 消火設備 表22. 消火設備の適用(p.239)」参照。また、後述の「3第1類危険物に共通する消火の方法」参照)。

3 第1類危険物に共通する消火の方法

第1類危険物の一般的な消火方法は、大量の水による冷却消火

ただし、水と反応して酸素を放出する**アルカリ金属の過酸化物**(過酸化カリウム(K_2O_2)など)等にかかわる火災の場合には、初期段階では、**乾燥砂等**を用いて消火する。中期段階以降では、大量の水を、危険物ではなく、**周囲の可燃物に注水**して延焼防止を行う。つまり、第1類危険物には、火災時に注水による冷却消火が使えないものとして、「無機過酸化物の物品」があるということである(「2 第1類危険物の品名ごとの各論3(p.265～268)」参照)。

第1類危険物のうち、注水による冷却消火が使用できないのは**無機過酸化物**です！

こんな問題がでる！

問 題

次の第1類の危険物物品のうち、消火方法として注水が適当でないものはどれか。

1 塩素酸ナトリウム
2 重クロム酸カリウム
3 過酸化ナトリウム
4 硝酸カリウム
5 過マンガン酸カリウム

解答・解説

注水が適当でないものは、**3の過酸化ナトリウム**である。過酸化ナトリウム（Na_2O_2）は、アルカリ金属の過酸化物のため注水は避け、乾燥砂等をかけて消火する。

語呂合わせで覚えよう　第1類危険物の消火方法

ウォーキング 1番で 歩くと
（第1類）（アルカリ
きっと疲れが かさむかな？
金属）（過酸化物）
みんなが飲んでても
（他の物質は　注水）
水は禁止ね。
（注水厳禁）

第1類危険物のなかで、アルカリ金属の過酸化物等の火災は注水厳禁（他の第1類危険物は注水による冷却消火が基本）。

② 第1類危険物の品名ごとの各論

ココを押さえる！

第1類危険物の品名ごとの物品について、物品の各論は詳細にわたりますが、重点的にとらえ、それぞれの特徴を押さえることが大切です。

出題される問題は、物品についての性質関係が多いので、その点を重視しておくことが必要です。

1 塩素酸塩類

塩素酸塩類とは、塩素酸（$HClO_3$）の水素原子（H）が、他の金属原子または他の陽イオンと置き換わった形の化合物の総称である。

たとえば、 H ClO_3 —置き換わる→ K ClO_3（塩素酸カリウム）

● 表4. 塩素酸塩類の主な物品

塩素酸カリウム	$KClO_3$
塩素酸ナトリウム	$NaClO_3$
塩素酸アンモニウム	NH_4ClO_3
塩素酸バリウム	$Ba(ClO_3)_2$

塩素酸塩類は、加熱、衝撃、強酸の添加により単独で爆発するものもあります。特に、有機物や木炭、硫黄、赤リン、マグネシウム粉、アルミニウム粉など酸化されやすい物質との混合は危険です。

①塩素酸カリウム（塩素酸カリ）$KClO_3$

形状・性質	• 無色、光沢の結晶 • 比重2.3 • **強酸化剤** • 加熱すると約**400℃**で分解し始め、さらに加熱すると**酸素**を放出する。 $4KClO_3 \longrightarrow KCl + 3KClO_4$（400℃） （塩素酸カリウム）（塩化カリウム）（過塩素酸カリウム） $KClO_4 \longrightarrow KCl + \underline{2O_2}$（＞400℃） • 水に**溶けにくい**が、熱水には**溶ける**。
危険性	• **少量の強酸**の添加により爆発する。 • 赤リン、硫黄などとの混合は、わずかの刺激で爆発の危険がある。 • アンモニア、**塩化アンモニウム**などと反応して**不安定な塩素酸塩**を生成し、**自然爆発**することがある。 • 二酸化マンガン、炭素、酸化鉛などとの混合は、急激な加熱または衝撃により爆発する。
火災予防方法・貯蔵取扱いの注意	• 異物の混入を防ぐ。 • 加熱、衝撃、摩擦を避ける。 • 分解を促すような薬品類との接触を避ける。 • 換気のよい冷暗所に貯蔵する。 • 容器は密栓する。
消火方法	• **注水**による消火が最も効果的である。

②塩素酸ナトリウム（塩素酸ソーダ）$NaClO_3$

形状・性質	• 無色の結晶 • 比重2.5 • 水、アルコールに**溶ける**。 • **潮解性**がある。 • 約**300℃**で分解し、**酸素**を発生する。 $2NaClO_3 \longrightarrow 2NaCl + \underline{3O_2}$
危険性	• **潮解**したものが木、紙などに染み込み、これが**乾燥**すると、**衝撃**、**摩擦**、**加熱**により爆発の危険がある。 • このほかは、塩素酸カリウムとほぼ同じ。
火災予防方法・貯蔵取扱いの注意	• 塩素酸カリウムと同じ。 • 潮解性を有するため、**容器の密栓**には特に注意する。
消火方法	• 塩素酸カリウムと同じ。

③塩素酸アンモニウム（塩素酸アンモン）NH_4ClO_3

形状・性質	• 無色の結晶 • 比重2.4 • 水に溶けるが、アルコールには溶けにくい。 • 100℃以上に加熱されると、分解して爆発する場合がある。 $2\,NH_4ClO_3 \longrightarrow 2\,NH_4Cl + \underline{3\,O_2}$
危険性	• 塩素酸カリウムとほぼ同じ。 • 不安定で常温においても爆発することがある。
火災予防方法・貯蔵取扱いの注意	• 塩素酸カリウムと同じ。 • 爆発性があり長く保存できない。
消火方法	• 塩素酸カリウムと同じ。

④塩素酸バリウム $Ba(ClO_3)_2$

形状・性質	• 無色の粉末 • 比重3.2 • 水に溶けるが、塩酸、エタノール、アセトンには溶けにくい。 • 250℃付近から分解し、酸素を発生する。 $Ba(ClO_3)_2 \longrightarrow BaCl_2 + \underline{3\,O_2}$
危険性	• 急な加熱または衝撃を加えると爆発する。
火災予防方法・貯蔵取扱いの注意	• 塩素酸カリウムと同じ。
消火方法	• 塩素酸カリウムと同じ。

1塩素酸塩類、2過塩素酸塩類の物品は、危険性、火災予防方法・貯蔵取扱いの注意、消火方法など、塩素酸カリウムと同じものが多くあります。
塩素酸カリウムが基本！と考え、次にそれぞれの物品の特徴を覚えましょう。

こんな問題がでる！

問 題

塩素酸アンモニウムの性状として、誤っているものはどれか。

1　無色の結晶である。
2　水に溶ける。
3　常温では安定な物質である。
4　アルコールに溶けにくい。
5　100℃以上に加熱されると、分解して爆発する場合がある。

解答・解説

3が誤り。塩素酸アンモニウムは、**常温においても不安定**で爆発することがある。

2 過塩素酸塩類

過塩素酸塩類*とは、過塩素酸（$HClO_4$）の水素原子（H）が、他の金属原子または他の陽イオンと置き換わった形の化合物の総称である。

たとえば、[H]ClO_4 —置き換わる→ [K]ClO_4（過塩素酸カリウム）

＊この過塩素酸塩類は第1類であるが、過塩素酸そのものは第6類危険物である。混同しないこと。

● 表5. 過塩素酸塩類の物品

過塩素酸カリウム	$KClO_4$
過塩素酸ナトリウム	$NaClO_4$
過塩素酸アンモニウム	NH_4ClO_4

過塩素酸塩類は、塩素酸塩類よりは安定ですが、加熱、衝撃などにより分解し、リン、硫黄、木炭粉末、その他の可燃物との混合は急激な燃焼を起こし、場合によっては爆発することがあります。

①過塩素酸カリウム（過塩素酸カリ）$KClO_4$

形状・性質	• 無色の結晶 • 比重2.52 • 水に**溶けにくい**。 • 加熱すると**約400℃**で分解し、**酸素**を発生する。 $KClO_4 \longrightarrow KCl + \underline{2\ O_2}$
危険性	• 可燃物との混合や強酸との接触による爆発の危険性は、塩素酸カリウムより**やや低い**。
火災予防方法・貯蔵取扱いの注意	• 塩素酸カリウムと同じ。
消火方法	• 塩素酸カリウムと同じ。

②過塩素酸ナトリウム（過塩素酸ソーダ）$NaClO_4$

形状・性質	• 無色の結晶 • 比重2.03 • 水に**よく溶ける**。 • **潮解性**がある。 • エタノール、アセトンにも溶ける。 • **200℃以上**に加熱すると分解し、**酸素**を発生する。 $2\ NaClO_4 \longrightarrow 2\ NaCl + \underline{4\ O_2}$
危険性	• 過塩素酸カリウムと同じ。 • 潮解性による危険は塩素酸ナトリウムと同じ。
火災予防方法・貯蔵取扱いの注意	• 塩素酸カリウムと同じ。
消火方法	• 塩素酸カリウムと同じ。

③過塩素酸アンモニウム（過塩素酸アンモン）NH_4ClO_4

形状・性質	• 無色の結晶 • 比重2.0 • 水に溶ける。 • エタノール、アセトンにも溶ける。 • 約150℃で分解を始め、酸素を発生する。 • 400℃で急激に分解し発火することもある。
危険性	• 燃焼により多量のガスを発生するため、塩素酸カリウムよりもやや危険がある。
火災予防方法・貯蔵取扱いの注意	• 塩素酸カリウムと同じ。
消火方法	• 塩素酸カリウムと同じ。

こんな問題がでる！

問　題

過塩素酸ナトリウムと過塩素酸カリウムとに共通する性状等について、次のうち誤っているものはどれか。

1　無色の結晶である。
2　比重は2.0以上である。
3　水によく溶ける。
4　加熱すると分解し、酸素を発生する。
5　可燃物が混入すると、衝撃などにより爆発する危険性がある。

解答・解説

3が誤り。過塩素酸ナトリウムは水によく溶けるが、過塩素酸カリウムは水に溶けにくい。

3 無機過酸化物

無機過酸化物とは、無機化合物のうち過酸化物イオンO_2^{2-}を有する酸化物の総称である。

過酸化水素(H_2O_2)のH_2が取れて、代わりにカリウムやナトリウムなどの金属原子が結合した形の化合物をいう。

たとえば、 $\boxed{H_2}\,O_2$* ──→ $\boxed{K_2}\,O_2$(過酸化カリウム)

*この過酸化水素そのものは第6類危険物である。混同しないこと。

なお、過酸化ベンゾイルなどの有機過酸化物は、第5類危険物に指定されていることに注意する。

● 表6.無機過酸化物の主な物品

過酸化カリウム	K_2O_2
過酸化ナトリウム	Na_2O_2
過酸化カルシウム	CaO_2
過酸化バリウム	BaO_2
過酸化マグネシウム	MgO_2

①過酸化カリウム(過酸化カリ)K_2O_2

形状・性質	• オレンジ色の粉末 • 比重2.0 • 加熱すると、融点(490℃)以上で分解して酸素を発生し、酸化カリウム(K_2O)になる。 $2K_2O_2 \longrightarrow 2K_2O + \underline{O_2}$ • 水と反応して熱と酸素を発生し、水酸化カリウム(KOH)を生じる。 $2K_2O_2 + 2H_2O \longrightarrow 4KOH + \underline{O_2}$ • 潮解性がある。
危険性	• 水と反応して発熱し、大量の場合には爆発する危険がある。 • 有機物、可燃物あるいは酸化されやすい物質と混合すると、衝撃、加熱などにより発火爆発の危険がある。 • 皮膚を腐食する。
火災予防方法・貯蔵取扱いの注意	• 水分の浸入を防ぐため容器は密栓する。 • 有機物、可燃物などから隔離する。 • 加熱、衝撃などを避ける。

消火方法	• 注水消火は避け、乾燥砂などをかける。

②過酸化ナトリウム（過酸化ソーダ）Na_2O_2

形状・性質	• 黄白色（おうはくしょく）の粉末（純粋なものは白色） • 比重2.9 • 加熱すると、約660℃で分解して酸素を発生し、酸化ナトリウム（Na_2O）になる。 $2Na_2O_2 \longrightarrow 2Na_2O + \underline{O_2}$ • 水と反応して熱と酸素を発生し、水酸化ナトリウムを生じる。 $2Na_2O_2 + 2H_2O \longrightarrow 4NaOH + \underline{O_2}$ • 吸湿性*が強い。 ＊「吸湿性」と「潮解性」の違い 似ているが、微妙に異なる。「吸湿性」は、大気中の水分を吸収する性質のことで、「潮解性」は、吸湿の結果その物質が吸湿した水に溶ける（水溶液となる）性質のことである。たとえば、乾燥剤としてのシリカゲルは吸湿性はあるが、潮解性はない。
危険性	• 過酸化カリウムと同じ。
火災予防方法・貯蔵取扱いの注意	• 過酸化カリウムと同じ。
消火方法	• 過酸化カリウムと同じ。

アルカリ金属（カリウム、ナトリウムなど）の無機過酸化物は、水と激しく反応して発熱分解し、多量の酸素を発生します。
アルカリ土類金属（カルシウム、バリウムなど）の無機過酸化物は、水との反応による危険性は低いですが、加熱により分解し、酸素を発生します。
また、マグネシウムの無機過酸化物は、加熱により酸素を発生します。

③過酸化カルシウム（過酸化石灰）CaO_2

形状・性質	• 無色の粉末 • 水に溶けにくいが、酸には溶ける。 • 275℃以上に加熱すると、分解して酸素を発生し、酸化カルシウム（CaO）になる。 $2CaO_2 \longrightarrow 2CaO + \underline{O_2}$
危険性	• 275℃以上に加熱すると、爆発的に分解する。 • 希酸類に溶けて過酸化水素を生じる。

火災予防方法・貯蔵取扱いの注意	• 加熱を避ける。 • 希酸類との接触を避ける。 • 容器は密栓する。
消火方法	• **乾燥砂**をかける。 • **注水消火**は避ける。

④過酸化バリウム BaO_2

形状・性質	• 灰白色(かいはくしょく)の粉末 • 比重4.96 • 水には**溶けにくい**。 • アルカリ土類金属*の過酸化物のうちで最も**安定**している。 ＊ アルカリ土類金属とは、「元素の周期表」(「第2章 Section2化学 3 原子 表6(p.177)参照)で、2族元素のうちCa、Sr、Baなどの元素をいう。 • 加熱すると、**840**℃で酸化バリウム(BaO)に分解し、**酸素**を発生する。 $2\,BaO_2 \longrightarrow 2\,BaO + \underline{O_2}$ • **漂白作用**がある。
危険性	• **酸**との反応で過酸化水素(H_2O_2)を発生する。 たとえば、$BaO_2 + H_2SO_4 \longrightarrow BaSO_4 + H_2O_2$ • **熱湯**との反応で**酸素**を発生する。 • 酸化されやすい物質、湿った紙、せん維素などと混合すると、爆発することがある。 • **毒性**がある。
火災予防方法・貯蔵取扱いの注意	• 容器は密栓する。 • 酸類と隔離する。 • 加熱、摩擦などを避ける。
消火方法	• 過酸化カルシウムと同じ。

⑤過酸化マグネシウム(過酸化マグネシア)MgO_2

形状・性質	• 無色の粉末 • 水に**溶けない**。 • **加熱**すると、**酸素**を発生して酸化マグネシウム(MgO)になる。 $2\,MgO_2 \longrightarrow 2\,MgO + \underline{O_2}$ • 湿気または水の存在下で**酸素**を発生する。
危険性	• **酸**に溶けて過酸化水素(H_2O_2)を生じる。 • 水と反応して酸素を発生する。 • 有機物などと混合すると、加熱または摩擦により爆発の危険がある。

火災予防方法・貯蔵取扱いの注意	• 過酸化バリウムと同じ。
消火方法	• 過酸化カルシウムと同じ。

こんな問題がでる！

問　題

次の無機過酸化物の形状・性質で、誤っているものはどれか。

1　K_2O_2はオレンジ色の粉末で、水と反応して水酸化カリウムを生じる。
2　Na_2O_2は黄白色の粉末で、水と反応して水酸化ナトリウムを生じる。
3　CaO_2は無色の粉末で、水に溶けにくい。
4　BaO_2は灰白色の粉末で、水に溶けにくい。
5　MgO_2は黄白色の粉末で、水に溶ける。

解答・解説

5が誤り。MgO_2（過酸化マグネシウム）は無色の粉末で、水に溶けない。

4 亜塩素酸塩類

亜塩素酸塩類とは、亜塩素酸（$HClO_2$）*の水素原子（H）が、金属または他の陽イオンと置き換わった形の化合物の総称である。

たとえば、 $\boxed{H}ClO_2 \xrightarrow{\text{置き換わる}} \boxed{Na}ClO_2$（亜塩素酸ナトリウム）

＊ 亜塩素酸の「亜」という字は、無機酸に含まれる酸素原子が少ない意を表す。したがって、塩素酸は$HClO_3$であるが、亜塩素酸はOが1つ少ない$HClO_2$で表される。

● **表7.亜塩素酸塩類の主な物品**

亜塩素酸ナトリウム	$NaClO_2$

①亜塩素酸ナトリウム(亜塩素酸ソーダ)$NaClO_2$

形状・性質	• 無色の結晶性粉末 • **吸湿性**がある。 • 水に**溶ける**。 • 二酸化塩素(ClO_2)を発生するため特異な刺激臭がある(発生した二酸化塩素によるもの)。 • **加熱**すると分解して塩素酸ナトリウム($NaClO_3$)と塩化ナトリウム($NaCl$)に変化する。さらに加熱すると塩素酸ナトリウムが分解して**酸素**を放出する。
危険性	• 酸との混合で分解し、爆発性の二酸化塩素ガス(ClO_2)を発生する。また、**直射日光**、**紫外線**の照射でも徐々に分解する。 • 有機物(衣類、油脂など)や還元性物質(リン、カーボンなど)などと混合すると、わずかの刺激で発火爆発する危険がある。 • 鉄、銅、銅合金などの金属を腐食する。 • 皮膚粘膜に対して刺激性があり、発生する二酸化塩素は塩素と似た毒性を有する。
火災予防方法・貯蔵取扱いの注意	• **直射日光**を避け、換気に注意する。 • 酸、有機物、還元性物質などとの接触を避ける。 • 火気、加熱、摩擦、衝撃などを避ける。
消火方法	• **大量の水**により消火する。

こんな問題がでる!

問　題

亜塩素酸ナトリウムについて、次のうち正しいものはどれか。

1　無色の結晶性粉末である。

2　比重は1.5である。

3　吸湿性はなく、水に溶けない。

4　特異な刺激臭はない。

5　加熱すると分解して塩素を放出する。

解答・解説

1が正しい。

2の比重は2.5。3の吸湿性はあり、また水に溶ける。4の刺激臭はある。二酸化塩素(ClO_2)を発生するため、特異な刺激臭がある。5は、加熱すると分解して塩素酸ナトリウム($NaClO_3$)と塩化ナトリウム(NaCl)に変化する。さらに加熱すると塩素酸ナトリウムが分解して、塩素ではなく酸素を放出する。

5 臭素酸塩類

臭素酸塩類とは、臭素酸($HBrO_3$)の水素原子(H)が、金属または他の陽イオンと置き換わった形の化合物の総称である。

たとえば、 [H] BrO_3 —置き換わる→ [K] BrO_3(臭素酸カリウム)

● 表8. 臭素酸塩類の主な物品

臭素酸カリウム	$KBrO_3$

①臭素酸カリウム(ブロム酸カリ)$KBrO_3$

形状・性質	• 無色、無臭の結晶性粉末 • 比重3.3 • 水に溶ける。 • アルコールに溶けにくい。また、アセトンに溶けない。 • 370℃で分解を始め、酸素と臭化カリウム(KBr)を生じる。 • 酸類との接触でも分解し、酸素を発生する。
危険性	• 衝撃により爆発の危険性がある。 • 有機物と混合したものは、さらに危険性が高く、加熱、摩擦によって爆発することがある。
火災予防方法・貯蔵取扱いの注意	• 加熱、摩擦、衝撃を避ける。 • 有機物、硫黄、酸類の混入や接触を避ける。もし衣類に付着した場合は、火災の危険性があるため、大量の水ですすぎ洗いをする必要がある。

消火方法	• 注水消火をする。

こんな問題がでる！

問 題

臭素酸カリウムについて、次のうち誤っているものはどれか。

1 無色、無臭の結晶性粉末である。
2 水に溶けるが、アルコールに溶けにくい。
3 衝撃により爆発の危険性がある。
4 もし衣類に付着した場合は、火災の危険性があるため、大量の水ですすぎ洗いをする必要がある。
5 消火は、注水を避ける。

解答・解説

5が誤り。消火は**注水**して消火する。

6 硝酸塩類

硝酸塩類とは、硝酸（HNO_3）の水素原子（H）が、金属または他の陽イオンと置き換わった形の化合物の総称である。

たとえば、 [H]NO_3 —置き換わる→ [K]NO_3（硝酸カリウム）

● 表9. 硝酸塩類の主な物品

硝酸カリウム	KNO_3
硝酸ナトリウム	$NaNO_3$
硝酸アンモニウム	NH_4NO_3

硝酸塩類は、一般に、加熱すると分解して酸素を発生する、水によく溶けるなどの性質があります。

①硝酸カリウム(硝石)KNO_3

形状・性質	• 無色の結晶 • 比重2.1 • 水によく溶けるが、吸湿性はない。 • 加熱すると、400℃で分解して酸素を発生する。 $2KNO_3 \longrightarrow 2KNO_2 + O_2$ (硝酸カリウム)(亜硝酸カリウム)(酸素) • 黒色火薬(硝酸カリウム、硫黄及び木炭の混合物)の原料。
危険性	• 加熱により酸素を発生する。 • 可燃物や有機物と混合すると、加熱、摩擦、衝撃によって爆発することがある。
火災予防方法・貯蔵取扱いの注意	• 異物の混入を防ぐ。 • 加熱、摩擦、衝撃を避ける。 • 可燃物、有機物と隔離する。 • 容器は密栓する。
消火方法	• 注水消火が最もよい。

②硝酸ナトリウム(硝酸ソーダ、チリ硝石)$NaNO_3$

形状・性質	• 無色の結晶 • 比重2.25 • 水によく溶ける。 • 潮解性がある。 • 加熱すれば、380℃で分解し、酸素を発生する。 $2NaNO_3 \longrightarrow 2NaNO_2 + O_2$ (硝酸ナトリウム)(亜硝酸ナトリウム)(酸素) • 反応性は硝酸カリウムより弱い。
危険性	• 硝酸カリウムに準ずるが危険性はやや低い。
火災予防方法・貯蔵取扱いの注意	• 硝酸カリウムと同じ。
消火方法	• 硝酸カリウムと同じ。

③硝酸アンモニウム（硝酸アンモン、硝安）NH_4NO_3

形状・性質	• 無色の結晶または結晶性粉末 • 比重1.8 • **水によく溶ける。** • **吸湿性**がある。 • メタノール、エタノールに**も溶ける。** • 約210℃で分解し、**亜酸化窒素**（一酸化二窒素 N_2O）と水を生じる。 　$NH_4NO_3 \longrightarrow N_2O + 2H_2O$ さらに加熱すると、約500℃で亜酸化窒素が爆発的に分解し、酸素と窒素を生じる。 • **アルカリ性**の物質と反応して、**アンモニア**（NH_3）を放出する。 • 肥料、火薬の原料。
危険性	• 単独でも、急激な加熱、衝撃で**分解爆発**することがある。 • 有機物、可燃物、金属粉との混合は爆発の危険がある。
火災予防方法・貯蔵取扱いの注意	• 硝酸カリウムと同じ。
消火方法	• 硝酸カリウムと同じ。

こんな問題がでる！

問　題

硝酸塩類について、次のうち誤っているものはどれか。

1　硝酸の水素が金属で置き換わった形のもので、硝酸エステルの1つである。
2　一般的に水によく溶ける。
3　比重は1より大きい。
4　硝酸カリウムは硝酸塩類の1つで、黒色火薬の原料である。
5　硝安といわれるものはこれに属する。

解答・解説

1が誤り。硝酸塩類は、硝酸の水素原子が金属または他の陽イオンと置き換わった形の化合物であるが、硝酸エステル**ではない**。硝酸エステルの硝酸メチル、硝酸エチルなどは、第**5**類の危険物である。

4は正しく、硝酸塩類の硝酸カリウム（KNO_3）は、黒色火薬（硝酸カリウム、硫黄及び木炭の混合物）の原料である。また、**5**の硝安は、硝酸アンモニウム（NH_4NO_3）のことで、硝酸塩類の1つである。

7 ヨウ素酸塩類

ヨウ素酸塩類とは、ヨウ素酸（HIO_3）の水素原子（H）が、金属または他の陽イオンと置き換わった形の化合物の総称である。

たとえば、[H]IO_3 ―置き換わる→ [K]IO_3（ヨウ素酸カリウム）

● 表10. ヨウ素酸塩類の主な物品

ヨウ素酸カリウム	KIO_3
ヨウ素酸ナトリウム	$NaIO_3$

①ヨウ素酸カリウム（ヨウ素酸カリ）KIO_3

形状・性質	• 無色の結晶 • 比重3.9 • 水に溶ける。 • エタノールには溶けない。 • 加熱により分解し、酸素を発生する。
危険性	• 可燃物を混合して加熱すると、爆発の危険性がある。
火災予防方法・貯蔵取扱いの注意	• 加熱、可燃物の混入を避ける。 • 容器は密栓する。
消火方法	• 注水消火が最もよい。

②ヨウ素酸ナトリウム $NaIO_3$

形状・性質	• 無色の結晶 • 比重4.3 • 水によく溶ける。 • エタノールには溶けない。 • 加熱により分解し、酸素を発生する。
危険性	• ヨウ素酸カリウムと同じ。
火災予防方法・貯蔵取扱いの注意	• ヨウ素酸カリウムと同じ。
消火方法	• ヨウ素酸カリウムと同じ。

こんな問題がでる！

問　題

ヨウ素酸塩類に関する次のA～Eの記述のうち、正しいものはいくつあるか。

A　ヨウ素酸カリウムは、水に溶ける。
B　ヨウ素酸ナトリウムは、エタノールによく溶ける。
C　ヨウ素酸カリウムは、加熱によって分解し、酸素を発生する。
D　ヨウ素酸塩類(ヨウ素酸カリウム、ヨウ素酸ナトリウム)を可燃物と混合して加熱すると、爆発の危険性がある。
E　ヨウ素酸カリウムやヨウ素酸ナトリウムに関しての消火方法は、注水消火が最もよい。

1　1つ　　2　2つ　　3　3つ　　4　4つ　　5　5つ

解答・解説

4の4つ(A、C、D、E)が正しい。Bのヨウ素酸ナトリウムはエタノールには溶けないので、誤り。

8 過マンガン酸塩類

過マンガン酸塩類とは、過マンガン酸($HMnO_4$)の水素原子(H)が、金属または他の陽イオンと置き換わった形の化合物の総称である。

たとえば、 [H]MnO_4 —置き換わる→ [K]MnO_4(過マンガン酸カリウム)

● 表11.過マンガン酸塩類の主な物品

過マンガン酸カリウム	$KMnO_4$
過マンガン酸ナトリウム	$NaMnO_4 \cdot 3H_2O$

過マンガン酸塩類は、硝酸塩類より一般に危険性は低いですが、強酸化剤です。

①過マンガン酸カリウム(過マンガン酸カリ)$KMnO_4$

形状・性質	• 赤紫色(せきししょく)、金属光沢の結晶 • 比重2.7 • **約200℃で分解し酸素を発生する。** $2KMnO_4 \longrightarrow K_2MnO_4 + MnO_2 + O_2$ (過マンガン酸カリウム) (マンガン酸カリウム) (酸化マンガン) (酸素) • **水**によく溶けて**濃紫色**を呈する。 • 殺菌剤、消臭剤、染料として使用される。
危険性	• **硫酸**を加えると、**爆発**の危険性がある。 • 可燃物、有機物と混合したものは、加熱、衝撃、摩擦などにより爆発の危険性がある。
火災予防方法・貯蔵取扱いの注意	• 加熱、衝撃、摩擦を避ける。 • 酸、可燃物、有機物と隔離する。 • 容器は密栓する。
消火方法	• **注水**して消火するのがよい。

②過マンガン酸ナトリウム（過マンガン酸ソーダ）$NaMnO_4 \cdot 3H_2O$

形状・性質	• 赤紫色の粉末 • 比重2.5 • 水に溶けやすい。 • 潮解性が強い。 • 加熱すれば170℃で分解し酸素を発生する。
危険性	• 過マンガン酸カリウムと同じ。
火災予防方法・貯蔵取扱いの注意	• 過マンガン酸カリウムと同じ。
消火方法	• 過マンガン酸カリウムと同じ。

こんな問題がでる！

問　題

過マンガン酸カリウムについて、次のうち誤っているものはどれか。

1　赤紫色の結晶である。
2　水に溶けた場合は、淡黄色を呈する。
3　約200℃で分解し、酸素を発生する。
4　可燃物と混合したものは、加熱、衝撃などにより爆発する危険性がある。
5　火災の場合は、注水して消火するのがよい。

解答・解説

2が誤り。水に溶けた場合は、淡黄色ではなく、**濃紫色**となる。

9 重クロム酸塩類

重クロム酸塩類とは、重クロム酸（$H_2Cr_2O_7$）の水素原子（H）が、金属または他の陽イオンと置き換わった形の化合物の総称である。

たとえば、 $\boxed{H}_2Cr_2O_7 \xrightarrow{\text{置き換わる}} \boxed{K}_2Cr_2O_7$（重クロム酸カリウム）

● 表12.重クロム酸塩類の物品

重クロム酸カリウム	$K_2Cr_2O_7$
重クロム酸アンモニウム	$(NH_4)_2Cr_2O_7$

①重クロム酸カリウム（二クロム酸カリウム）$K_2Cr_2O_7$

形状・性質	• 橙赤色（とうせきしょく）の結晶 • 比重2.69 • 水に溶ける。 • エタノールには溶けない。 • 500℃以上で分解し、酸素を放出する。
危険性	• 強力な酸化剤なので、有機物や還元剤と混合すると激しく反応し、発火すれば爆発を起こすことがある。
火災予防方法・貯蔵取扱いの注意	• 有機物と隔離する。 • 加熱、衝撃、摩擦を避ける。 • 容器は密栓する。
消火方法	• 注水して消火する。

②重クロム酸アンモニウム（ニクロム酸アンモニウム）$(NH_4)_2Cr_2O_7$

形状・性質	• 橙黄色（とうおうしょく）の結晶 • 比重2.2 • 水に溶ける。 • エタノールによく溶ける。 • 熱すると、約185℃で分解し、窒素を発生する。 $(NH_4)_2Cr_2O_7 \longrightarrow Cr_2O_3 + \underline{N_2} + 4H_2O$ （重クロム酸アンモニウム）（酸化クロム（Ⅲ））（窒素）（水）
危険性	• 可燃物と混合すると、加熱、衝撃、摩擦により発火または爆発を起こすことがある。
火災予防方法・貯蔵取扱いの注意	• 重クロム酸カリウムと同じ。
消火方法	• 重クロム酸カリウムと同じ。

こんな問題がでる！

問　題

重クロム酸塩類について、次のA～Eのうち誤っているものはいくつあるか。

A　重クロム酸アンモニウムは、オレンジ色系の結晶である。
B　重クロム酸カリウムは、強力な酸化剤である。
C　重クロム酸アンモニウムは、水に溶けるが、エタノールには溶けない。
D　重クロム酸カリウムは、水やエタノールに溶ける。
E　重クロム酸アンモニウムを可燃物と混合すると、爆発することがある。

1　1つ　　2　2つ　　3　3つ　　4　4つ　　5　5つ

解答・解説

2の**2つ(C、D)**が誤り。Cは、重クロム酸アンモニウムは、水やエタノールに溶ける。Dは、重クロム酸カリウムは、水に溶けるが、エタノールには溶けない。

10 政令で定める危険物

第1類には消防法別表第一によるものの他に、「その他のもので政令で定めるもの」(危険物の規制に関する政令第1条第1項)*がある。重要な品名は、「**クロム、鉛又はヨウ素の酸化物**」と「**次亜塩素酸塩類**」である。

*「Section1 1 甲種で学ぶ危険物一覧 表1.甲種で学ぶ危険物一覧表 第1類10.(p.247)」参照。

● **表13.政令で定める重要な品名における主な物品**

三酸化クロム	CrO_3
二酸化鉛	PbO_2
次亜塩素酸カルシウム	$Ca(ClO)_2 \cdot 3H_2O$

「クロム、鉛又はヨウ素の酸化物」には、三酸化クロム、二酸化鉛など、「次亜塩素酸塩類」には、次亜塩素酸カルシウムなどがあります。

①三酸化クロム(無水クロム酸)CrO_3

形状・性質	• 暗赤色の針状結晶 • 比重2.7 • **潮解性**が強い。 • 水、希エタノールに**溶ける**。 • 強酸化剤である。 • 約**250℃**で分解し酸素を発生する。 $4CrO_3 \longrightarrow 2Cr_2O_3 + 3O_2$ (三酸化クロム) (酸化クロム(Ⅲ)) (酸素)
危険性	• 有毒で皮膚を腐食させ、**水**を加えると**腐食性**の強い**酸**となる。 • **アルコール、ジエチルエーテル、アセトン**などと**接触すると爆発的に発火**する危険性がある。 • 熱分解により生じた酸素は可燃物の燃焼を助ける。

火災予防方法・貯蔵取扱いの注意	• 加熱を避ける。 • 可燃物、アルコールなどとの接触を避ける。 • 容器は、鉛(Pb)などを内張りした金属容器などに貯蔵する。 • 直射日光を避ける。
消火方法	• **注水**して消火する。

②二酸化鉛 PbO_2

形状・性質	• 黒褐色の粉末 • 比重9.4 • 水及びアルコールに**溶けない**。 • 多くの酸やアルカリに**溶ける**。 • 金属並みの導電率をもっている。 • **毒性**が強い。
危険性	• **光分解**や加熱によって、**酸素**を発生する。 • 塩酸と熱すると塩素を発生する。 • 酸化されやすい物質と混合すると発火することがある。
火災予防方法・貯蔵取扱いの注意	• 加熱を避ける。
消火方法	• 三酸化クロムと同じ。

③次亜塩素酸カルシウム(高度さらし粉) $Ca(ClO)_2 \cdot 3H_2O$

形状・性質	• 白色の粉末 • 比重2.4 • 空気中では次亜塩素酸(HClO)が生じるため、強力な**塩素臭**がある。 • 潮解性がある。 • **150℃**以上で分解し、**酸素**を発生する。 • 酸によって分解する。 • **水**と反応して**塩化水素ガス**(HCl)を発生する。 • 固形化したものは**プールの消毒**に使われる。
危険性	• **光**や**熱**によって分解が急激に進む。 • 可燃物、還元剤、特にアンモニア及びその塩類との混合物は爆発の危険性がある。 • 水溶液は容易に分解し、酸素を発生する。
火災予防方法・貯蔵取扱いの注意	• 加熱、衝撃、摩擦を避ける。 • 異物の混入を防ぐ。 • 容器は密栓する。

消火方法	• 三酸化クロムと同じ。

こんな問題がでる！

問　題

三酸化クロム、二酸化鉛、次亜塩素酸カルシウムについて、次のうち正しいものはどれか。

1　三酸化クロムは白色の針状結晶である。
2　二酸化鉛は無色の粉末である。
3　三酸化クロムは潮解性を有しない。
4　次亜塩素酸カルシウム（$Ca(ClO)_2 \cdot 3H_2O$）は高度さらし粉とも呼ばれている。
5　二酸化鉛は比重2.4である。

解答・解説

4が正しい。

誤っている**1**の三酸化クロムは、暗赤色が正しい。**2**は、黒褐色である。**3**は、潮解性が強い。**5**は、二酸化鉛の比重は**9.4**で非常に重い（2.4は次亜塩素酸カルシウムである）。

語呂合わせで覚えよう　過マンガン酸カリウムの性質

がまんが（過マンガン　**3回。**　酸カリウム）

それでも無　理を言う３人に（硫　酸）

怒りが爆発！（爆発）

過マンガン酸カリウムは、硫酸を加えると爆発の危険性がある。

3 第2類危険物に共通する特性・火災予防の方法・消火の方法

ココを押さえる！

第2類危険物は可燃性固体であり、そのもの自体が酸化される側の物質です。第2類危険物に共通する特性、共通する火災予防の方法、共通する消火の方法をまず把握することが大切です。

1 第2類危険物に共通する特性

ここで、再び第2類危険物の品名と主な物品をみておく必要がある（表14）。第2類危険物の品名は、「消防法別表第一」による。

● 表14. 第2類危険物の品名と主な物品

品　名*	主な物品
硫化リン	三硫化四リン 五硫化二リン 七硫化四リン
赤リン	（品名と同じ）
硫黄（いおう）	（品名と同じ）
鉄　粉	（品名と同じ）
金属粉	アルミニウム粉 亜鉛粉
マグネシウム	（品名と同じ）
引火性固体	固形アルコール ゴムのり ラッカーパテ

＊「その他のもので政令で定めるもの」については、現在定められていない（「Section1 1 甲種で学ぶ危険物一覧 表1. 甲種で学ぶ危険物一覧表 第2類7.（p.248）」参照）。

第2類の危険物は可燃性固体

このほか、第2類危険物に共通する主な特性は以下の通りである。

①一般に比重は1より**大きい**。

②一般に水に**溶けない**。

③比較的低温で**着火**しやすい可燃性物質である。

④燃焼速度が**速い**。

⑤**有毒性**のものや燃焼のとき**有毒ガス**を発生するものがある。

⑥**引火性固体***は、引火の危険性がある可燃性の固体である。

⑦**酸化**されやすく、燃えやすい物質である。

⑧一般に、**酸化剤**との**接触**または**混合**・打撃などにより**爆発**する危険性がある。

⑨**微粉状**のものは、空気中で**粉じん爆発**を起こしやすい。

*引火性固体は第2類の危険物であり、引火性液体の第4類とは異なる。

こんな問題がでる！

問　題

第2類の危険物に共通する特性について、次のA～Eのうち正しいものはいくつあるか。

A　いずれも固体の無機物質である。
B　一般に水には溶けない。
C　一般に比重は1より大きい。
D　いずれも可燃性である。
E　燃焼に際し有毒ガスを発生するものがある。

1　なし
2　1つ
3　2つ
4　3つ
5　4つ

解答・解説

5の4つ(B、C、D、E)が正しい。解答群の**1**が「1つ」ではなく「なし」であることに注意する。したがって、正しいのは**4つ**であるが**4**ではなく**5**になる。

誤っているAは、「表14. 第2類危険物の品名と主な物品(p.283)」の硫化リン〜マグネシウムまでは無機物質であるが、「引火性固体」は有機物質(炭素(C)を含む化合物)であるので、第2類の危険物はいずれも無機物質という記述は誤りである。

2 第2類危険物に共通する火災予防の方法

第2類危険物に共通する火災予防(貯蔵及び取扱い上の注意と重なる)の方法は、以下の通りである。

①**酸化剤**との接触や混合を避ける。

②**炎、火花、高温体**との接近または加熱を避ける。

③一般に、**防湿**に注意し、容器は**密封**する。ただし、塊状硫黄を除く。

④**冷暗所**に貯蔵する。

⑤鉄粉、金属粉、マグネシウム、またはこれらのいずれかを含有するものは、**水**または**酸**との**接触**を避ける。

⑥引火性固体は、みだりに**蒸気**を**発生させない**ようにする。

⑦**粉じん爆発**のおそれがあるもの(赤リン、硫黄、鉄粉、金属粉、マグネシウム)については、以下の対策を講じる。

1)**火気**を避ける。

2)**換気**を十分に行い、その濃度を燃焼範囲の**下限値未満**にする。

3)**接地**(アース)をするなどして、**静電気**の蓄積を防止する。

4)電気設備を**防爆構造**にする。

5)粉じんを取り扱う装置類には、**不燃性ガス**(窒素、二酸化炭素など)を封入する。

6)無用な粉じんの**たい積**を防止する。

こんな問題がでる！

問　題

第2類の危険物に共通する火災予防(貯蔵及び取扱い上の注意)について、次のうち誤っているものはどれか。

1　火気または加熱を避ける。
2　還元剤との接触を避ける。
3　冷暗所に貯蔵する。
4　一般に、防湿に注意し、容器は密封する。
5　粉じん爆発のおそれがあるものについては、換気を十分に行い、その濃度を燃焼範囲の下限値未満にする。

解答・解説

2が誤り。第2類の危険物は可燃性なので、酸素を供給する物質、すなわち**酸化剤**との接触や混合を避ける必要がある(還元剤との接触を避けるのではない)。

3 第2類危険物に共通する消火の方法

第2類危険物の消火には、水系消火剤が有効なものと、注水厳禁のものがある

①**赤リン、硫黄**：水、強化液、泡の水系消火剤で冷却消火。または、乾燥砂などで窒息消火。
②**硫化リン**(五硫化二リンなど)、**鉄粉**、**金属粉**(アルミニウム粉、亜鉛粉)、**マグネシウム**：乾燥砂などで窒息消火。注水は厳禁。
③**引火性固体**(固形アルコールなど)：泡、粉末、二酸化炭素、ハロゲン化物により窒息消火。

こんな問題がでる！

問 題

次の第2類の危険物物品のうち、注水による消火が適当なものはどれか。

1　五硫化二リン
2　亜鉛粉
3　マグネシウム
4　赤リン
5　鉄粉

解答・解説

注水による消火(冷却消火)が適当なものは、**4**の赤リンである(他に硫黄もある)。誤っている**1**、**2**、**3**、**5**は、注水厳禁で不適当。

語呂合わせで覚えよう　第2類危険物の性質

パン教室、(一般に)　**2度目の**(第2類)　**参加なのに、**(酸化〔剤〕)
手でこね、(接触)　**混ぜて**(混合)
打った生地がオーブンで破裂？(打撃)(爆発)

第2類危険物は、一般に、酸化剤との接触または混合・打撃などにより爆発する危険性がある。

④ 第2類危険物の品名ごとの各論

ココを押さえる！

第２類危険物の品名ごとの物品について、それぞれの物品の特徴を押さえることが重要です。硫化リン（特に五硫化二リン）については、よく出題されているので、注意することが必要です。

1 硫化リン

硫化リンとは、リンの硫化物（リンと硫黄の化合物）である。リン（P）と硫黄（S）の組成比により、三硫化四リン（P_4S_3）、五硫化二リン（P_2S_5）、七硫化四リン（P_4S_7）に区分される。

● 表15. 硫化リンの物品

三硫化四リン	P_4S_3
五硫化二リン	P_2S_5
七硫化四リン	P_4S_7

①三硫化四リン（三硫化リン）P_4S_3

形状・性質	• 黄色の結晶 • 比重2.03 • 発火点100℃ • 水とはわずかに反応する。 • 二硫化炭素、ベンゼンに溶ける。
危険性	• 約100℃で発火の危険性がある。 • 摩擦熱、小炎によっても発火の危険性がある。 • 熱湯と反応して、有毒で可燃性の硫化水素（H_2S）を生じる。
火災予防方法・貯蔵取扱いの注意	• 酸化剤と混合すると、発火することがあるので要注意。 • 火気、摩擦、衝撃を避け、水分と接触させない。 • 容器に収納して密栓する。 • 通風及び換気のよい冷暗所に貯蔵する。
消火方法	• 乾燥砂または不燃性ガスで窒息消火をする。

②五硫化二リン（五硫化リン）P_2S_5

形状・性質	• 淡黄色（たんおうしょく）の結晶 • 比重2.09 • 二硫化炭素に溶ける。 • 水と反応して徐々に分解する。
危険性	• 水と反応して、有毒で可燃性の硫化水素（H_2S）を生じる。 $2P_2S_5$（五硫化二リン） ＋ $16H_2O$（水） ⟶ $4H_3PO_4$（リン酸） ＋ $10H_2S$（硫化水素）
火災予防方法・貯蔵取扱いの注意	• 三硫化四リンと同じ。
消火方法	• 三硫化四リンと同じ。

③七硫化四リン（七硫化リン）P_4S_7

形状・性質	• 淡黄色の結晶 • 比重2.19 • 二硫化炭素にわずかに溶ける。 • 冷水には徐々に、熱水には速やかに反応して、分解する。
危険性	• 強い摩擦によって発火する危険性がある。 • 水と反応して、有毒で可燃性の硫化水素（H_2S）を生じる。
火災予防方法・貯蔵取扱いの注意	• 三硫化四リンと同じ。
消火方法	• 三硫化四リンと同じ。

こんな問題がでる！

問　題

五硫化二リンについて、次のうち誤っているものはどれか。

1　淡黄色の結晶である。
2　水と反応して、有毒で可燃性の硫化水素を発生する。
3　二硫化炭素に溶ける。
4　火気などを近づけない。
5　五硫化二リンの火災の消火には、大量の水による冷却消火がよい。

解答・解説

5が誤り。冷却消火ではなく、**乾燥砂**または**不燃性ガス**により窒息消火をする。硫化リンは水と反応して、有毒で可燃性の硫化水素(H_2S)を発生するので、水の使用は避ける。

2 赤リン P

赤リンは黄リン(第３類危険物)の**同素体**＊である。この赤リンは、古くからマッチの側薬(箱)や花火の材料として用いられている。

＊「第２章 Section2 化学 2 物質の種類 1物質の分類(p.171)」参照。

● 表16. 赤リンの物品

赤リン	P

赤リンは、黄リンからつくられます。純粋なものは空気中に放置しても自然発火しませんが、酸化剤と混ぜたもの、黄リンとの混合物などは自然発火することがあります。

①赤リン P

形状・性質	• 赤褐色（せきかっしょく）の粉末 • 比重2.1～2.3 • 発火点260℃ • 常圧では約400℃で**昇華**＊する。 ＊固体の赤リンが、液体の状態がなくて直接気体になる。 • 水、二硫化炭素、有機溶剤に**溶けない**。 • 臭気も毒性も**ない**。 • **260℃で発火**し、十酸化四リン（五酸化二リン）（P_4O_{10}）となる。 $4P + 5O_2 \longrightarrow P_4O_{10}$ （赤リン）（酸素）（十酸化四リン） • 赤リンと黄リンは同素体である。 • **マッチ箱の側薬**の原料として使われる。
危険性	• 黄リンに比べて**安定**であるが、酸化剤と混ぜたものは摩擦熱でも発火する危険性がある。 • **黄リン**との**混合物**は自然発火することがある。 • **粉じん爆発**の可能性がある。 • 燃焼すると、有毒な十酸化四リン（五酸化二リン）を生じる。
火災予防方法・貯蔵取扱いの注意	• 火気などは近づけない。 • 酸化剤、特に塩素酸塩との混合を避ける。 • 容器に収納し、密栓して冷暗所に貯蔵する。
消火方法	• 注水して冷却消火をする。

こんな問題がでる！

問　題

赤リンの性質について、次のうち正しいものはどれか。

1　赤リンは黄リンの同素体である。
2　特有の臭気と毒性がある。
3　比重は1より小さい。
4　純粋なものは、空気中で自然発火する。
5　水には溶けないが、二硫化炭素には溶ける。

解答・解説

1が正しい。黄リンは第3類の危険物であることに注意。

2は、赤リンは臭気も毒性もない。**3**の比重は2.1～2.3で、1より大きい。**4**は、純粋なものは自然発火しない。**5**は、水にも二硫化炭素にも溶けない。

3 硫黄 S

硫黄には、斜方(しゃほう)硫黄、単斜(たんしゃ)硫黄、ゴム状硫黄などの**同素体**が存在する。多くの化合物をつくり、硫酸、ゴムなどの製造に広く利用されている。

● 表17. 硫黄の物品

硫　黄	S

①硫黄 S

形状・性質	• 黄色の固体* ＊斜方硫黄（黄色）、単斜硫黄（淡黄色）、ゴム状硫黄（褐色） • 比重1.8 • 融点115℃ • 水には**溶けない**が、二硫化炭素に**溶ける**。 • エタノール、ジエチルエーテル、ベンゼンにわずかに溶ける。 • 約**360℃**で発火し、**二酸化硫黄**（亜硫酸ガス SO_2）を発生する。 • 黒色火薬、硫酸の原料となる。
危険性	• 酸化剤と混合すると、加熱、衝撃などで発火する。 • 硫黄粉は、空気中に飛散すると**粉じん爆発**を起こす危険性がある。 • 燃焼の際に発生する二酸化硫黄は有毒である。 • 電気の不良導体なので、摩擦によって**静電気**が発生する。
火災予防方法・貯蔵取扱いの注意	• 硫化リンに準ずる。 • 貯蔵の際は、「**塊状の硫黄⇒麻袋**、**わら袋**」、「**粉末状の硫黄⇒二層以上のクラフト紙**（茶色の丈夫な紙）**袋**または**内袋のついた麻袋**」に入れて貯蔵できる。
消火方法	• **水と土砂**などにより消火する。 （硫黄は**融点が低く**、燃焼の際に**流動**することがあるため、土砂で拡散を防ぎながら注水で消火を行うのが効果的である。）

こんな問題がでる！

問　題

硫黄について、次のうち誤っているものはどれか。

1　硫黄は、燃焼すると有毒な二酸化硫黄を発生する。
2　粉末状の硫黄は、粉じん爆発を起こす危険性がある。
3　硫黄は電気の不良導体で、摩擦によって静電気は発生しない。
4　硫黄は麻袋などで貯蔵できる。
5　硫黄の消火には、水系消火剤を用いる。

解答・解説

3が誤り。硫黄は電気の不良導体で、摩擦すると静電気が発生する。**1**、**2**、**4**、**5**は正しい。

4 鉄粉 Fe

鉄粉とは、鉄の粉であるが、鉄の粉すべてが危険物とみなされるのではない。「目開きが**53**μm（マイクロメートル）*の網ふるいを通過するものが**50**％以上のもの」が対象となる（**50**％未満のものは、危険物から除外（危険物の規制に関する規則第１条の３第１項））。

＊1μmは、1mmの1,000分の1。

● 表18. 鉄粉の物品

鉄　粉	Fe

①鉄粉 Fe

形状・性質	• 灰白色(かいはくしょく)の金属結晶 • 比重7.9 • 酸に溶けて**水素**を発生する。 （例）　Fe（鉄） ＋ 2 HCl（塩酸） ⟶ $FeCl_2$（塩化第一鉄） ＋ H_2（水素） • アルカリには溶けない。

危険性	• **浮遊する**鉄粉は点火すると**粉じん爆発**を起こす危険がある。 • 油の染みた**切削屑**などは、**自然発火**することがある。 • 加熱または火との接触により発火する危険がある。 • 酸化剤と混合したものは、加熱、打撃などに敏感である。
火災予防方法・貯蔵取扱いの注意	• 酸との接触を避ける。 • 火気及び加熱を避ける。 • 湿気を避け、容器に密封して貯蔵する。
消火方法	• **乾燥砂**などで**窒息消火**をする。

こんな問題がでる！

問　題

鉄粉について、次のうち誤っているものはどれか。

1　酸化剤である。
2　酸に溶けて水素を発生するが、アルカリには溶けない。
3　油の染みた切削屑などは、自然発火することがある。
4　酸との接触を避ける。
5　着火した場合は、乾燥砂などで覆って窒息消火する。

解答・解説

1が誤り。鉄粉を含めた第2類危険物は、そのもの自体に**還元性**があり、**還元剤**としてはたらく。

5 金属粉

消防法では、**金属粉**とは、アルカリ金属、アルカリ土類金属、鉄及びマグネシウム以外の金属の粉をいい、「主に、目開きが150μmの網ふるいを通過するものが50%以上のもの」が対象となる（銅粉、ニッケル粉及び目開きが150μmの網ふるいを通過するものが50%未満のものは、危険物から除外）。

一般に、金属は酸化されやすいが、普通は火災危険の対象とされていない。しかし、これらの金属を**細分化**して粉状にすると、**酸化表面積の増大**、**熱伝導率が小さくなる**などの理由によって燃えやすくなる。

● 表19. 金属粉の物品

アルミニウム粉	Al
亜鉛粉	Zn

①アルミニウム粉 Al

形状・性質	• 銀白色の粉末 • 比重2.7 • 酸、**アルカリ**とは速やかに反応して、**水素**を発生する。 〈酸との反応〉 （例） $2Al + 6HCl \longrightarrow 2AlCl_3 + \underline{3H_2}$ （アルミニウム）（塩酸）（塩化アルミニウム）（水素） 〈アルカリとの反応〉 （例） $2Al + 2NaOH + 2H_2O \longrightarrow 2NaAlO_2 + \underline{3H_2}$ （アルミニウム）（水酸化ナトリウム）（水）（アルミン酸ナトリウム）（水素） • **水**とは徐々に反応して**水素**を発生する。 $2Al + 6H_2O \longrightarrow 2Al(OH)_3 + \underline{3H_2}$ （アルミニウム）（水）（水酸化アルミニウム）（水素） • 粉末状のアルミニウムと**酸化鉄**（Ⅲ）の混合物に点火すると、激しい反応が起こる（**テルミット反応**と呼ばれる）。 $2Al + Fe_2O_3 \longrightarrow Al_2O_3 + 2Fe$ （アルミニウム）（酸化鉄（Ⅲ））（酸化アルミニウム）（鉄）
危険性	• 粉末は着火しやすく、いったん着火すれば激しく燃焼し、酸化アルミニウムを生じる。 $4Al + 3O_2 \longrightarrow 2Al_2O_3$ （アルミニウム）（酸素）（酸化アルミニウム） • 空気中の**水分**及び**ハロゲン元素**（塩素など）と接触すると、**自然発火**することがある。 • 酸化剤との混合は、加熱、打撃などにより、着火が鋭敏になる。

火災予防方法・貯蔵取扱いの注意	• 水分及びハロゲン元素との接触を避ける。 • 酸化剤との混合を避ける。 • 火気を近づけない。 • 容器を密栓する。
消火方法	• 乾燥砂などで覆い、窒息消火をする。または、金属火災用粉末消火剤*を用いる。 ＊ 金属火災用の特殊消火剤散布器で、通常の消火器では困難な金属火災に対応するもの（主成分：塩化ナトリウムなど）。確実に燃焼面を覆い、酸素を遮断し、金属火災に対し安全確実に消火する（窒息効果）。 • 注水厳禁。

粉末状のアルミニウムと酸化鉄（Ⅲ）の混合物に点火すると起こる激しい発熱反応（テルミット反応）は、一瞬で2000℃を超す温度に達し、アルミニウムは酸化鉄（Ⅲ）を還元して溶融した金属鉄を生じます。この反応は、溶接などに用いられています。

②亜鉛粉 Zn

形状・性質	• 灰青色（かいせいしょく）の粉末（湿気により灰白色の被膜を形成） • 比重7.1 • 硫黄と混合して加熱すると、硫化亜鉛を生じる。 $Zn + S \longrightarrow ZnS$ （亜鉛）（硫黄）（硫化亜鉛） • 常温でも空気中の水分と反応し、水素を発生する。また、酸及びアルカリとも反応し、水素を発生する。
危険性	• アルミニウム粉に準じるが、アルミニウム粉よりも危険性は少ない。 • 燃焼すると酸化亜鉛を生じる。 $2Zn + O_2 \longrightarrow 2ZnO$ （亜鉛）（酸素）（酸化亜鉛）
火災予防方法・貯蔵取扱いの注意	• アルミニウム粉と同じ。
消火方法	• アルミニウム粉と同じ。

こんな問題がでる！

問　題

次の金属粉（アルミニウム粉、亜鉛粉）について、誤っているものはどれか。

1　アルミニウム粉は、燃焼すると酸化アルミニウムを生じる。
2　アルミニウム粉は、酸とアルカリだけではなく、水にも徐々に反応して水素を発生する。
3　亜鉛粉は塩酸の水溶液と反応し、水素を発生する。
4　亜鉛粉は水酸化ナトリウムの水溶液に溶け、酸素を発生する。
5　亜鉛粉による火災が発生した場合は、金属火災用粉末消火剤を用いて消火する。

解答・解説

4が誤り。亜鉛粉は水酸化ナトリウムと反応して、酸素ではなく水素を発生する。

$$Zn + 2\,NaOH \longrightarrow Na_2ZnO_2 + \underline{H_2}$$

（亜鉛）　（水酸化ナトリウム）　（亜鉛酸ナトリウム）　（水素）

因みに、**3**の化学反応式は次の通り。

$$Zn + 2\,HCl \longrightarrow ZnCl_2 + \underline{H_2}$$

（亜鉛）　（塩酸）　（塩化亜鉛）　（水素）

6 マグネシウム Mg

このマグネシウムは、金属粉などのように「粉」という文字が使われていない。しかし、「目開きが2mmの網ふるいを通過しない**塊状のもの**、及び直径が2mm以上の**棒状のもの**」は危険物から**除外**されている（危険物の規制に関する規則第１条の３第３項）。

● 表20. マグネシウムの物品

マグネシウム	Mg

①マグネシウム Mg

形状・性質	・銀白色の金属結晶 ・比重1.7 ・乾いた空気中では、表面が薄い酸化被膜で覆われるため、常温では酸化が進行しないが、**湿った空気中**では、速やかに光沢を失って**鈍い色**になる。
危険性	● 粉末やフレーク（薄片）状のものは危険性が大きく、詳しくは次の危険性がある。 ・点火すると**白光を放ち**、激しく**燃焼**する。 $2Mg$（マグネシウム） ＋ O_2（酸素） ⟶ $2MgO$（酸化マグネシウム） ・空気中で**吸湿**すると発熱し、**自然発火**することがある。 ・**酸化剤**と混合すると、**打撃**などで発火する。 ・**希薄な酸**または**熱水**と速やかに反応（冷水とは徐々に反応）して**水素**を発生する。 〈希酸との反応〉 （例） Mg（マグネシウム） ＋ H_2SO_4（硫酸） ⟶ $MgSO_4$（硫酸マグネシウム） ＋ H_2（水素） 〈熱水との反応〉 Mg（マグネシウム） ＋ $2H_2O$（水） ⟶ $Mg(OH)_2$（水酸化マグネシウム） ＋ H_2（水素）
火災予防方法・貯蔵取扱いの注意	・水分との接触を避ける。 ・酸化剤との混合を避ける。 ・火気を近づけない。 ・容器は密栓する。
消火方法	・**乾燥砂**などで覆い、**窒息消火**をする。または、**金属火災用粉末消火剤**を用いる。 ・**注水厳禁**。

こんな問題がでる！

問 題

マグネシウムについて、次のA～Eのうち正しいものはいくつあるか。

A　希酸と反応して酸素を発生する。

B　空気中で吸湿すると発熱し、自然発火することがある。

C　還元剤と混合すると、打撃などで発火する。
D　点火すると白光を放ち、激しく燃焼し、酸化マグネシウムを生じる。
E　火災の場合は、乾燥砂で覆って窒息消火をする。

1　1つ
2　2つ
3　3つ
4　4つ
5　5つ

解答・解説

3の3つ(B、D、E)が正しい。
Aは、希薄な酸と反応して酸素ではなく**水素**を発生する。Cは還元剤ではなく**酸化剤**である。

7 引火性固体

引火性固体とは、消防法では、固形アルコールその他1気圧において引火点40℃未満のものをいう。これらは常温(20℃)で**可燃性蒸気**を発生し、引火する危険のある物品である。

● 表21.引火性固体の物品

固形アルコール
ゴムのり
ラッカーパテ

①固形アルコール

形状・性質	•乳白色(にゅうはくしょく)のゲル状(ゼリー状)の固体 •メタノールまたはエタノールを**凝固剤**で固めたもの。 •アルコールと同様の**臭気**がある。 •**密閉**しないとアルコールが**蒸発**する。

危険性	• 40℃未満で**可燃性蒸気**を発生するため、引火する危険性がある。
火災予防方法・貯蔵取扱いの注意	• 炎、火花などとの接近を避ける。 • 換気のよい冷暗所に保管する。 • 容器に密封して貯蔵する。
消火方法	• 泡、二酸化炭素、粉末の消火剤が有効である（**窒息消火**）。

②ゴムのり

形状・性質	• ゲル状（ゼリー状）の固体 • 生ゴムを主にベンジン*、ベンゼンなどの石油系溶剤に溶かしてつくられる**接着剤**である。 ＊ ベンジンは「ベンゼン」とはまったく別のもの。ベンジンは、石油から分留精製した揮発性の高い可燃性液体。主として炭素数5～10の飽和炭化水素からなる混合物である。 • ゴムのりは水には**溶けない**。 • 濃度は1～10%程度である。 • 粘着性が強い。 • **直射日光**により分解することがある。
危険性	• 常温以下（引火点が**10℃**以下）で**可燃性蒸気**を発生する。そのため、引火する危険性がある。 • 蒸気を**吸入**すると、**頭痛**、**めまい**、**貧血**を起こす。
火災予防方法・貯蔵取扱いの注意	• 衝撃、直射日光を避ける。 • 火花、火気を近づけない。 • 容器は密栓して、通風及び換気のよい場所で使用する。
消火方法	• 固形アルコールと同じ。

③ラッカーパテ

形状・性質	• ゲル状（ゼリー状）の固体 • トルエン、酢酸ブチル、ブタノールなどを成分としてつくられる**下地用塗料**である。 • 引火点10℃（含有成分により異なる）
危険性	• 燃えやすい固体である。 • 蒸気が**滞留**すると**爆発**することがある。 • 蒸気を**吸入**すると、**有機溶剤中毒**を起こすおそれがある。

火災予防方法・貯蔵取扱いの注意	• 直射日光を避ける。 • 火気、スパーク、高温体のそばで使用しない。換気のよい場所で取り扱い、蒸気を滞留させない。 • 容器は密閉する。
消火方法	• 固形アルコールと同じ。

こんな問題がでる！

問　題

引火性固体について、次のうち誤っているものはどれか。

1　引火性固体とは、1気圧において引火点40℃未満のものをいう。
2　固形アルコールとは、メタノールまたはエタノールを圧縮固化したものをいう。
3　ゴムのりとは、生ゴムをベンジンなどに溶かした接着剤である。
4　ラッカーパテとは、トルエン、酢酸ブチル、ブタノールなどを成分としてつくられた下地用塗料である。
5　引火性固体の消火には、泡、二酸化炭素、粉末の消火剤が有効である。

解答・解説

2が誤り。固形アルコールとは、メタノールまたはエタノールを圧縮固化ではなく、凝固剤で固めたものをいう。**1**、**3**、**4**、**5**はその通りで正しい。

固形アルコールは、密閉しないとアルコールが蒸発してしまいます。

5 第3類危険物に共通する特性・火災予防の方法・消火の方法

ココを押さえる！

第３類危険物は、ほとんどが自然発火性と禁水性の両方の性質を有しています（一部の例外を除く）。不活性ガスや保護液の中に貯蔵しなければならない物品が多く、また、禁水性のため、水・泡系の消火剤が使用できない点が非常に重要です。

1 第３類危険物に共通する特性

ここで、再び第3類危険物の品名と主な物品をみておく必要がある（表22）。第3類危険物の品名は、「消防法別表第一」による。

● 表22.第３類危険物の品名と主な物品

品　名	主な物品
カリウム	（品名と同じ）
ナトリウム	（品名と同じ）
アルキルアルミニウム*	（品名と同じ）
アルキルリチウム	ノルマル（*n*-）ブチルリチウム
黄リン	（品名と同じ）
アルカリ金属（カリウム及びナトリウムを除く）及びアルカリ土類金属	リチウム カルシウム バリウム
有機金属化合物（アルキルアルミニウム及びアルキルリチウムを除く）	ジエチル亜鉛
金属の水素化物	水素化ナトリウム 水素化リチウム
金属のリン化物	リン化カルシウム
カルシウムまたはアルミニウムの炭化物	炭化カルシウム 炭化アルミニウム
その他のもので政令で定めるもの（塩素化ケイ素化合物）	トリクロロシラン

*アルキルアルミニウムは次の種類がある。
- トリエチルアルミニウム
- ジエチルアルミニウムクロライド
- エチルアルミニウムジクロライド
- エチルアルミニウムセスキクロライド

第３類の危険物は自然発火性物質及び禁水性物質

第３類の危険物のほとんどが、この自然発火性と禁水性の両方の性質を有する。

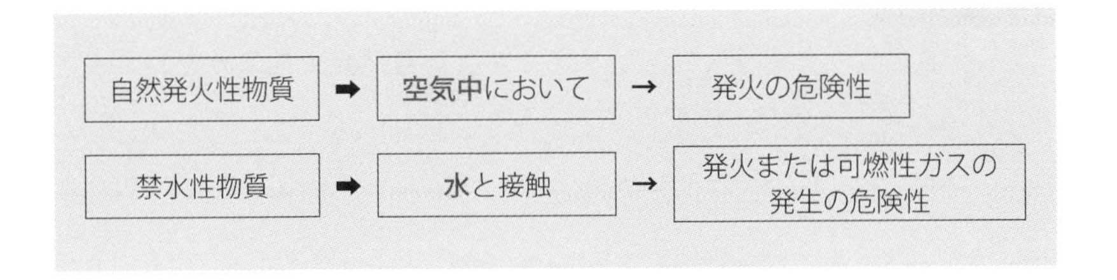

このほか、第３類危険物に共通する主な特性は以下の通りである。

①**常温**(20℃)で**固体**のものもあれば**液体**のものもある。

②そのもの自体燃えるもの(**可燃性**)だけでなく、燃えないもの(**不燃性**)もある。

③**無機の単体・化合物**だけでなく、**有機化合物**も含まれる。

例外として、**黄リン**は自然発火性のみ、**リチウム**は禁水性のみの物品である。

黄リン	第３類危険物の大部分のもの	リチウム
自然発火性のみ	自然発火性 ＋ 禁水性	禁水性のみ

こんな問題がでる！

問題

第3類の危険物に共通する特性として、次のうち誤っているものはどれか。

1　固体または液体である。

2　ほとんどのものが、自然発火性及び禁水性の両方の性質がある。

3　黄リンは禁水性の物質である。
4　リチウムは禁水性のみの物質である。
5　一般に容器は密栓する。

解答・解説

3が誤り。黄リンは、禁水性ではなく**自然発火性のみ**を有する物質である。黄リンは水中で保存する。

2 第3類危険物に共通する火災予防の方法

第3類危険物に共通する火災予防（貯蔵及び取扱い上の注意と重なる）の方法は、以下の通りである。

①自然発火性の物品は、**空気**との接触を避ける。
②自然発火性の物品は、**炎、火花、高温体**との接触または加熱を避ける。
③禁水性の物品は、**水**との接触を避ける。
④**冷暗所**に貯蔵する。
⑤容器の**破損**または**腐食**に注意する。
⑥容器は密封する。
⑦物品により、**不活性ガス**（窒素など）の中で貯蔵したり、**保護液**（水、灯油など）の中に小分けして貯蔵したりする。
⑧保護液に貯蔵するものは、**保護液**から危険物が**露出しない**よう、保護液の減少に注意する。

黄リン、リチウム以外の第３類危険物は、空気、水との接触はどちらもNGと覚えておきましょう。

こんな問題がでる！

問　題

第3類の危険物に共通する火災予防（貯蔵及び取扱い上の注意）に

ついて、次のA～Eのうち正しいものはいくつあるか。

A　物品により、不活性ガス(窒素など)の中で取り扱う。
B　自然発火性の物品は、炎、火花及び高温体との接触を避ける。
C　冷暗所に貯蔵する。
D　容器は密栓しないで貯蔵する。
E　保護液に保存する場合は、保護液の減少に注意し、危険物が保護液から露出しないようにする。

1　1つ　　2　2つ　　3　3つ　　4　4つ　　5　5つ

解答・解説

4の4つ(A、B、C、E)が正しい。
誤っているDは、容器は**完全に密栓**して貯蔵する。

3 第3類危険物に共通する消火の方法

すべての第3類危険物に有効な消火方法は、乾燥砂、膨張ひる石(バーミキュライト)、膨張真珠岩(しんじゅがん)(パーライト)を使用すること

ただし、**禁水性物品**は、水と接触して発火し、または可燃性ガスを発生するので、**水・泡**などの**水系の消火薬剤は使用できない**。そのため、禁水性物品の消火には、炭酸水素塩類などを用いた**粉末消火薬剤***またはこれらの物品の消火のためにつくられた粉末消火剤を用いる。

*「第2章 Section2 化学 17 消火設備 表22. 消火設備の適用(p.239)」参照。

禁水性物品以外の物品(黄リンのように自然発火性のみの性状を有する物品)の消火には、水、強化液、泡の水系の消火薬剤を使用することができる。

こんな問題がでる！

問　題

第3類の危険物に共通する消火の方法として、次のうち正しいものはどれか。

1　泡により消火する。
2　注水により消火する。
3　二酸化炭素により消火する。
4　強化液により消火する。
5　乾燥砂などで被覆して消火する。

解答・解説

5が正しい。すべての第3類危険物に共通して使用できる消火方法は、**乾燥砂**、膨張ひる石、膨張真珠岩である。水系などの消火剤は適さない。ただし、黄リンについては、水系の消火薬剤の使用が可能である。

誤っている**1**は、泡は**水系**であるので不適当。**2**の**注水**も不適当。**3**の二酸化炭素は**効果がない**ので不適当。**4**の強化液は**水系**であるので不適当。

語呂合わせで覚えよう　第3類危険物の性質

キリンは（黄リン）　**自然に放し、**（自然〔発火性〕）
リスは（リチウム）　**金細工のオリに。**（禁水性）
残る（その他）　**サルは**（第3類）
どっちの案も（両方〔の性質〕）　**アリかもね。**（あり）

黄リンは自然発火性、リチウムは禁水性の性質をもつ。その他の第3類危険物は自然発火性と禁水性、両方の性質をもつ。

6 第3類危険物の品名ごとの各論

ココを押さえる！

第３類危険物は、空気や水と接触するだけで直ちに危険性が生じるという、きわめて危険性の高い物質です。個別の危険物では、アルキルアルミニウム、黄リン、リチウム、水素化ナトリウム、炭化カルシウムなどがよく出題されている重要な物質です。

1 カリウム K

カリウムは、「アルカリ金属」に属し、きわめて酸化されやすく、水と接触すると激しい反応を起こす。

● 表23. カリウムの物品

カリウム	K

①カリウム K

形状・性質	• 銀白色の軟らかい金属 • 比重0.86 • 融点（63.2℃）以上に加熱すると、紫色の炎を出して燃焼する。 • **水**との反応性が強く、**水素**と熱を発生する。 $2K + 2H_2O = 2KOH + \underline{H_2} + \underline{388.5kJ}$ （カリウム）（水）（水酸化カリウム）（水素） • **吸湿性**がある。 • ハロゲン元素と激しく反応する。 • 金属材料を腐食する。 • 多くの有機物に対して、**ナトリウム**より**強い還元作用**を示す。
危険性	• **水**と反応して発熱し、水素を発生して発火する。また、場合によっては爆発する危険性がある。 • 長時間**空気**に触れると自然発火して燃焼し、火災を起こす危険がある。 • 触れると**皮膚**をおかす。

火災予防方法・貯蔵取扱いの注意	• **水分**との接触を避け、**乾燥**した場所に貯蔵する。 • 貯蔵する場所の床面は、**地面より高く**する。 • **灯油、流動パラフィン**などの**保護液**の中に、小分けして貯蔵する。 • 容器の破損に注意する。 • 取り扱う際は皮膚に触れないようにする。
消火方法	• **乾燥砂**などで覆い消火する。 • **注水厳禁**。

こんな問題がでる！

問　題

カリウムの性状などについて、次のうち誤っているものはどれか。

1　水との反応によりアセチレンガスを発生する。

2　比重は1より小さい。

3　銀白色の軟らかい金属である。

4　吸湿性を有する。

5　貯蔵は、灯油などの保護液中でする。

解答・解説

1が誤り。水との反応により、アセチレンガスではなく、**水素ガス**を発生する。**2**、**3**、**4**、**5**はその通りで正しい。

2 ナトリウム Na

ナトリウムは、カリウムと同じ「**アルカリ金属**」であり、反応性はナトリウムのほうがやや弱い。

● 表24. ナトリウムの物品

ナトリウム	Na

①カリウム、②ナトリウムは同じアルカリ金属であり、危険性、貯蔵取扱い方法、消火方法など共通点が多くみられます。

①ナトリウム(金属ソーダ)Na

形状・性質	• 銀白色の軟らかい金属 • 比重0.97 • 融点(**97.8**℃)以上に熱すると、黄色い炎を出して燃焼する。 • **水**と激しく反応して、**水素**と**熱**を発生する。 $2Na + 2H_2O = 2NaOH + \underline{H_2} + \underline{369.2kJ}$ (ナトリウム)(水)(水酸化ナトリウム)(水素) • 反応性はカリウムより**やや劣る**。
危険性	• **水**と反応して発熱し、水素を発生して発火する。また、場合によっては爆発する危険性がある。 • 長時間**空気**に触れると自然発火して燃焼し、火災を起こすおそれがある。 • 触れると**皮膚をおかす**。
火災予防方法・貯蔵取扱いの注意	• **水分**との接触を避け、**乾燥**した場所に貯蔵する。 • 貯蔵する場所の床面は、**地面より高く**する。 • **灯油**、**流動パラフィン**、**軽油**などの**保護液**の中に、小分けして貯蔵する。 • 容器の破損に注意する。 • 取り扱う際は皮膚に触れないようにする。
消火方法	• **乾燥砂**などで覆い消火する。 • **注水厳禁**。

こんな問題がでる!

問題

ナトリウムに適応する消火方法は、次のうちどれか。

1 棒状の水で消火する。
2 強化液で消火する。
3 泡消火剤で消火する。
4 ぬれたむしろで被覆する。
5 乾燥砂で覆う。

解答・解説

ナトリウムに適応する消火方法は、**5**である。ナトリウムに係る火災(カリウムも同様)は、**1**、**2**、**3**の水系の消火剤は適応しない。**4**も、むしろがぬれているから同様。

3 アルキルアルミニウム

アルキルアルミニウムとは、アルキル基（C_2H_5ーなど）がアルミニウム原子に1以上結合した物質をいう。これらの中には、ハロゲン元素が結合しているものもある。

● 表25. アルキルアルミニウムの物品

アルキルアルミニウム	$(C_2H_5)_3Al$など*

＊アルキルアルミニウムには次の種類がある（表26）。

● 表26. アルキルアルミニウムの種類

化学名	略号	化学式	形状
トリエチルアルミニウム	TEAL	$(C_2H_5)_3Al$	無色液体
ジエチルアルミニウムクロライド	DEAC	$(C_2H_5)_2AlCl$	無色液体
エチルアルミニウムジクロライド	EADC	$C_2H_5AlCl_2$	無色結晶性固体
エチルアルミニウムセスキクロライド	EASC	$(C_2H_5)_3Al_2Cl_3$	無色液体

①アルキルアルミニウム $(C_2H_5)_3Al$など

形状・性質	• 液体または固体 • 空気と触れて酸化反応を起こし、**自然発火**する。 • 水との接触で激しく反応し、発生したガスが発火して、アルキルアルミニウムを飛散させる。 • 高温では**不安定**で、約**200℃**でアルミニウムとエタン、エチレン、水素または塩化水素ガスに分解する。 • ヘキサンやベンゼンなどの溶剤で希釈すると、純度の高いものより反応性が**低減**する。 • 空気または水との反応性は、一般に**炭素数**及び**ハロゲン数**が多いものほど**低くなる**。
危険性	• 空気と触れて**発火**する。 • **水**との接触で激しく反応し**発火**する。 • 皮膚と接触すると火傷を起こす。 • 燃焼時に白煙を出し、この白煙は刺激性があり、多量に吸入すると、肺や気管がおかされる。

火災予防方法・貯蔵取扱いの注意	• 常に**不活性ガス**(窒素など)の中で貯蔵し、**空気**や**水**とは**絶対に触れない**ようにする。 • 容器は、**耐圧性**のものを使用し、容器の破損防止のため、**安全弁**をつける。 • 火気または高温の場所で貯蔵しない。
消火方法	• 効果的な消火薬剤がなく、消火は困難。 • 火勢が大きい場合は、**乾燥砂**、**膨張ひる石**、**膨張真珠岩**で流出を防ぎ、火勢を抑制しながら燃え尽きるまで監視する。

アルキルアルミニウムは、非常に危険性の高い物質です。消火には、水、泡などの水系の消火薬剤は使用できません。ハロン1301などハロゲン化物とも激しく反応し、有毒ガスを発生します。

こんな問題がでる！

問　題

アルキルアルミニウムの貯蔵取扱いの方法として、次のうち誤っているものはどれか。

1　空気と接触すると発火するので、水中に貯蔵する。
2　高温の場所で貯蔵しない。
3　火気を近づけない。
4　安全弁のついた耐圧性を有する容器で貯蔵する。
5　皮膚に付着すると火傷を起こすので取扱いに注意する。

解答・解説

1が誤り。アルキルアルミニウムは、空気だけではなく水とも激しく反応するので、水中ではなく**窒素などの不活性ガス中で貯蔵する**。

4 アルキルリチウム

アルキルリチウムとは、アルキル基（C_4H_9－など）とリチウム原子が結合した物質である。

● 表27. アルキルリチウム*の物品

ノルマル(n-)ブチルリチウム	C_4H_9Li

＊その他のアルキルリチウム
・メチルリチウム　CH_3Li　・エチルリチウム　C_2H_5Li

①ノルマル（n-）ブチルリチウム（NBL）　C_4H_9Li

形状・性質	• 無色の液体（淡黄色～黄褐色に変化） • 比重0.765 • 市販品はヘキサン等の溶液（15～20 %） • 引火性がある。 • ジエチルエーテル、ベンゼン、パラフィン系（メタン系）炭化水素に溶ける。 • **ベンゼン**や**ヘキサン**などの溶剤で希釈すると、反応性が**低減する**。
危険性	• 空気と接触すると、**発火**する。 • **水**、**アルコール類**、**酸**、**アミン**などと激しく反応してブタンガスを発生する。 • **湿気**や**酸素**に対して敏感なので、**真空**中または**不活性ガス**（窒素など）の中で取り扱う必要がある。 • 刺激臭、皮膚に触れると薬傷を起こす。
火災予防方法・貯蔵取扱いの注意	• アルキルアルミニウムと同じ。
消火方法	• アルキルアルミニウムと同じ。

こんな問題がでる！

問　題

ノルマルブチルリチウムについて、次のうち誤っているものはどれか。

1　無色の液体である。

2　真空中または不活性ガス中で取り扱う必要はない。
3　ジエチルエーテル、ベンゼンに溶ける。
4　空気に触れると、発火する。
5　水と接触すると、激しく反応する。

解答・解説

2が誤り。ノルマルブチルリチウムは、湿気や酸素に対して敏感なので、アルキルアルミニウムと同様に真空中または不活性ガス(窒素など)の中で取り扱う必要がある。

5 黄リン P

黄リンは、赤リン(第2類危険物)の**同素体**である。黄リンは、赤リンやリン酸の原料になる。**多くの物質**と激しく反応するため、貯蔵の際は、他の物質と**完全に隔離**する必要がある。黄リンは、第3類危険物の中で、**自然発火性のみ**を呈する物質(禁水性はない)であり、**水と反応しない**という点が重要である。

● 表28. 黄リンの物品

黄リン	P

①黄リン(白リン) P

形状・性質	• 白色または淡黄色のロウ状の固体 • 比重1.82 • 野菜のニラに似た**不快臭**を有する。 • **約50℃**で自然発火する。 • **空気中**ではリン蒸気の燃焼で青白～黄緑色の**リン光**を放ち(暗所で確認される)、徐々に酸化が進行してやがて**発火**、激しく燃焼して**十酸化四リン**(五酸化二リン)(P_4O_{10})を生成する。 $4P + 5O_2 \longrightarrow P_4O_{10}$ (黄リン)　(酸素)　(十酸化四リン) • 水に**溶けない**が、ベンゼン、二硫化炭素に**溶ける**。 • **猛毒**である。 • **濃硝酸**と反応して**リン酸**を生じる。 $P + 3HNO_3 \longrightarrow H_3PO_4 + 2NO_2 + NO$ (黄リン)　(硝酸)　(リン酸)　(二酸化窒素)　(一酸化窒素)

危険性	• **酸化**されやすく、発火点（**約50℃**）が極めて低いので、空気に触れさせておくと自然発火に至る危険性が高い。 • **猛毒性**を有し、内服すると数時間で死亡する。 • 皮膚に触れると、火傷をすることがある。
火災予防方法・貯蔵取扱いの注意	• **空気**に触れないよう**水**（保護液）の中に貯蔵する（**水没貯蔵**）。その際は、保護液から露出しないように注意する。 • 毒性に注意して取り扱う。 • 火気などを避ける。 • 黄リンと禁水物質とは同一場所に保管してはならない。
消火方法	• 融点（44℃）が低いので、燃焼の際に**流動**することがあるため、**水**と**土砂**などで消火する。 • **高圧**で注水すると**燃焼物を飛散**させるおそれがあるので注意を要する。

こんな問題がでる！

問　題

黄リンについて、次のＡ～Ｅのうち正しいものはいくつあるか。

Ａ　野菜のニラに似た不快臭を有する。

Ｂ　水に溶ける。

Ｃ　毒性はない。

Ｄ　貯蔵は、水(保護液)の中に水没貯蔵する。

Ｅ　黄リンの火災が発生した場合、乾燥砂で覆って消火する。

1　1つ

2　2つ

3　3つ

4　4つ

5　5つ

解答・解説

3の**3**つ(**A、D、E**)が正しい。

Ｂは、ベンゼン、二硫化炭素に**溶ける**が、水には**溶けない**。Ｃは、毒性は猛毒性を有し、内服すると数時間で死亡する。

なお、Eは正しく、黄リンのように自然発火性のみの性状を有する物品の消火には、水系の消火薬剤を使用することができるが、乾燥砂の使用は、すべての第3類危険物に有効である。

6 アルカリ金属(カリウム及びナトリウムを除く)及びアルカリ土類金属

(「アルカリ金属」のカリウム、ナトリウムは個別の品名・物品として独立して指定されており、①②で前述のため除く)

K、Naを除くアルカリ金属には、4種類の元素(Li、Rb、Cs、Fr)があり、アルカリ土類金属にも4種類の元素(Ca、Sr、Ba、Ra)がある。

これらのアルカリ金属、アルカリ土類金属のなかでは、特にリチウムが重要である。リチウムは、禁水性の性質のみをもち、自然発火性の性質はないことに注意する。

● **表29. アルカリ金属(カリウム及びナトリウムを除く)及びアルカリ土類金属の物品**

リチウム	Li
カルシウム	Ca
バリウム	Ba

①リチウム Li

形状・性質	・銀白色の金属結晶 ・比重0.5(固体単体中最も軽い) ・固体金属中、比熱が最大 ・深赤(赤)色の炎を出して燃える。 ・水と接触すると、常温では徐々に、高温では激しく反応して、水素を発生する。 $2Li + 2H_2O \longrightarrow 2LiOH + H_2$ (リチウム)(水)(水酸化リチウム)(水素) ・ハロゲン元素と反応してハロゲン化リチウムを生成する。 (例)フッ素との反応 $2Li + F_2 \longrightarrow 2LiF$ (リチウム)(フッ素)(フッ化リチウム)

危険性	• **水**に接触すると、常温では徐々に、高温では激しく反応し、**水素**を発生するが、反応性や危険性はカリウム、ナトリウムより低い。 • **塊状**の場合、融点（**180.5℃**）以上に加熱すると発火する。また、**粉末状**の場合は、常温（**20℃**）でも発火することがある。* ＊リチウムは、自然発火性はないとされているが、粉末状のリチウムは自然発火することがある。 $4Li + O_2 \longrightarrow 2Li_2O$ （リチウム）（酸素）（酸化リチウム）
火災予防方法・貯蔵取扱いの注意	• **水分**との接触を避ける。 • 容器は密栓する。 • 火気、加熱を避ける。 • カリウム、ナトリウムと同様、**保護液の中に貯蔵する。**
消火方法	• **乾燥砂**などで窒息消火をする。 • **注水厳禁**。

②カルシウム Ca

形状・性質	• 銀白色の金属結晶 • 比重1.6 • 空気中で**強熱**すると、燃焼して**酸化カルシウム**（生石灰）を生じる。 $2Ca + O_2 \longrightarrow 2CaO$ （カルシウム）（酸素）（酸化カルシウム） • **水素**と**200℃**以上で反応して、**水素化カルシウム**となる。 $Ca + H_2 \longrightarrow CaH_2$ （カルンウム）（水素）（水素化カルシウム）
危険性	• **水**と反応して**水素**を発生する（常温では徐々に、高温では激しく）。 $Ca + 2H_2O \longrightarrow Ca(OH)_2 + \underline{H_2}$ （カルシウム）（水）（水酸化カルシウム）（水素）
火災予防方法・貯蔵取扱いの注意	• リチウムと同じ。
消火方法	• リチウムと同じ。

③バリウム Ba

形状・性質	• 銀白色の金属結晶 • 比重3.6 • **水**と反応して**水素**を発生し、**水酸化バリウム**を生じる。 $Ba + 2H_2O \longrightarrow Ba(OH)_2 + \underline{H_2}$ （バリウム）（水）（水酸化バリウム）（水素） • **ハロゲン元素**とは常温で反応する。 • **水素中**で**200℃**以上に熱すれば、**水素化バリウム**を生じる。 $Ba + H_2 \longrightarrow BaH_2$ （バリウム）（水素）（水素化バリウム）
危険性	• **水**と反応して**水素**を発生する。
火災予防方法・貯蔵取扱いの注意	• リチウムと同じ。
消火方法	• リチウムと同じ。

こんな問題がでる！

問　題

リチウムについて、次のうち誤っているものはどれか。

1　銀白色の金属結晶である。
2　比重は、カリウムやナトリウムと比べて小さい。
3　深赤（赤）色の炎を出して燃える。
4　室温で水と反応しない。
5　火災の場合、水を使用することはできない。

解答・解説

4が誤り。室温で**水**と反応して**水素**を発生する。

2の比重は、リチウムは0.5、カリウムは0.86、ナトリウムは0.97である。**5**は注水厳禁。

7 有機金属化合物（アルキルアルミニウム及びアルキルリチウムを除く）

有機金属化合物とは、炭化水素基などの炭素原子が直接金属原子と結合した化合物をいう。有機金属化合物のうち、アルキルアルミニウムとアルキルリチウムは独立の品名として掲げられ、この分類からは除かれている。

● 表30. 有機金属化合物（アルキルアルミニウム及びアルキルリチウムを除く）の物品

ジエチル亜鉛	$(C_2H_5)_2Zn$

①ジエチル亜鉛 $(C_2H_5)_2Zn$

形状・性質	• 無色の液体 • 比重1.2 • ジエチルエーテル、ベンゼン、ヘキサンに**溶ける**。 • **空気**に触れると、**自然発火**する。 • **水**と激しく反応する。 • 引火性がある。
危険性	• 空気中で自然発火する。 • **水**、**アルコール**、**酸**と激しく反応して、可燃性の**エタンガス**を発生する。 <水の場合> $(C_2H_5)_2Zn$ ＋ $2H_2O$ ⟶ $Zn(OH)_2$ ＋ $\underline{2C_2H_6}$ （ジエチル亜鉛）（水）（水酸化亜鉛）（エタン）
火災予防方法・貯蔵取扱いの注意	• 容器は完全に密封する。 • 常に窒素などの**不活性ガス**の中で貯蔵する。 • **空気**や**水**と絶対に触れさせない。
消火方法	• **粉末消火剤**を用いて消火する。 • **水**、**泡**による消火は厳禁。

ジエチル亜鉛の消火には、ハロゲン系消火薬剤は、反応して有毒ガスを発生させるので使用することはできません。

こんな問題がでる！

問　題

ジエチル亜鉛について、次のＡ～Ｅのうち誤っているもののみの組合せはどれか。

A　比重は1より大きい。
B　空気中で自然発火する。
C　水と反応して、水素ガスを発生する。
D　窒素などの不活性ガスの中で貯蔵する。
E　ジエチル亜鉛による火災は、水、泡による消火が適している。

1　AとC
2　AとD
3　BとC
4　BとE
5　CとE

解答・解説

5のCとEの組合せが誤っているもののみ。Cは、水と反応してエタンガスを発生する。また、Eは、水、泡による消火は厳禁。
因みに、Aの比重は1.2、B、Dはその通りで正しい。

8 金属の水素化物

金属の水素化物とは、金属と水素の化合物をいい、元の金属に似た性質をもっている。

● 表31. 金属の水素化物の物品

水素化ナトリウム	NaH
水素化リチウム	LiH

①水素化ナトリウム（水素ソーダ）NaH

形状・性質	• 灰色の結晶 • 比重1.4 • 約**800℃**で分解し、ナトリウムと**水素**を発生する。 $2NaH \longrightarrow 2Na + \underline{H_2}$ （水素化ナトリウム）（ナトリウム）（水素） • **乾燥**した空気中では**安定**で、酸素とは**230℃**以上で反応する。 • **還元性**が強い。
危険性	• **湿った空気**で分解し、**水**と激しく反応して**水素**を発生し、自然発火する危険性がある。 $NaH + H_2O \longrightarrow NaOH + \underline{H_2}$ （水素化ナトリウム）（水）（水酸化ナトリウム）（水素） • **酸化剤**と混合すると、発火する危険性がある。 • 有毒である。
火災予防方法・貯蔵取扱いの注意	• **水分**、**酸化剤**との接触を避ける。 • 火気厳禁。 • **窒素を封入**したビンなどに**密栓**して貯蔵する。
消火方法	• **乾燥砂**、**消石灰**（$Ca(OH)_2$の別名）、**ソーダ灰**（Na_2CO_3の別名）で窒息消火する。 • **水**、**泡**による消火は**厳禁**。

②水素化リチウム LiH

形状・性質	• 白色の結晶 • 比重0.82 • **高温**でリチウムと**水素**に分解する。 $2LiH \longrightarrow 2Li + \underline{H_2}$ （水素化リチウム）（リチウム）（水素）
危険性	• **水**または**水蒸気**と接触すると、**水素**を発生しながら激しく反応する。 $LiH + H_2O \longrightarrow LiOH + \underline{H_2}$ （水素化リチウム）（水）（水酸化リチウム）（水素）
火災予防方法・貯蔵取扱いの注意	• 水素化ナトリウムと同じ。
消火方法	• 水素化ナトリウムと同じ。

こんな問題がでる！

問　題

水素化ナトリウムについて、次のうち正しいものはどれか。

1　灰色の液体である。
2　約800℃で分解し、ナトリウムと水素を発生する。
3　湿った空気で分解し酸素を発生する。
4　酸化性が強い。
5　毒性はない。

解答・解説

2が正しい。$2\,NaH \longrightarrow 2\,Na + H_2$

1は、灰色の結晶（固体）。**3**は、湿った空気で分解し**水素**を発生。**4**は、酸化性ではなく、**還元性**が強い。**5**は、**有毒**である。

9 金属のリン化物

金属のリン化物とは、リンと金属元素との化合物の総称である。

● 表32. 金属のリン化物の物品

リン化カルシウム	Ca_3P_2

①リン化カルシウム（リン化石灰）Ca_3P_2

形状・性質	• 暗赤色の塊状固体または粉末 • 比重2.51 • **水や弱酸**などと反応し、激しく分解し**リン化水素**（PH_3（ホスフィン））を発生する。 〈水との反応〉 $Ca_3P_2 + 6\,H_2O = 3\,Ca(OH)_2 + \underline{2\,PH_3} + 771.2kJ$ （リン化カルシウム）（水）（水酸化カルシウム）（リン化水素） • **リン化水素ガス**は、自然発火する。 • リン化カルシウムは、アルカリに**は溶けない**。

危険性	• **水**などと反応して生じる**リン化水素**は、**無色**、**悪臭**、**有毒**な可燃性のガス（**ホスフィン**）である。
火災予防方法・貯蔵取扱いの注意	• **水分**、湿気に触れないよう**乾燥**した場所に貯蔵する。 • 貯蔵する場所の床面は、**地盤より高く**する。 • 容器は**密栓**し、**破損**に注意する。 • 火気などを近づけない。
消火方法	• 主に**乾燥砂**以外は、ほとんど効果がない。

こんな問題がでる！

問　題

リン化カルシウムについて、次のうち誤っているものはどれか。

1　暗赤色の塊状固体または粉末である。
2　比重は水よりも重い。
3　水と反応し、可燃性のアセチレンガスを発生する。
4　貯蔵する建物などの床面は、湿気をさけるよう地盤より高くする。
5　消火には、主に乾燥砂以外は、ほとんど効果はない。

解答・解説

3が誤り。リン化カルシウムは、水と激しく反応し、可燃性のリン化水素（ホスフィン）ガスを発生する。

2の比重は2.51。**1**、**4**、**5**はその通りで正しい。

10 カルシウムまたはアルミニウムの炭化物

カルシウムまたはアルミニウムの炭化物とは、カルシウムやアルミニウムと炭素との化合物(炭化物)である。化合物によっては、アセチレンやメタンなどを発生する。

● 表33.カルシウムまたはアルミニウムの炭化物の物品

炭化カルシウム	CaC_2
炭化アルミニウム	Al_4C_3

炭化カルシウムは、水と反応してアセチレンガスを発生し、
炭化アルミニウムは、水と反応してメタンガスを発生します。

①炭化カルシウム(カルシウムカーバイド)CaC_2

形状・性質	• 純粋なものは無色透明または、白色の結晶(一般には不純物のために灰色) • 比重2.2 • **吸湿性**がある。 • **水と反応してアセチレンガス**(C_2H_2)と熱を発生し、水酸化カルシウムとなる。 CaC_2(炭化カルシウム) + $2H_2O$(水) = $Ca(OH)_2$(水酸化カルシウム) + C_2H_2(アセチレン) + 130.3kJ • 高温では強い**還元性**を有し、多くの酸化物を還元する。
危険性	• そのものは**不燃性**であるが、水との反応により生じる**アセチレンガス**には、**可燃性**、**爆発性**がある。 • アセチレンガスは、**銅**、**銀**、**水銀**と**爆発性物質**をつくる。 • 高温で窒素と反応し、カルシウムシアナミド($CaCN_2$)と炭素ができる。この生成系の混合物が**石灰窒素**(肥料として利用)である。 $CaC_2 + N_2 \longrightarrow \underbrace{CaCN_2 + C}_{\text{石灰窒素}}$
火災予防方法・貯蔵取扱いの注意	• **水分**、湿気に触れない**乾燥**した場所に貯蔵する。 • 火気などを近づけない。 • 容器は**密栓**し、破損に注意する。 • 必要に応じて、窒素ガスなどの不燃性ガスを封入する。
消火方法	• 粉末または**乾燥砂**を用いて消火する。 • **注水厳禁**。

②炭化アルミニウム Al_4C_3

形状・性質	• 純粋なものは無色透明または、白色の結晶（一般には不純物のために黄色） • 比重2.37 • **水**とは**常温**でも反応して**メタンガス**（CH_4）を発生する。 Al_4C_3（炭化アルミニウム） ＋ $12H_2O$（水） ⟶ $3CH_4$（メタン） ＋ $4Al(OH)_3$（水酸化アルミニウム）
危険性	• **空気中**では、そのものは**安定**しているが、**水分**と反応して発熱し、**可燃性**、**爆発性**の**メタンガス**を発生する。
火災予防方法・貯蔵取扱いの注意	• 炭化カルシウムと同じ。
消火方法	• 炭化カルシウムと同じ。

こんな問題がでる！

問　題

炭化カルシウムの性状等について、次のうち誤っているものはどれか。

1　炭化カルシウムはカルシウムカーバイドとも呼ばれる。
2　純粋なものは無色透明の結晶である。
3　吸湿性がある。
4　水と反応してエチレンガスと熱を発生し、水酸化カルシウムができる。
5　高温で窒素と反応し、カルシウムシアナミドと炭素ができる。

解答・解説

4が誤り。水と反応してエチレンガス（C_2H_4）ではなく、**アセチレンガス**（C_2H_2）が発生する。

1、**2**、**3**、**5**はその通りで正しい。**5**の高温は1000℃以上。

11 その他のもので政令で定めるもの

政令（危険物の規制に関する政令第１条第２項）により、**塩素化ケイ素化合物**が第３類危険物として定められている。

塩素化ケイ素化合物は、ケイ素と化合した物質の**塩素化**されたものの総称をいう。

● 表34.その他のもので政令で定めるもの（塩素化ケイ素化合物）の物品

トリクロロシラン	$SiHCl_3$

①トリクロロシラン（三塩化シラン）$SiHCl_3$

形状・性質	• 無色の液体 • 比重1.34 • 引火点－**14**℃ • 燃焼範囲**1.2～90.5**vol% • **水**に溶けて加水分解し、**塩化水素**（HCl）を発生する。 • **酸化剤**と混合すると、爆発的に反応する。 • ベンゼン、ジエチルエーテル、二硫化水素に溶ける。 • 揮発性、刺激臭があり有毒である。
危険性	• **水**または**水蒸気**と反応して発熱し、**発火**する危険性がある。 • トリクロロシランは、引火点（－**14**℃）が**低く**、燃焼範囲（**1.2～90.5**vol%）がきわめて**広い**ため、引火の危険性が高い。
火災予防方法・貯蔵取扱いの注意	• **水分**、**湿気**に触れないよう、**密封した容器内**に貯蔵する。 • 通風のよい場所に貯蔵する。 • 火気、**酸化剤**を近づけない。
消火方法	• **乾燥砂**、**膨張ひる石**、**膨張真珠岩**による**窒息消火**が適当。 • **注水厳禁**。

こんな問題がでる！

問　題

トリクロロシランの性状について述べた次の文中の下線部分A～Eのうち、誤っているもののみの組合せはどれか。

「トリクロロシランは、常温においてA無色の液体であり、B無毒で、揮発性が高く、刺激臭がある。また、C引火点が低く、D燃焼範囲が広いため、引火する危険性が高い。水と反応してEリン化水素を発生するため、危険である。」

1　AとD　　2　AとE　　3　BとC
4　BとE　　5　CとD

解答・解説

4の組合せが誤っているもののみ。正しくは、Bは**有毒**、Eは水と反応すると、**塩化水素**(HCl)を発生する。

因みに、Cの引火点は−14℃と低い。Dの燃焼範囲は1.2～90.5vol%と広い。

語呂合わせで覚えよう　アルキルアルミニウムの性質

あきる　あみに
(アルキル アルミニウム)

クッキー
(空気と触れて)

ばっかり
(発火)

アルキルアルミニウムは、空気と触れて酸化反応を起こし、自然発火する。

⑦ 第4類危険物に共通する特性・火災予防の方法・消火の方法

ココを押さえる！

第４類危険物はすべて引火性液体です。したがって、品名・物品の引火点の数値が大切となります。甲種試験では、第４類危険物の出題数は他の類に比べて最も少ないです。その中でも特殊引火物の物品がよく出題されます。

第４類危険物の物品については、特徴のある点を押さえることが重要です。

1 第４類危険物に共通する特性

ここで、再び第４類危険物の品名と主な物品をみておく必要がある（表35）。第４類危険物の品名は、「消防法別表第一」による。

● 表35. 第４類危険物の品名と主な物品

品　名	主な物品
特殊引火物	ジエチルエーテル 二硫化炭素 アセトアルデヒド 酸化プロピレン
第一石油類	ガソリン ベンゼン トルエン *n*-ヘキサン 酢酸エチル アセトン ピリジン ジエチルアミン
アルコール類	メタノール エタノール *n*-プロピルアルコール イソプロピルアルコール
第二石油類	灯油 軽油 クロロベンゼン キシレン 酢酸
第三石油類	重油 クレオソート油 アニリン ニトロベンゼン グリセリン

次ページへ続く

第四石油類	ギヤー油 シリンダー油
動植物油類	アマニ油

第4類の危険物は引火性液体

このほか、第4類危険物に共通する主な特性は以下の通りである。

①危険物の蒸気は、空気との混合物をつくり、**火気等**によって**引火または爆発**の危険性がある。

②水に**溶けない**非水溶性のものが多く、比重（液比重）も1より小さいものがほとんどである。

③蒸気比重*が1より**大きい**。（*空気＝1とする。）

第4類の危険物の蒸気比重は1より**大きい**ため、空気より**重く**、その蒸気は低所に滞留する。

④電気の**不良導体**である。

第4類の危険物は、電気の**不良導体**であるものが多く、このような物品は、**静電気**が蓄積されやすい。蓄積された**静電気**が**放電**するとき、発生する**火花**により**引火**することがある。したがって静電気の発生を除去する措置を講じる必要がある。

以上の他に、特徴のあるものとして、次の〔例〕のように**発火点****の低い物品がある。

**可燃物を空気中で加熱した場合、火源がなくても自ら発火するときの最低温度をいう。

〔発火点の低い物品の例〕

● 二硫化炭素90℃、アセトアルデヒド175℃、ジエチルエーテル160℃

また、次の〔例〕のように、**有毒な蒸気**を発生するものがあるので、注意して取り扱うこと。

〔有毒な蒸気を発生する物品の例〕
● 二硫化炭素、アセトアルデヒド、酸化プロピレン、ベンゼン、ピリジン

引火する危険があるため、みだりに蒸気を発生させないことが大切です。

こんな問題がでる！

問　題

第4類の危険物に共通する性質として、次のうち誤っているものはどれか。

1　引火しやすい(引火点)。
2　室温より低い温度で発火しやすい(発火点)。
3　水より軽いものが多い(比重)。
4　水に溶けないものが多い(非水溶性)。
5　蒸気は空気より重い(蒸気比重)。

解答・解説

2が誤り。第4類の危険物の発火点は相当高く(低いもので90℃)、室温付近に発火点を有するものは**ない**。**1**、**3**、**4**、**5**はその通りで正しい。

2 第４類危険物に共通する火災予防の方法

第４類危険物に共通する火災予防（貯蔵及び取扱い上の注意と重なる）の方法は、以下の通りである。

①炎、火花、高温体などの接近または加熱を避ける。

②容器は、密栓をして冷暗所に貯蔵する。密栓する場所は、容器内に空間容積をとる必要がある。

③可燃性蒸気は低所に滞留することから、低所の蒸気を屋外の高所に排出するとともに、十分な通風、換気を行い、常に燃焼範囲の下限値よりも低くする。

④可燃性蒸気が滞留するおそれのある場所では、火花を発生する機械器具などを使用しない。

⑤静電気が発生するおそれがある場合は、以下のように有効に静電気を除去する措置を講じる。

1)容器、タンク、配管、ノズルなどには、導電性材料のものを使用する。

2)周囲の湿度を上げるようにする。

3)静電気が発生するおそれのある場所には接地（アース）を施す。

4)作業衣にはなるべく木綿のものを着用する。

5)容器などに危険物を注入する際は、なるべく流速を遅くする。

蒸気が発生する場所では、可燃性蒸気が低所に滞留しないように、屋外の高所に排出し、十分な通風、換気を行います。

こんな問題がでる！

問　題

第４類の危険物に共通する火災予防（貯蔵及び取扱い上の注意）について、次のうち誤っているものはどれか。

1　静電気の蓄積を防止するため、乾燥した場所で取り扱う。

2　引火を防止するため、火気の接近を避ける。

3　可燃性の蒸気を滞留させないため、通風、換気をよくする。
4　直射日光を避けて、冷暗所に貯蔵する。
5　可燃性蒸気の発生を防止するため、容器は密栓しておく。

解答・解説

1が誤り。乾燥した場所で取り扱うと、静電気が発生しやすい。静電気の蓄積防止には、周囲の湿度を高くして取り扱う。**2**、**3**、**4**、**5**はその通りで正しい。

3 第4類危険物に共通する消火の方法

第4類危険物の消火方法は、窒息消火（空気の遮断による方法）。消火薬剤としては、霧状の強化液、泡、ハロゲン化物、二酸化炭素、粉末などがある

ただし、アルコール、アセトンなどの水溶性の液体は、泡消火剤が形成する泡の水膜を溶かすため、泡が消滅しやすくなる。そのため、これら**水溶性液体**の消火には、普通の泡消火薬剤ではなく、**水溶性液体用泡消火薬剤**（耐（たい）アルコール泡（あわ）ともいう）を使用する（「第2章 Section2 化学 17 消火設備②小型消火器③ 2)（p.241）」参照）。

第４類危険物の消火は、窒息消火が基本です。
ただし、アルコール、アセトンなどの水溶性液体の消火には、水溶性液体用泡消火薬剤（耐アルコール泡）を使用します。

こんな問題がでる！

問　題

第4類の危険物に共通する消火方法について、次のうち誤っているものはどれか。

1　第4類危険物の消火には、空気を遮断する窒息消火の方法が用いられる。
2　消火薬剤には、霧状の強化液、泡、ハロゲン化物、二酸化炭素、粉末などがある。
3　アルコール、アセトンなどの水溶性液体の火災には、水溶性液体用泡消火薬剤(耐アルコール泡)を使用する。
4　ガソリンや灯油の火災に粉末消火剤の使用は有効である。
5　軽油の火災に水をかけて消火する。

解答・解説

5が誤り。軽油の比重(0.85程度)は1より小さく、水をかけると軽油は水に浮いて火面を広げるので、水による消火は適当でない。**1**、**2**、**3**、**4**はその通りで正しい。

語呂合わせで覚えよう

第4類危険物に共通する性質

夜の駅は、
（第4類）（液比重）

だいたい明るい。
（多くのものが）（水より軽い）

夜、上機嫌な人は、みな重い
（第4類）（蒸気比重）（空気より重い）

第4類危険物は、すべて蒸気比重が1よりも大きく（空気よりも重く）、液比重は、1よりも小さい（水よりも軽い）ものが多い。

8 第4類危険物の品名ごとの各論

ココを押さえる!

第4類危険物の品名ごとの主な物品について、性質や特徴のある点を把握しておくことが重要となります。物品の特性と特徴の一覧表を活用しましょう。もちろん、品名の定義はしっかりと把握しておくことが重要です。

1 特殊引火物

消防法で、「特殊引火物とは、ジエチルエーテル、二硫化炭素その他1気圧において、発火点が100℃以下のもの、または引火点が－20℃以下で沸点が40℃以下のもの」をいう。

● 表36. 特殊引火物の物品

ジエチルエーテル	$C_2H_5OC_2H_5$
二硫化炭素	CS_2
アセトアルデヒド	CH_3CHO
酸化プロピレン	CH_3CHOCH_2

● 表37. 特殊引火物の物品の特性と特徴

物品名	比重	蒸気比重	水溶性*	引火点 ℃	発火点 ℃	沸点 ℃	燃焼範囲 vol%	特徴
ジエチルエーテル（エーテル、エチルエーテル）	0.7	2.6	△	－45	160 (180) **	34.6	**1.9～36** (48) ***	・揮発しやすい。 ・非常に引火しやすい。 ・蒸気は麻酔性がある。
二硫化炭素	**1.3**	2.6	×	－30以下	90	46	1.3～50	・水より重く、水に溶けない（水没貯蔵）。 ・発火点が低い。 ・蒸気は有毒。
アセトアルデヒド	0.8	1.5	○	－39	175	**21**	**4.0～60**	・沸点が低い。 ・燃焼範囲が広い。 ・蒸気は有毒。 ・貯蔵は不活性ガスを封入。 ・還元性が強い。
酸化プロピレン（プロピレンオキサイド）	0.8	2.0	○	－37	449	35	2.3～36	・蒸気は有毒。 ・貯蔵は不活性ガスを封入。

＊水溶性の欄の○は溶、△は難溶、×は不溶を示す。　＊＊発火点を180℃として採用している文献もある。
＊＊＊燃焼範囲の上限値を48vol%として採用している文献もある。

こんな問題がでる！

問題1

特殊引火物について、次のうち正しいものはどれか。

1　特殊引火物には、1気圧において、発火点100℃以下のものまたは引火点−20℃以下で沸点40℃以下の物品が該当する。
2　ジエチルエーテルは、蒸気に麻酔性があり、引火しにくい。
3　二硫化炭素は、発火点が90℃と低く、水に溶ける。
4　アセトアルデヒドは、沸点が21℃と低く、燃焼範囲が狭い。
5　酸化プロピレンは、水に溶けない。

解答・解説

1が正しい。消防法での特殊引火物の定義。

2はきわめて引火しやすい。**3**は水に溶けない。**4**は燃焼範囲が広い。**5**は水によく溶ける。

問題2

二硫化炭素について、次のうち誤っているものはどれか。

1　引火点が低く、0℃以下である。
2　燃焼すると、有毒な二酸化硫黄を発生する。
3　蒸気は有毒で、吸入すると危険である。
4　燃焼範囲は、ガソリンよりも狭い。
5　貯蔵するときは、水を張って蒸気を抑制する。

解答・解説

4が誤り。二硫化炭素の燃焼範囲は1.3～50vol%で、ガソリンの燃焼範囲1.4～7.6vol%（「2第一石油類(p.335)」参照）より広い。

1の引火点は、−30℃以下。

2は、CS_2（二硫化炭素） ＋ $3O_2$（酸素） ⟶ $\underline{2SO_2}$（二酸化硫黄） ＋ CO_2（二酸化炭素）

3はその通りで正しい。**5**は水没貯蔵。

2 第一石油類

消防法で、「第一石油類とは、アセトン、ガソリンその他1気圧において、引火点が21℃未満のもの」をいう。

● 表38. 第一石油類の主な物品

ガソリン	混合物である
ベンゼン	C_6H_6
トルエン	$C_6H_5CH_3$
n-ヘキサン	C_6H_{14}
酢酸エチル	$CH_3COOC_2H_5$
アセトン	CH_3COCH_3
ピリジン	C_5H_5N
ジエチルアミン	$(C_2H_5)_2NH$

● 表39. 第一石油類の主な物品の特性と特徴

物品名	比重	蒸気比重	水溶性*	引火点 ℃	発火点 ℃	沸点 ℃	燃焼範囲 vol%	特　徴
ガソリン	0.65～0.75	3～4	×	−40以下	約300	40～220	1.4～7.6	・自動車ガソリンはオレンジ色に着色。 ・揮発しやすい。 ・静電気が発生しやすい。
ベンゼン（ベンゾール）	0.9	2.8	×	−11.1	498	80	1.2～7.8	・有毒。 ・静電気が発生しやすい。
トルエン（トルオール）	0.9	3.1	×	4	480	111	1.1～7.1	・静電気が発生しやすい。
n-ヘキサン	0.7	3.0	×	−20以下	225	69	1.1～7.5	・静電気が発生しやすい。
酢酸エチル	0.9	3.0	△	−4	426	77	2.0～11.5	・静電気が発生しやすい。
アセトン（ジメチルケトン）	0.8	2.0	○	−20	465	56	2.5～12.8	・油脂などの有機物をよく溶かすため、溶剤として使用。
ピリジン	0.98	2.7	○	20	482	115.5	1.8～12.4	・毒性がある。 ・多くの有機物を溶かす。
ジエチルアミン	0.7	2.5	○	−23	312	57	1.8～10.1	・毒性がある。

＊水溶性の欄の○は溶、△は難溶、×は不溶を示す。

こんな問題がでる！

問　題

アセトンの性状について、次のうち誤っているものはどれか。

1　特異臭のある液体である。
2　蒸気は、空気より重い。
3　水には溶けない。
4　引火点は、0℃以下である。
5　油脂などの有機物をよく溶かす。

解答・解説

3が誤り。アセトンは水によく溶ける。

1は、アセトン臭といわれている特異臭。**2**は、アセトンの蒸気比重は2.0で空気（＝1）より大きい。**4**の引火点は−20℃。**5**は、油脂などの有機物をよく溶かすため、溶剤として使用される。

語呂合わせで覚えよう

第4類危険物のうち、常温で引火するもの

用意はいいか？
（引火）

いつものように、特殊な姿で、
（常温）　（特殊引火物）

大地を踏みしめて歩こう！
（第一石油類）　（アルコール類）

第4類危険物のうち、常温（20℃）で引火するのは、特殊引火物、第一石油類と、一部を除くアルコール類。

3 アルコール類

消防法で、アルコール類とは、「1分子を構成する炭素の原子の数が1個から3個までの飽和1価アルコール*(変性アルコール**を含む)」を対象としている。また、危険物の規制に関する規則で、このようなアルコールの含有量が60%未満の水溶液はアルコール類から除かれる。

＊ヒドロキシ基を1つもつものを1価アルコールという(表40及び「第2章 Section2化学 13 有機化合物と官能基1アルコール①(p.215)」参照)。
＊＊変性アルコールは、エタノールに変性剤(メタノールなど)を加えて飲用不可にした消毒用・工業用アルコールである。

● 表40. アルコール類の物品

物品	化学式
メタノール	CH_3OH
エタノール	C_2H_5OH
n-プロピルアルコール (1-プロパノール)	C_3H_7OH
イソプロピルアルコール (2-プロパノール)	$(CH_3)_2CHOH$

● 表41. アルコール類の物品の特性と特徴

物品名	比重	蒸気比重	水溶性*	引火点 ℃	発火点 ℃	沸点 ℃	融点 ℃	燃焼範囲 vol%	特　徴
メタノール (メチルアルコール、木精)	0.8	1.1	○	**11**	464	64	－0.97	**6.0～36**	・毒性がある。
エタノール (エチルアルコール、酒精)	0.8	1.6	○	**13**	363	78	－114	**3.3～19**	・麻酔性がある。
n-プロピルアルコール (1-プロパノール)	0.8	2.1	○	23	412	97.2	－126	2.1～13.7	・異性体
イソプロピルアルコール (2-プロパノール)	0.79	2.1	○	12	399	82	－89	2.0～12.7	

＊水溶性の欄の○は溶、△は難溶、×は不溶を示す。

こんな問題がでる！

問　題

メタノールの性質として、次のうち誤っているものはどれか。

1　常温(20℃)で引火する。
2　水と任意の割合で混ざる。
3　燃焼範囲はエタノールのそれよりも広い。
4　飲み下すと失明したり、死亡したりすることもある。
5　深紅の炎を出して燃焼する。

解答・解説

5が誤り。深紅の炎ではなく、炎の色が淡いため認識しづらい。

1は、メタノールの引火点11℃。**2**は水溶性。**3**のメタノールの燃焼範囲6.0～36vol%は、エタノールの3.3～19vol%より広い。**4**は、メタノールは毒性があり、その通りで正しい。

4 第二石油類

消防法で、**第二石油類**とは、「灯油、軽油その他1気圧において、引火点が**21℃以上70℃未満のもの**」をいう。

●表42.第二石油類の主な物品

灯油	混合物である
軽油	混合物である
クロロベンゼン	C_6H_5Cl
キシレン	$C_6H_4(CH_3)_2$
酢酸	CH_3COOH

● 表43. 第二石油類の主な物品の特性と特徴

物品名	比重	蒸気比重	水溶性*	引火点 ℃	発火点 ℃	沸点 ℃	燃焼範囲 vol%	特　徴
灯油（ケロシン）	0.8程度	4.5	×	40以上	220	145～270	1.1～6.0	・油脂などを溶かす。 ・静電気が発生しやすい。
軽油（ディーゼル油）	0.85程度	4.5	×	45以上	220	170～370	1.0～6.0	・静電気が発生しやすい。
クロロベンゼン	1.1	3.9	×	28	593	132	1.3～9.6	・静電気が発生しやすい。
キシレン（キシロール）	0.86～0.88	3.66	×	27～33	463～528	138～144	1.0～7.0	・静電気が発生しやすい。 ・3種類の異性体（オルトキシレン、メタキシレン、パラキシレン）がある。
酢酸（氷酢酸*） ＊一般的には、96%以上のものが氷酢酸といわれている。	1.05	2.1	○	39	463	118	4.0～19.9	・刺激臭（酢の臭い）。 ・約17℃以下になると凝固する。 ・エタノールと反応して酢酸エチルを生成する。 ・皮膚を腐食し火傷を起こす。 ・食酢は酢酸の3～5%の水溶液。

＊水溶性の欄の○は溶、△は難溶、×は不溶を示す。

こんな問題がでる！

問　題

酢酸について、次のうち正しいものはどれか。

1　引火点が21℃以上70℃未満である第二石油類である。
2　発火点は100℃以下である。
3　10℃になっても凝固しない。
4　エタノールと反応して、酢酸メチルを生成する。
5　皮膚を腐食し火傷を起こすことはない。

解答・解説

1が正しい。酢酸の引火点は39℃である。

2、**3**、**4**、**5**は誤っている。**2**の発火点は**463**℃である。100℃以下では**発火しない**。**3**は、**10**℃になると**凝固する**。融点（凝固点）は16.7℃である。**4**は、次の化学反応式のように、酢酸はエタノールと反応して**酢酸エチル**（酢酸メチルではない）を生成する。

$$CH_3COOH + C_2H_5OH \longrightarrow CH_3COOC_2H_5 + H_2O$$

（酢酸）　（エタノール）　（酢酸エチル）　（水）

5は、皮膚を腐食し火傷を**起こす**。

5 第三石油類

第三石油類とは、重油、クレオソート油その他1気圧において、温度20℃で液状であり、かつ、引火点が70℃以上200℃未満のものをいう。

● 表44. 第三石油類の主な物品

重油	混合物である
クレオソート油	混合物である
アニリン	$C_6H_5NH_2$
ニトロベンゼン	$C_6H_5NO_2$
グリセリン	$C_3H_5(OH)_3$

● 表45. 第三石油類の主な物品の特性と特徴

物品名	比重	蒸気比重	水溶性*	引火点℃	発火点℃	沸点℃	燃焼範囲vol%	特徴
重油	0.9～1.0（一般に水よりやや軽い）	ー	×	60～150**	250～380	300以上	ー	・不純物として含まれる硫黄は、燃えると有害なガス（SO_2）になる。
クレオソート油	1.0以上	ー	×	73.9	336.1	200以上	ー	・蒸気は有害である。 ・特異臭。
アニリン	1.01	3.2	△	70	615	184.6	1.3～11.0	・蒸気は有毒である。 ・特異臭。
ニトロベンゼン***（ニトロベンゾール）	1.2	4.3	△	88	482	211	1.8～40	・蒸気は有毒である。 ・芳香臭。
グリセリン	1.3	3.1	○	199	370	291	ー	・吸湿性を有する。 ・3価のアルコールである。****

＊水溶性の欄の○は溶、△は難溶、×は不溶を示す。

＊＊重油についての引火点は、日本産業規格（JIS）では60℃以上と規定されている。このため、消防法での「引火点が70℃以上」でないものも含まれる。

＊＊＊ニトロベンゼンは、本来ならばニトロ化合物（第5類危険物）に分類されるものであるが、第4類危険物第三石油類に指定されている。

＊＊＊＊ヒドロキシ基を3つもつものを3価アルコールという（表44 グリセリン 及び「第2章 Section2 化学 13 有機化合物と官能基①アルコール①（p.215）」参照）。

こんな問題がでる！

問　題

第三石油類について、次のうち誤っているものはどれか。

1　重油、クレオソート油などが該当する。
2　常温(20℃)で固体のものもある。
3　引火点が70℃以上200℃未満のものである。
4　グリセリンは水溶性である。
5　水よりも重いものがある。

解答・解説

2が誤り。第三石油類とは、1気圧において、温度20℃で液体である(固体のものはない)。

5は正しい(ニトロベンゼンの比重1.2、グリセリンの比重1.3)。

6 第四石油類

第四石油類とは、ギヤー油、シリンダー油その他1気圧において、温度20℃で液状であり、かつ、引火点が200℃以上250℃未満のものをいう。該当するものに潤滑油(じゅんかつゆ)と他に可塑剤(かそざい)*がある。

＊可塑剤とは、プラスチック、合成ゴムなどの高分子化合物に加えて、その流動性や柔軟性などを増加させる物質のことをいう。

● **表46. 第四石油類の主な物品**

ギヤー油	混合物である
シリンダー油	混合物である

①ギヤー油、シリンダー油

形状・性質	• 水より軽い(ギヤー油 比重0.90、シリンダー油 比重0.95)。 • 粘り気が大きい。 • 水に溶けない。

危険性	• 引火点は高いが（ギヤー油 約220℃、シリンダー油 約250℃）、いったん火災になると液温が高くなり、消火は困難。
消火方法	• 窒息消火。

こんな問題がでる！

問　題

第四石油類について、次のうち誤っているものはどれか。

1　ギヤー油やシリンダー油などが該当する。
2　引火点が200℃以上250℃未満の液体である。
3　粘性が大きい。
4　水に溶けるものが多い。
5　粉末消火剤の放射による消火は有効である。

解答・解説

4が誤り。第四石油類は水に不溶である。

5は正しく、粉末以外に泡、ハロゲン化物、二酸化炭素でも有効である。

7 動植物油類

消防法で、**動植物油類**とは、「動物の脂肉等または植物の種子若しくは果肉から抽出したものであって、**1**気圧において、引火点が**250**℃未満のもの」をいう。

● 表47. 動植物油類の主な物品

アマニ油*	混合物である

＊亜麻（あま）の種子から採取される乾性油（乾きやすい油）。

①アマニ油

形状・性質	• 比重は水より小さい(0.93)。 • 水に溶けない。
危険性	• 布などに染み込んだものは、不飽和結合部の**酸化**により発熱し、蓄熱条件によって**自然発火**に至る場合がある。 • いったん火災になると液温が高くなり、消火が困難となる。
消火方法	• 窒息消火。

自然発火

(図1、図2を参照)

• 油脂の中でも**乾性油**と呼ばれているアマニ油などは、**自然発火**する危険性がある。
• **ヨウ素価**について
ヨウ素価とは、油脂100gに**付加**する**ヨウ素**のグラム数をいう。ヨウ素価が**大きい**ほど自然発火しやすくなる。アマニ油のヨウ素価は190～204である(ヨウ素価130以上で自然発火しやすい)。

空気中で酸化 → 酸化熱発生 → 酸化熱蓄積 → 自然発火

■ **図1.アマニ油の自然発火の危険性**

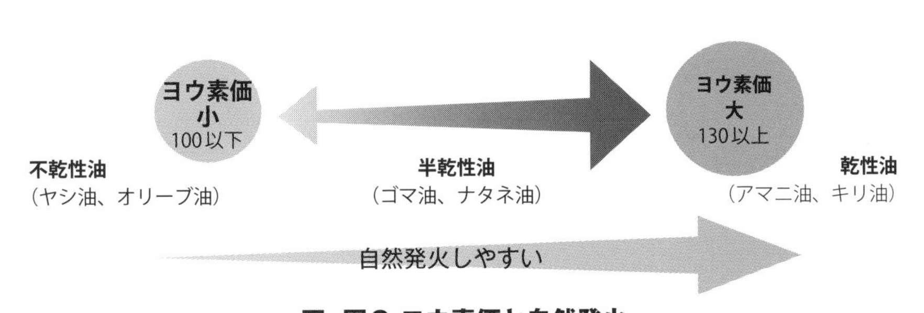

■ **図2.ヨウ素価と自然発火**

乾性油(アマニ油など)の**自然発火の危険性**、また、不乾性油や乾性油の指標となる**ヨウ素価**については、図1、図2なども参照し、確認しておきましょう。

こんな問題がでる！

問　題

アマニ油が染み込んだボロ布を放置したら自然発火した。この原因は次のうちどれか。

1　比重が1より小さいため。
2　水に溶けないため。
3　空気中で酸化されやすいため。
4　蒸発しにくいため。
5　引火点が高いため。

解答・解説

自然発火の原因として正しいものは**3**である。空気中でアマニ油が**酸化**→**発熱**→**熱が蓄積**→**温度上昇**→**自然発火**(図1(p.343)参照)。

他の**1**、**2**、**4**、**5**については、原因として直接関係はない。

語呂合わせで覚えよう　動植物油類の性状

完成してみると、
(乾性油)

予想外に
(ヨウ素価)

大きかった…
(大きい)

乾性油はヨウ素価が大きく、不飽和度の高い脂肪酸を多く含み、酸化されやすいため、動植物油類では最も自然発火しやすい。

9 第5類危険物に共通する特性・火災予防の方法・消火の方法

ココを押さえる！

第５類危険物は、いずれも可燃性であり、大部分のものが分子中に酸素をもつため、自己燃焼しやすいという特徴があります。したがって燃焼速度が速く、しかも非常に消火が困難な物質です。

甲種試験では、第５類危険物は、第１類危険物に次いでよく出題されています。

1 第５類危険物に共通する特性

ここで、再び第５類危険物の品名と主な物品をみておく必要がある（表48）。第５類危険物の品名は、「消防法別表第一」による。

● 表48. 第５類危険物の品名と主な物品

品　名	主な物品
有機過酸化物	過酸化ベンゾイル エチルメチルケトンパーオキサイド 過酢酸
硝酸エステル類	硝酸メチル 硝酸エチル ニトログリセリン ニトロセルロース
ニトロ化合物	ピクリン酸 トリニトロトルエン
ニトロソ化合物	ジニトロソペンタメチレンテトラミン
アゾ化合物	アゾビスイソブチロニトリル
ジアゾ化合物	ジアゾジニトロフェノール
ヒドラジンの誘導体	硫酸ヒドラジン
ヒドロキシルアミン	ヒドロキシルアミン
ヒドロキシルアミン塩類	硫酸ヒドロキシルアミン 塩酸ヒドロキシルアミン
その他のもので政令で定めるもの（金属のアジ化物、硝酸グアニジンなど）	アジ化ナトリウム 硝酸グアニジン

第5類の危険物は自己反応性物質

このほか、第5類危険物に共通する特性は以下の通りである。

①いずれも**可燃性**の固体または**液体**である。

②比重は1より**大きい**。

③大部分のものが**酸素**を分子内に含んでおり、**自己燃焼(内部燃焼)**しやすい。

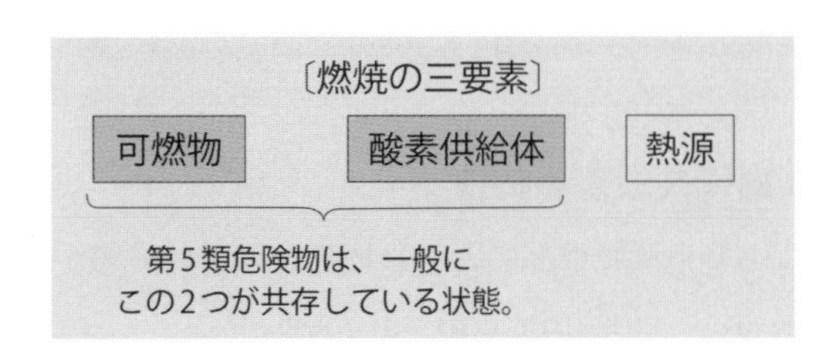

④燃焼速度が**速い**。

⑤**加熱、衝撃、摩擦**などにより発火し、爆発するものが多い。

以上の他に、エチルメチルケトンパーオキサイド、硝酸メチル、硝酸エチルなど**引火性**のものがある。

問　題

第5類危険物の一般的性状として、次のうち誤っているものはどれか。

1　可燃性の固体または液体である。
2　大部分のものが自己(内部)燃焼を起こしやすい。
3　燃焼速度が速い。
4　引火性のものはない。
5　加熱、衝撃、摩擦などにより発火し、爆発するものが多い。

解答・解説

4が誤り。引火性といえば、法的に第4類(引火性液体など)があるが、第5類にもある。第5類の硝酸メチル CH_3NO_3 (引火点15℃)、硝酸エチル $C_2H_5NO_3$(引火点10℃)などは引火性がある。**1**、**2**、**3**、**5**は正しい。

2 第5類危険物に共通する火災予防の方法

第5類危険物に共通する火災予防(貯蔵及び取扱い上の注意と重なる)の方法は、以下の通りである。

①火気または加熱などを避ける。
②通風のよい冷暗所に貯蔵する。
③衝撃、摩擦などを避ける。
④貯蔵・取扱場所には、必要最低限の量だけを置く。
⑤乾燥状態で危険性が高まるもの(過酸化ベンゾイル、ニトロセルロース、ピクリン酸)は注意する。

こんな問題がでる!

問 題

第5類危険物に共通する火災予防(貯蔵及び取扱い上の注意)について、次のうち誤っているものはどれか。

1 火気または加熱などを避ける。
2 通風のよい冷暗所に貯蔵する。
3 衝撃、摩擦などを避ける。
4 貯蔵する場所に、必要最小限の量を置く。
5 容器を密栓して貯蔵する。

解答・解説

5が誤り。第5類危険物のうち、エチルメチルケトンパーオキサイドは、貯蔵容器を密栓すると内圧が上昇して分解が促進するため、ふたは通気性をもたせる必要がある。したがって、容器を密栓するのは共通する火災予防方法（貯蔵及び取扱い上の注意）ではない。**1**、**2**、**3**、**4**は正しい。

3 第５類危険物に共通する消火の方法

第５類危険物の一般的な消火方法は、大量の水により冷却するか、または泡消火剤を用いて消火する

ただし、アジ化ナトリウムについては、火災の熱により分解しナトリウム（第３類危険物）を生じるため、**水は厳禁**である。**乾燥砂**などで覆い消火する。

第５類危険物の消火では、一般に、可燃物と酸素供給体が共存している物質が多く、窒息消火は効果がありません。

また、第５類危険物は、爆発的で燃焼速度が速いため、**消火自体が困難**である。

こんな問題がでる！

問　題

第５類危険物に共通する消火方法について、次のうち誤っているものはどれか。

1　一般に、酸素を含有しているので、窒息消火は効果がない。
2　一般に、大量の水による消火は厳禁である。
3　一般に、泡消火剤を用いて冷却消火してよい。
4　第５類危険物は、爆発的で燃焼が速いため、消火自体が困難となる。

5　一般に、粉末消火剤を用いての消火は有効ではない。

解答・解説

2が誤り。一部のものを除き、**大量の水**(または**泡消火剤**)によって、冷却消火を行う。

5は正しく、一般には粉末消火剤での消火は有効でないが、ただしアジ化ナトリウムについては、乾燥砂はもちろん、金属火災用粉末消火剤(薬剤主成分：粉末状 NaCl)の使用がある。**1**、**3**、**4**はその通りで正しい。

語呂合わせで覚えよう　第5類危険物の消火方法

水を入れないで
(注水厳禁)

ごうかな
(第5類)

味がなくなるよ。
(アジ化ナトリウム)

第5類危険物の火災は、大量の水、または泡消火剤を用いて冷却消火が基本。ただし、アジ化ナトリウムの火災は注水厳禁、乾燥砂などで覆い消火する。

10 第5類危険物の品名ごとの各論

ココを押さえる！

第５類危険物の品名ごとの物品について、個別の危険物では、有機過酸化物である過酸化ベンゾイル、エチルメチルケトンパーオキサイド、ニトロ化合物であるピクリン酸、政令で定めるアジ化ナトリウムなどがよく出題されている重要な物質です。

1 有機過酸化物

有機過酸化物とは、分子中に酸素・酸素結合－Ｏ－Ｏ－を有する化合物のことをいう。この－Ｏ－Ｏ－の結合力は弱いので、非常に**分解しやすい**性質がある。

● 表49. 有機過酸化物の物品

過酸化ベンゾイル	$(C_6H_5CO)_2O_2$
エチルメチルケトンパーオキサイド	―*
過酢酸	CH_3COOOH

＊エチルメチルケトンパーオキサイドは、エチルメチルケトンと過酸化水素が反応して生成したものの総称。反応条件によってその成分の割合が異なるため、1つの化学式では表せない。

①過酸化ベンゾイル（ベンゾイルパーオキサイド、過ベン）$(C_6H_5CO)_2O_2$

形状・性質	• 白色粒状結晶の固体 • 比重1.3 • 水に**溶けない**。 • 有機溶剤には**溶ける**。 • 強力な**酸化作用**を有する。 • 常温では安定しているが、加熱すると**100℃**前後で**白煙**を発して激しく**分解**する。

危険性	• 加熱、摩擦、衝撃などにより分解し、爆発するおそれがある。 • 光によっても分解し、爆発することがある。 • 濃硫酸、硝酸などと接触すると、燃焼または爆発する危険性がある。 • 可燃性で、着火すると黒煙を上げて燃える。 • 皮膚に触れると皮膚炎をおこす。
火災予防方法・貯蔵取扱いの注意	• 火気、加熱、衝撃、摩擦などを避ける。 • 換気のよい冷暗所に貯蔵する。 • 強酸類や有機物から隔離する。 • 乾燥状態を避けて貯蔵取扱いを行う。 • 容器は密栓する。
消火方法	• 大量の水または泡などにより消火する。

②エチルメチルケトンパーオキサイド

形状・性質	• 市販品は60%に希釈したもの*で、無色透明の油状の液体 ＊希釈剤には、フタル酸ジメチル（ジメチルフタレート）という可塑剤が用いられる。 • 比重1.12 • 水に溶けない。 • アルコールやジエチルエーテルに溶ける。 • 強い酸化作用を有する。
危険性	• 直射日光、衝撃で分解し、発火する。 • 引火（引火点72℃）すると、激しく燃焼する。 • 40℃以上になると、分解が促進される。 • 布、鉄さびなどに接触すると、30℃以下でも分解する。
火災予防方法・貯蔵取扱いの注意	• 冷暗所に貯蔵する。 • 異物との接触を避ける。 • 容器は密栓せず、ふたは通気性をもたせる。
消火方法	• 過酸化ベンゾイルと同じ。

エチルメチルケトンパーオキサイドは、純品は不安定で非常に危険なため、市販品は希釈されています。
また、容器を密栓すると内圧が上昇し、分解を促進するため、ふたには通気性をもたせる必要があります。

③過酸酢 CH_3COOOH*

＊過酢酸は、酢酸(CH_3COOH)より1つ酸素原子(O)が多い。

形状・性質	•無色の液体 •比重1.2 •強い**刺激臭**がある。 •**引火性**(引火点**41℃**)がある。 •水に**よく溶ける**。 •アルコール、ジエチルエーテル、硫酸に**よく溶ける**。
危険性	•強い**酸化作用**があり、**助燃作用**＊もある。 ＊ほかの物質の燃焼を助ける作用。 •**110℃**に加熱すると、発火爆発する。 •皮膚や粘膜に激しい刺激作用がある。
火災予防方法・貯蔵取扱いの注意	•火気を避け、換気のよい冷暗所に貯蔵する。 •**可燃物**と隔離して貯蔵する。
消火方法	•過酸化ベンゾイルと同じ。

こんな問題がでる！

問　題

過酸化ベンゾイルとエチルメチルケトンパーオキサイドについて、次のうち正しいものはどれか。

1　過酸化ベンゾイルは、水分を避け、乾燥状態で取り扱う。
2　過酸化ベンゾイルは、濃硫酸、硝酸などと接触しても燃焼または爆発する危険性はない。
3　エチルメチルケトンパーオキサイドは、分解する性質があるが、100℃程度の温度では影響されない。
4　エチルメチルケトンパーオキサイドには引火性はない。
5　エチルメチルケトンパーオキサイドを貯蔵する際は、容器を密栓しない。

解答・解説

5が正しい。エチルメチルケトンパーオキサイドは、ほかの危険物とは異なり、容器を密栓すると内圧が上昇して分解を促進してしまうため、容器のふたには通気性をもたせる(通気穴など)必要がある。

1、**2**、**3**、**4**は誤っている。**1**は、乾燥した状態を避ける。**2**は、燃焼または爆発する危険性がある。**3**は、40℃以上になると分解が促進されるので誤り。**4**は、引火性(引火点72℃)がある。

2 硝酸エステル類

硝酸エステル類とは、硝酸(HNO_3)の水素原子(H)をアルキル基($-C_nH_{2n+1}$)で置き換えた化合物の総称である。

● 表50. 硝酸エステル類の物品

硝酸メチル	CH_3NO_3
硝酸エチル	$C_2H_5NO_3$
ニトログリセリン	$C_3H_5(ONO_2)_3$
ニトロセルロース	ー*

＊ セルロース(繊維素)を硝酸と硫酸の混合液につけてつくったもの。

①硝酸メチル CH_3NO_3

形状・性質	• 無色透明の液体 • 比重1.22 • 水に溶けにくい。 • アルコール、ジエチルエーテルに溶ける。 • 硝酸とメタノールの反応によって得られる。 • 引火性(引火点15 ℃)である。
危険性	• 240 ℃以上で爆発する。
火災予防方法・貯蔵取扱いの注意	• 火気を近づけない。 • 直射日光を避けて冷暗所に貯蔵する。 • 貯蔵または取扱場所では通風をよくする。 • 容器に収納したときは必ず密栓する。
消火方法	• 酸素を含有しているので、いったん火がつくと消火は困難である。

②硝酸エチル $C_2H_5NO_3$

形状・性質	• 無色透明の液体 • 比重1.11 • 水に**溶けにくい**。 • アルコール、ジエチルエーテルには**溶ける**。 • **引火性**(引火点**10℃**)である。
危険性	• 引火性で**爆発**しやすい。
火災予防方法・貯蔵取扱いの注意	• 硝酸メチルと同じ。
消火方法	• 硝酸メチルと同じ。

③ニトログリセリン(三硝酸グリセリン) $C_3H_5(ONO_2)_3$

形状・性質	• 無色の油状液体 • 比重1.60 • 有毒である。 • **可燃性**である。 • 8℃で凍結する。 • ニトログリセリンは、**ダイナマイト**の原料。
危険性	• **加熱**、**打撃**または**摩擦**すれば、**猛烈に爆発**する危険性がある。 • **凍結**させると、爆発する危険性がある。
火災予防方法・貯蔵取扱いの注意	• 加熱、打撃、摩擦を避ける。 • 貯蔵中にニトログリセリンが床上や箱を汚染した場合は、**水酸化ナトリウム**(かせいソーダ)の**アルコール溶液**を注いで分解し、布などで拭きとる。
消火方法	• 燃焼の多くは**爆発的**で、消火の余裕はない。

④ニトロセルロース(硝化綿、硝酸繊維素)

形状・性質	• 外観は、原料の綿や紙と同様 • 比重1.7 • 水に溶けない。 • 酢酸エチル、酢酸アミル、アセトンなどによく溶ける。 • ニトロセルロースは、**セルロース**＊を**硝酸**と**硫酸**の混合液につけてつくったもので、浸漬(しんせき)時間(液に浸す時間)などにより、種々の**硝化度**(**含有窒素量**)のニトロセルロースが得られる。 ＊植物の細胞膜や繊維の主成分。 • **強硝化綿**＊＊は、ジエチルエーテルとアルコール(2：1)混液に溶けないが、**弱硝化綿**＊＊＊は溶ける。

形状・性質	＊＊硝化度(含有窒素量)12.8%を超えるものを**強硝化綿**(強綿薬)という。 ＊＊＊硝化度(含有窒素量)12.8%未満のものを**弱硝化綿**(弱綿薬)という。 なお、硝化度(含有窒素量)12.5〜12.8%のものを**ピロ綿薬**という。
危険性	• 含有窒素量が**多く**なると爆発する危険性が大きくなる。 • ニトロセルロースは**自然分解**する傾向がある。 • 特に、精製が悪く酸が残っている場合には、**直射日光**や**加熱**により分解し、**自然発火**する危険性がある。 • **静電気**の放電により爆発する危険性がある。
火災予防方法・貯蔵取扱いの注意	• 加熱、衝撃などを避ける。 • 自然分解しやすいので保護液(**エタノール**や**水**など)で**湿潤状態**にして、**冷暗所**に貯蔵する。
消火方法	• **注水**による**冷却消火**がよい(**窒息消火**は効果がない)。

こんな問題がでる！

問　題

ニトログリセリンとニトロセルロースについて、次のうち誤っているものはどれか。

1　ニトログリセリンは8℃で凍結する。
2　ニトログリセリンは、加熱、打撃または摩擦すれば、猛烈に爆発する危険性がある。
3　ニトロセルロースは、酢酸エチル、酢酸アミル、アセトンなどによく溶けるが、水に溶けない。
4　ニトロセルロースは、硝化度(含有窒素量)が大きいほど爆発の危険性が小さい。
5　ニトロセルロースの火災の消火には、注水による冷却消火が効果的である。

解答・解説

4が誤り。ニトロセルロースは、硝化度(含有窒素量)が**大きい**ほど爆発の危険性が**大きい**。**1**、**2**、**3**、**5**はその通りで正しい。

3 ニトロ化合物

ニトロ化合物とは、有機化合物の炭素に直結する水素を**ニトロ基**（$-NO_2$）で置き換えたものをいう。ただし、ニトロベンゼン（$C_6H_5NO_2$）については、第5類の危険性状を有しておらず除く（ニトロベンゼンは、第4類第三石油類に指定）。

● 表51.ニトロ化合物の物品

ピクリン酸	$C_6H_2(NO_2)_3OH$
トリニトロトルエン	$C_6H_2(NO_2)_3CH_3$

①ピクリン酸（トリニトロフェノール）$C_6H_2(NO_2)_3OH$

形状・性質	• 黄色の結晶 • 比重1.8 • 毒性がある。 • 熱湯に**溶ける**。 • アルコール、ジエチルエーテル、ベンゼンなどに**溶ける**。 • 金属と反応して**爆発性**の**金属塩**となる。
危険性	• **ヨウ素**、**ガソリン**、**アルコール**、**硫黄**などと混合したものは、摩擦や打撃によって**激しく爆発**するおそれがある。 • **単独**でも、打撃、衝撃、摩擦によって、発火、**爆発**の危険性がある。 • **急激**に熱すると、**約300℃**で猛烈に爆発する危険性がある。 • 少量に点火すると、**ばい煙**を出して燃える。 • **乾燥**した状態のものは危険性が**増す**。
火災予防方法・貯蔵取扱いの注意	• 打撃、衝撃、摩擦を避ける。 • 火気を近づけない。 • **ヨウ素**、**硫黄**などとの混合を避ける。 • 通常は**10%**程度の**水**を加えて、**冷暗所**に貯蔵する。
消火方法	• **注水**して消火するのがよい。 （**酸素**を含有しているので、いったん火がつくと**消火は困難**。）

②トリニトロトルエン（TNT、トリニトロトルオール）$C_6H_2(NO_2)_3CH_3$

形状・性質	• 淡黄色の結晶（日光に当たると茶褐色に変色） • 比重1.6 • 水に**溶けない**。 • ジエチルエーテルに**は溶け**、アルコールに**も熱すると溶ける**。 • 金属と**は反応しない**。

危険性	• ピクリン酸より**やや安定**しているが、**酸化されやすい**ものと共存すると、**打撃**などにより**爆発**の危険性がある(**爆薬**に用いられる)。 • 固体よりも、**溶融**(融点**82℃**)したもののほうが、衝撃に対して敏感である。
火災予防方法・貯蔵取扱いの注意	• 打撃などを避け、火気を近づけない。 • 爆発時は被害が**大きく**、燃焼速度が**速い**ので、取扱いには細心の注意が必要である。
消火方法	• ピクリン酸と同じ。

こんな問題がでる!

問　題

ピクリン酸について、次のうち誤っているものはどれか。

1　トリニトロフェノールとも呼ばれる。
2　無色透明の液体である。
3　乾燥状態では、不安定で危険性が増す。
4　ガソリンやアルコールなどと混ざると爆発の危険性がある。
5　消火の際は、大量注水により消火する。

解答・解説

2が誤り。ピクリン酸は、**黄色の結晶(固体)**である。**1**、**3**、**4**、**5**はその通りで正しい。

4 ニトロソ化合物

ニトロソ化合物とは、**ニトロソ基**(−N＝O)*を有する化合物をいう。

＊ニトロ基(−NO_2)よりも酸素が1つ少ない。

● 表52.ニトロソ化合物の物品

ジニトロソペンタメチレンテトラミン	$C_5H_{10}N_6O_2$

①ジニトロソペンタメチレンテトラミン（DPT） $C_5H_{10}N_6O_2$

形状・性質	• 淡黄色の粉末 • 比重1.45 • 水、ベンゼン、アルコール、アセトンにはわずかに溶ける。 • 加熱すると約200℃で分解し、ホルムアルデヒド、窒素などを生じる。
危険性	• 強酸との接触、有機物との混合によって発火することがある。 • 加熱、衝撃、摩擦により、爆発的に燃焼することがある。
火災予防方法・貯蔵取扱いの注意	• 加熱、衝撃、摩擦を避ける。 • 火気を近づけない。 • 酸との接触を避ける。 • 換気のよい冷暗所で貯蔵する。
消火方法	• 水または泡で消火する。

ニトロソ化合物は、不安定なものが多く、加熱や衝撃により爆発するおそれがあります。

こんな問題がでる！

問　題

ジニトロソペンタメチレンテトラミンについて、次のうち誤っているものはどれか。

1　DPTともいい、ニトロソ基(－N＝O)を有している。
2　淡黄色の粉末である。
3　酸性溶液中では安定している。
4　水、ベンゼン、アセトンなどにわずかに溶ける。
5　衝撃または摩擦によって爆発することがある。

解答・解説

3が誤り。ジニトロソペンタメチレンテトラミンは、酸に接触すると爆発的に分解するので、酸性溶液中では**不安定**である。

1、**2**、**4**、**5**はその通りで正しい。因みに、**1**のジニトロソペンタメチレンテトラミンの構造式は、次のように複雑である。

```
         CH2─N ─ CH2
         |   |   |
   ON─N     CH2  N─NO
         |   |   |
         CH2─N ─ CH2
```

ニトロソ基　ニトロソ基

（構造式を覚える必要はありません）

5 アゾ化合物

アゾ化合物とは、アゾ基（－N＝N－）を有する化合物をいう。

● **表53. アゾ化合物の物品**

アゾビスイソブチロニトリル	〔$C(CH_3)_2CN$〕$_2N_2$

①アゾビスイソブチロニトリル（AIBN）〔$C(CH_3)_2CN$〕$_2N_2$

形状・性質	• 白色の固体 • **水にはほとんど溶けない**が、アルコール、ジエチルエーテルに**溶ける**。 • 融点（105℃）以下でも、徐々に分解して窒素（N_2）とシアン化水素（HCN）を発生する。
危険性	• 加熱すると、爆発することがある。 • アセトンと激しく反応し、発火や爆発する危険性がある。 • 眼や皮膚などに接触させない。 • **有毒**であり、吸い込まない。
火災予防方法・貯蔵取扱いの注意	• 火気、**日光**、衝撃、摩擦を避ける。 • 可燃物と分離する。 • 冷暗所に貯蔵する。
消火方法	• **水噴霧**、**大量の水**で消火する。

こんな問題がでる！

問　題

アゾビスイソブチロニトリルについて、次のうち正しいものはどれか。

1　アゾ基(－Ｎ＝Ｎ－)を有するアゾ化合物である。
2　白色の液体である。
3　水には溶けやすい。
4　毒性はない。
5　水での消火は効果がない。

解答・解説

1が正しい。アゾビスイソブチロニトリルの構造式は、次のように複雑である。

$$NC-\overset{\displaystyle CH_3}{\underset{\displaystyle CH_3}{C}}-\underbrace{N=N}_{\text{アゾ基}}-\overset{\displaystyle CH_3}{\underset{\displaystyle CH_3}{C}}-CN$$

（構造式を覚える必要はありません）

2、**3**、**4**、**5**は誤っている。**2**は、白色の固体。**3**は、水にはほとんど溶けない。**4**は、有毒(吸い込まないことなど必要)。**5**は、水での冷却消火。

6 ジアゾ化合物

ジアゾ化合物とは、ジアゾ基($N_2=$)を有する化合物をいう。

● 表54. ジアゾ化合物の物品

ジアゾジニトロフェノール	$C_6H_2N_4O_5$

①ジアゾジニトロフェノール(DDNP)　$C_6H_2N_4O_5$

形状・性質	• 黄色の不定形粉末 • 比重1.63 • 水、アルコールには**ほとんど溶けず**、アセトンには**溶ける**。 • 光によって変色し、褐色になる。
危険性	• **加熱**、**衝撃**または**摩擦**により、容易に爆発する。 • 燃焼現象は**爆轟**(ばくごう)*を起こしやすい。 ＊ 爆発的に燃焼して、火炎の伝わる速度が音速を超える現象(爆発の1つの形態)。
火災予防方法・貯蔵取扱いの注意	• 打撃、衝撃、摩擦を避け、火気を近づけない。 • **水中**、または**水とアルコールの混合液**の中で保存する。
消火方法	• **大量の水**で消火するが、一般に**消火は困難**である。

こんな問題がでる！

問　題

ジアゾジニトロフェノールについて、次のうち誤っているものはどれか。

1　黄色であるが、光により変色して褐色になる。
2　水、アルコールにはほとんど溶けず、アセトンには溶ける。
3　燃焼すると、爆轟(ばくごう)を起こす危険性が低い。
4　水中、または水とアルコールの混合液の中で保存する。
5　大量の水で消火するが、一般に消火は困難である。

解答・解説

3が誤り。燃焼すると、爆轟(ばくごう)を起こす危険性が高い。**1**、**2**、**4**、**5**はその通りで正しい。

7 ヒドラジンの誘導体

ヒドラジンの誘導体とは、ヒドラジン(N_2H_4)をもとにしてつくられる化合物をいう。

● 表55. ヒドラジンの誘導体の物品

硫酸ヒドラジン	$NH_2NH_2 \cdot H_2SO_4$

①硫酸ヒドラジン（硫酸ヒドラジニウム）$NH_2NH_2 \cdot H_2SO_4$

形状・性質	• 白色の結晶 • 比重1.37 • 冷水には溶けにくいが、温水には溶けて水溶液は酸性を示す。 • アルコールには溶けない。 • 還元性が強い。
危険性	• 融点（254℃）以上に加熱すると分解し、アンモニア（NH_3）、二酸化硫黄（SO_2）、硫化水素（H_2S）、硫黄（S）を生成する（発火はしない）。 • 酸化剤と激しく反応する。 • アルカリと接触すると、ヒドラジン（N_2H_4）を遊離*する。 ＊遊離とは、化合物からの結合が切れて、原子または原子団などが分離すること。 （例）$NH_2NH_2 \cdot H_2SO_4$ ＋ 2 NaOH ⟶ （硫酸ヒドラジン）（水酸化ナトリウム） $\underline{NH_2NH_2}$ ＋ Na_2SO_4 ＋ $2\,H_2O$ （ヒドラジン）（硫酸ナトリウム）（水） • 皮膚、粘膜を刺激する。
火災予防方法・貯蔵取扱いの注意	• 酸化剤、アルカリ、その他の可燃物と分離する。 • 直射日光を避け、火気を近づけない。
消火方法	• 大量注水で消火する。 （消火時は、防じんマスク、保護眼鏡、ゴム手袋を着用する。）

こんな問題がでる！

問　題

硫酸ヒドラジンについて、次のうち誤っているものはどれか。

1　硫酸ヒドラジンは、ヒドラジン（N_2H_4）と硫酸との混合物である。
2　冷水には溶けないが、温水には溶けて酸性を示す。
3　還元性が強く、また酸化剤と激しく反応する。
4　直射日光を避け、火気を近づけない。
5　大量の水で消火する。

解答・解説

1が誤り。硫酸ヒドラジンは、ヒドラジンの誘導体で、ヒドラジン(N_2H_4)と硫酸(H_2SO_4)との混合物ではなく、**化合物**である。**2**、**3**、**4**、**5**はその通りで正しい。

8 ヒドロキシルアミン NH_2OH

ヒドロキシルアミンとは、アンモニア(NH_3)の水素原子(H)の1つがヒドロキシ基(－OH)に置き換わった、H_2N-OH構造をもつ化合物をいう。

● 表56. ヒドロキシルアミンの物品

ヒドロキシルアミン*	NH_2OH

＊ ヒドロキシルアミン(物品名)は、品名「ヒドロキシルアミン」と同じ。

①ヒドロキシルアミン NH_2OH

形状・性質	• 白色の結晶 • 比重1.20 • 蒸気は空気より重い(蒸気比重1.1)。 • 水、アルコールによく溶ける。 • **潮解性**がある。
危険性	• **裸火(はだかび)**＊や高温物に接触すると、**爆発的に燃焼**する。 ＊裸火(はだかび)とは、覆いや囲いがなく、炎が露出している火のこと。 • **紫外線**により**爆発**する。 • **蒸気**は、眼や気道を強く刺激する。 • **大量**に吸入した場合は、血液の酸素吸収力低下により、**死に至る**ことがある。
火災予防方法・貯蔵取扱いの注意	• **裸火(はだかび)**、**高温体**との接触を避ける。 • 冷暗所に貯蔵する。
消火方法	• **大量の水**による**冷却消火**を行う。 (消火時は、**防じんマスク**、**保護眼鏡**、**防護服**、**ゴム手袋**などを着用する。)

こんな問題がでる！

問　題

ヒドロキシルアミンについて、次のうち誤っているものはどれか。

1　ヒドロキシルアミンは、アンモニア(NH_3)の水素原子(H)の1つがヒドロキシ基(－OH)に置き換わった、H_2N-OH 構造をもつ。
2　水、アルコールに溶けない。
3　蒸気は、眼や気道を強く刺激する。
4　裸火(はだかび)、高温体との接触を避ける。
5　大量の水で消火する。

解答・解説

2が誤り。ヒドロキシルアミンは、水、アルコールに**よく溶ける**。**1**、**3**、**4**、**5**はその通りで正しい。

9 ヒドロキシルアミン塩類

ヒドロキシルアミン塩類とは、ヒドロキシルアミンと酸との**中和反応**で生成する**塩**(えん)の化合物の総称である。

● 表57. ヒドロキシルアミン塩類の物品

硫酸ヒドロキシルアミン	$H_2SO_4\cdot(NH_2OH)_2$
塩酸ヒドロキシルアミン	$HCl\cdot NH_2OH$

ヒドロキシルアミン塩類は、ヒドロキシルアミンと同様の危険性を有します。

①硫酸ヒドロキシルアミン $H_2SO_4 \cdot (NH_2OH)_2$

形状・性質	• 白色の結晶 • 比重1.90 • 水に**溶ける**。 • 水溶液は**強酸性**であり、金属を腐食する。 • 強い**還元剤**である。
危険性	• **裸火**(はだかび)や**高温物**との接触で、**爆発的に燃焼**する。 • **蒸気**は、眼や気道を強く刺激する。 • **大量**に吸入した場合は、血液の酸素吸収力低下により、**死に至る**ことがある。 • **加熱**、**燃焼**により、有毒なガス(二酸化窒素(NO_2)、二酸化硫黄(SO_2))を発生する。
火災予防方法・貯蔵取扱いの注意	• **乾燥**した冷暗所に貯蔵する。 • **裸火**(はだかび)、**高温体**との接触を避ける。
消火方法	• ヒドロキシルアミンと同じ。

②塩酸ヒドロキシルアミン(塩化ヒドロキシルアンモニウム)$HCl \cdot NH_2OH$

形状・性質	• 白色の結晶 • 比重1.67 • 水に**溶ける**。 • メタノール、エタノールに**わずかに溶ける**。 • 水溶液は**強酸性**であり、金属を腐食する。
危険性	• **115℃**以上に加熱すると、**爆発**することがある。 • **裸火**(はだかび)や**高温物**との接触で、**爆発的に燃焼**する。 • **蒸気**は、眼や気道を強く刺激する。 • **大量**に吸入した場合は、血液の酸素吸収力低下により、**死に至る**ことがある。
火災予防方法・貯蔵取扱いの注意	• 硫酸ヒドロキシルアミンと同じ。
消火方法	• ヒドロキシルアミンと同じ。

こんな問題がでる！

問　題

硫酸ヒドロキシルアミンについて、次のうち正しいものはどれか。

1　無色の液体である。
2　水に溶けない。
3　強い酸化剤である。
4　保管は乾燥状態を避ける。
5　火気、高温体との接触を避ける。

解答・解説

5が正しい。火気や高温体との接触で、爆発的に燃焼するので、それらとの接触を避け、冷暗所に貯蔵する。

1、**2**、**3**、**4**は誤っている。正しくは、**1**は白色の固体(結晶)。**2**は水に溶ける。**3**は強い還元剤。**4**は乾燥状態を保って保管する。

10 その他のもので政令で定めるもの

政令(危険物の規制に関する政令第１条第３項)*により、①**金属のアジ化物**、②**硝酸グアニジン**、③**1-アリルオキシ-2･3-エポキシプロパン**、④**4-メチリデンオキセタン-2-オン**の４品名が、第５類危険物として定められている。

*「Section1 1 甲種で学ぶ危険物一覧 表1.甲種で学ぶ危険物一覧表 第5類10.(p.250)」参照。

● **表58.その他のもので政令で定めるものの主な物品**

アジ化ナトリウム**	NaN_3
硝酸グアニジン***	$CH_6N_4O_3$

**アジ化ナトリウムは、品名である金属のアジ化物(アジ化水素HN_3の水素が、金属により置換されて生じる化合物)に属する主な物品である。

***硝酸グアニジン(物品名)は、品名「硝酸グアニジン」と同じ。

①アジ化ナトリウム NaN_3

形状・性質	• 無色の板状結晶 • 比重1.8 • 水に溶ける。 • エタノールには溶けにくい。 • 徐々に加熱すると、融解して約300℃で分解し、窒素(N_2)と金属ナトリウム(Na)を生じる。
危険性	• アジ化ナトリウム自体は爆発性はないが、酸と反応して、有毒で爆発性のアジ化水素酸を生じる。 • 水の存在で重金属*と反応し、きわめて爆発性の高い重金属のアジ化物をつくる。 ＊金属のうち比重が4より大きいものをいう(因みに、比重が4以下のものを軽金属という)。 • 皮膚に触れると、炎症を起こす。
火災予防方法・貯蔵取扱いの注意	• 酸、金属粉(特に重金属粉)と同じ場所で貯蔵しない。 • 直射日光を避け、換気のよい冷暗所に貯蔵する。
消火方法	• 火災により熱分解し、金属ナトリウムを生成するため、金属ナトリウムと同様の消火方法をとる。つまり、乾燥砂などで覆い消火する。注水は厳禁。

金属のアジ化物は、一般に不安定であり、特に重金属のアジ化物は爆発性があります。

②硝酸グアニジン $CH_6N_4O_3$

形状・性質	• 白色の結晶 • 比重1.44 • 水、アルコールに溶ける。 • 爆薬の混合成分。
危険性	• 急激な加熱や衝撃によって爆発する危険性がある。
火災予防方法・貯蔵取扱いの注意	• 加熱、衝撃を避ける。
消火方法	• 注水による冷却消火が最も効果的である。

こんな問題がでる！

問　題

アジ化ナトリウムについて、次のうち誤っているものはどれか。

1　無色の板状結晶である。
2　加熱すると、分解して窒素と金属ナトリウムを生じる。
3　酸と反応して、有毒で爆発性のアジ化水素酸を生じる。
4　酸、金属粉(特に重金属粉)と一緒に貯蔵しない。
5　火災時には、注水消火でよい。

解答・解説

5が誤り。火災の際には、その熱によって金属ナトリウムが生じるため、注水は**絶対に避ける**。**乾燥砂**などで覆い消火する。**1**、**2**、**3**、**4**はその通りで正しい。

語呂合わせで覚えよう

エチルメチルケトン
パーオキサイドの性質

えっ　チルチルミチル
(エチル　メチル

けとばして　おおきな
ケトンパー　オキサイド)

穴が開いた。
(穴をもたせる)

エチルメチルケトンパーオキサイドを貯蔵する際は、容器は密栓せず、ふたは通気性(通気穴など)をもたせる。

11 第6類危険物に共通する特性・火災予防の方法・消火の方法

ココを押さえる！

第６類危険物は物品の数は少ないですが、甲種試験では、過塩素酸、過酸化水素、硝酸などがよく出題されています。

第６類危険物は、酸化性はもちろん、腐食性を有することに注意する必要があります。

1 第６類危険物に共通する特性

ここで、再び第６類危険物の品名と主な物品をみておく必要がある（表59）。第６類危険物の品名は、「消防法別表第一」による。

● 表59. 第６類危険物の品名と主な物品

品　名	主な物品
過塩素酸	（品名と同じ）
過酸化水素	（品名と同じ）
硝　酸	硝酸（品名と同じ） 発煙硝酸
その他のもので政令で定めるもの （ハロゲン間化合物）	三フッ化臭素 五フッ化臭素 五フッ化ヨウ素

第６類の危険物は酸化性液体

このほか、第６類危険物に共通する特性は以下の通りである。

①いずれも**不燃性**の液体である。

②**酸化力**が強く、有機物と混ぜるとこれを酸化させ、場合によって着火させることがある（強酸化剤）。

③いずれも**無機化合物**（炭素を含まない）である。

④**水**と激しく反応し、**発熱**するものがある。

⑤**腐食性**があり、皮膚をおかす。
⑥蒸気は**有毒**である。

こんな問題がでる！

問　題

第6類の危険物に共通する特性として、次のうち誤っているものはどれか。

1　いずれも可燃性の液体である。
2　還元剤とよく反応する。
3　いずれも無機化合物である。
4　液体の比重は1より大きい。
5　腐食性があり、皮膚をおかす。

解答・解説

1が誤り。第6類はいずれも可燃性ではなく、**不燃性の液体**である。

2、**3**、**4**、**5**はその通りで正しい。因みに、**2**は、第6類危険物が酸化性液体なので、還元剤とよく反応する。**3**は、いずれも無機化合物(炭素を含まない)である。

2 第6類危険物に共通する火災予防の方法

第6類危険物に共通する火災予防(貯蔵及び取扱い上の注意と重なる)の方法は、以下の通りである。
①**可燃物**、**有機物**などとの接触を避ける。
②**火気**、**直射日光**を避ける。
③貯蔵容器は**耐酸性**のものとする。
④容器は**密栓**すること。ただし、**過酸化水素**だけは、分解で生じる酸素によって容器が破損することがあるため、**密栓しない**。
⑤**水**と反応するものは、**水**との接触を避ける。
⑥**通風**のよい場所で取り扱う。

こんな問題がでる！

問　題

第6類の危険物に共通する火災予防の方法として、貯蔵容器は密封することが必要とされているが、例外的に通気穴のついた容器に入れ、できるだけ冷暗所に貯蔵しなければならない危険物は、次のうちどれか。

1　過塩素酸
2　過酸化水素
3　硝酸
4　発煙硝酸
5　五フッ化臭素

解答・解説

2が正しい。**過酸化水素**だけは、分解で生じる酸素によって容器が破損することがあるため、通気穴(ガス抜き口)のついた容器に入れる。

3 第6類危険物に共通する消火の方法

第6類危険物の一般的な消火方法は、水や泡消火剤を用いた消火が適切。また、粉末消火剤(ただし、リン酸塩類)や乾燥砂・膨張ひる石なども有効

ただし、**ハロゲン間化合物**(三フッ化臭素、五フッ化臭素、五フッ化ヨウ素)は、**水**と激しく反応して有毒な**フッ化水素**(HF)を生じるため、水・泡系消火剤は不適切である。

第6類危険物の消火は、一般には、水や泡消火剤を使用します(ハロゲン間化合物は除く)。二酸化炭素やハロゲン化物、また炭酸水素塩類が含まれている消火粉末は、効果が薄いため不適切です。

こんな問題がでる！

問　題

次のＡ～Ｅのうち、どの第6類危険物の火災にも適応しないとされる消火方法の組合せはどれか。

Ａ　乾燥砂で覆う。
Ｂ　二酸化炭素消火剤を放射する。
Ｃ　強化液消火剤を放射する。
Ｄ　膨張ひる石（バーミキュライト）で覆う。
Ｅ　ハロゲン化物消火剤を放射する。

1　ＡとＢ　　2　ＡとＣ　　3　ＢとＥ　　4　ＣとＤ　　5　ＤとＥ

解答・解説

第6類危険物の火災に不適応な消火方法の組合せは、**3**のB、Eである。**二酸化炭素**や**ハロゲン化物**の**ガス系消火剤**は適応しない。

一方、ＡやＤのように、乾燥砂、膨張ひる石（バーミキュライト）などで覆う消火方法は、すべての第6類危険物の火災に適応する。また、Ｃのように強化液消火剤など、水・泡系消火剤による冷却消火も有効である（ただし、ハロゲン間化合物を除く）。

語呂合わせで覚えよう　第6類危険物の貯蔵取扱い

ろくでもない　店なので
（第6類）　（密栓）

かーさん　すいせん　しないよ。
（過酸化　水素）（栓　しない）

第6類危険物の容器は密栓する。ただし、過酸化水素だけは、密栓しない（分解で生じる酸素により容器が破損することがあるため）。

⑫ 第6類危険物の品名ごとの各論

ココを押さえる！

第６類危険物の品名ごとの各論では、過塩素酸、過酸化水素、硝酸、ハロゲン間化合物（三フッ化臭素など）について、その特徴を押さえておくことが重要となります。

1 過塩素酸 $HClO_4$

過塩素酸*は、きわめて不安定で、強力な酸化剤である。一般には、60～70％の水溶液として扱われる。

＊過塩素酸は第６類危険物であるが、過塩素酸塩類は第１類危険物である。混同しないこと。

● 表60.過塩素酸の物品

過塩素酸**	$HClO_4$

＊＊過塩素酸（物品名）は、品名「過塩素酸」と同じ。

①過塩素酸 $HClO_4$

形状・性質	• 無色の発煙性液体 • 比重 1.8 • 空気中で強く発煙する。 • 強い酸化力をもつ。 • 不安定な物質であり、常圧で密閉容器に入れ、冷暗所に貯蔵しても、次第に分解、黄色に変色する。 • 加熱すると、爆発する。
危険性	• アルコールなどの有機物と混合すると、急激な酸化反応を起こし、発火または爆発することがある。 • おがくずや木片などの有機物に接触すると、自然発火することがある。 • 水中に滴下すると音を発し、発熱する。 • 皮膚を腐食する。

火災予防方法・貯蔵取扱いの注意	• 加熱及び可燃物（有機物）との接触を避ける。 • 定期的に検査し、汚損・変色したものは廃棄する。
消火方法	• **大量注水**での消火が最も有効である。

過塩素酸は、水中に滴下すると音を発し、発熱します。また、おがくず、木片など有機物に接触すると、自然発火することがあります。

こんな問題がでる！

問　題

過塩素酸について、次のうち誤っているものはどれか。

1　無色の液体で、空気中で発煙する。
2　水中に滴下すると、音を発して発熱する。
3　皮膚を腐食することはない。
4　加熱及び可燃物（有機物）との接触を避ける。
5　消火の際は、多量の水による注水消火が最も有効である。

解答・解説

3が誤り。過塩素酸は、触れると**皮膚を腐食する**。**1**、**2**、**4**、**5**はその通りで正しい。

2 過酸化水素 H_2O_2

過酸化水素は強力な酸化剤であり、通常は水溶液で取り扱われる。**分解を抑制するため**、**安定剤**（リン酸、尿酸など）が加えられている。

● 表61. 過酸化水素の物品

過酸化水素*	H_2O_2

＊過酸化水素（物品名）は、品名「過酸化水素」と同じ。

①過酸化水素 H_2O_2

形状・性質	• 純粋なものは、無色の粘性ある液体 • 比重1.5 • 水に**溶けやすく**、水溶液は**弱酸性**である。 • 強い**酸化性**を有するが、第1類危険物の過マンガン酸カリウムのように、より酸化性の強い物質に対しては、**還元剤**としてはたらく。 • きわめて不安定で、濃度**50%**以上では、常温でも水と酸素に分解する。 • 分解を抑制する**安定剤**には、**リン酸**、**尿酸**、**アセトアニリド**などが用いられる。 • 約**3%**水溶液は、消毒液**オキシドール**と呼ばれる。
危険性	• 熱や**日光**によって速やかに分解され、**水**と**酸素**になる。 • **金属粉**、**有機物**の混合により分解し、加熱や動揺によって発火・爆発することがある。 • 濃度**50%**以上で**爆発性**がある。 • 皮膚に接触すると**火傷**を起こす。
火災予防方法・貯蔵取扱いの注意	• 直射日光を避け、冷暗所に貯蔵する。 • 容器は密栓せず、**通気穴**（**ガス抜き口**）のある栓をする。 • 漏えい時には、**大量の水**で洗い流す。 • 有機物などとの接触を避ける。
消火方法	• **注水消火**する。

過酸化水素は、濃度**50%**以上で**爆発性**があります。
また、皮膚に触れると**火傷**を起こします。

こんな問題がでる！

問　題

過酸化水素について、次のうち誤っているものはどれか。

1　純粋なものは、粘性のある無色の液体である。
2　強酸化剤であるので、還元剤としてはたらく場合はない。
3　分解を抑制する安定剤として、リン酸、尿酸などが用いられる。
4　容器は密栓せず、通気のための穴のある栓をする。
5　注水により消火する。

解答・解説

2が誤り。過酸化水素(H_2O_2)は、強酸化剤であるが、**過マンガン酸カリウム**($KMnO_4$)のように、より**酸化性**の強い物質に対しては、**還元剤**としてはたらく。

1、**3**、**4**、**5**はその通りで正しい。**4**は、容器はふつう密栓するものであるが、過酸化水素を貯蔵する場合は、通気のための穴(ガス抜き口)のある栓をしなければならない(分解により発生する酸素ガスでの容器破裂を防ぐ)。このことに注意すること。

3 硝酸 HNO_3

硝酸は、工業的にはアンモニア(NH_3)の酸化によってつくられる。**強い酸化力**をもつ酸で、銅、水銀、銀とも反応する。

● **表62. 硝酸の物品**

硝　酸*	HNO_3
発煙硝酸**	HNO_3

＊硝酸(物品名)は、品名「硝酸」と同じ。
＊＊純硝酸86%以上を含有する。

①硝酸 HNO_3

<table>
<tr><td>形状・性質</td><td>

- 無色の液体
- 比重1.5（市販品は1.38以上）
- 実験室での硝酸は、**硝酸塩**に**濃硫酸**を加熱下で作用させてつくる。
（例） $NaNO_3$（硝酸ナトリウム） ＋ H_2SO_4（硫酸） ⟶ $\underline{HNO_3}$（硝酸） ＋ $NaHSO_4$（硫酸水素ナトリウム）
- 工業的には、**アンモニア**を酸化して**一酸化窒素**をつくり、さらに酸化して生じた**二酸化窒素**を、**水**に吸収させることにより製造されている（オストワルト法）。
$4NH_3$（アンモニア） ＋ $5O_2$（酸素） ⟶ $\underline{4NO}$（一酸化窒素） ＋ $6H_2O$（水蒸気）
$2NO$（一酸化窒素） ＋ O_2（酸素） ⟶ $\underline{2NO_2}$（二酸化窒素）
$3NO_2$（二酸化窒素） ＋ H_2O（水） ⟶ $\underline{2HNO_3}$（硝酸） ＋ NO（一酸化窒素）
- **湿気**を含む**空気中**で褐色に**発煙**する。
- 水と任意の割合で混合し、その水溶液は強酸性を示す。
- **日光**や**加熱**により分解し、**二酸化窒素**と**酸素**を生じる。
＜加熱＞$4HNO_3$（硝酸） ⟶ $2H_2O$（水） ＋ $\underline{4NO_2}$（二酸化窒素） ＋ $\underline{O_2}$（酸素）

</td></tr>
<tr><td>危険性</td><td>

- 硝酸自体は、爆発性、燃焼性はないが、強い**酸化性**がある。
- **二硫化炭素**、**アミン類**、**ヒドラジン類**などと混合すると、発火または**爆発**する。
- かんなくず、木片、紙、布などの**有機物**と接触すると、**発火**する危険性がある。
- **硝酸**、**硝酸蒸気**及び分解で生じる**窒素酸化物のガス**は、きわめて**有毒**である。
- 硝酸は、**腐食作用**が強く、生体に**有毒**である。
- **金属粉**などとは、有毒な窒素酸化物を生じるため、接触させない。

</td></tr>
<tr><td>火災予防方法・貯蔵取扱いの注意</td><td>

- 直射日光、熱源を避けて貯蔵する。
- 可燃物との接触を避ける。
- 換気がよく、湿気の少ない場所に貯蔵する。
- 容器は密栓する。
- **ステンレス鋼製**や**アルミニウム製**の容器などを用いる。
- 水素より**イオン化傾向**の小さな金属（**Cu**、**Hg**、**Ag**）とも反応する。

</td></tr>
<tr><td>消火方法</td><td>

- 硝酸自体は燃えないので、**燃焼物に対応**した消火手段（消火剤）をとる。
- 対応時は、**防毒マスク**などを着用する。

</td></tr>
</table>

硝酸、発煙硝酸は、金属を腐食させるので、貯蔵にはステンレス鋼製、アルミニウム製の容器などを用います。

②発煙硝酸 HNO_3

形状・性質	• 赤色または赤褐色の液体 • 比重1.52～ • **濃硝酸**に**二酸化窒素**（NO_2）を**加圧飽和**させてつくる。 • 空気中で**窒息性**のNO_2の褐色のガスを発生する。 • 硝酸よりも**酸化力**が**さらに強い**。
危険性	• 硝酸と同じ。
火災予防方法・貯蔵取扱いの注意	• 硝酸と同じ。
消火方法	• 硝酸と同じ。

こんな問題がでる！

問　題

硝酸について、次のうち誤っているものはどれか。

1　硝酸は工業的には、アンモニアを酸化して一酸化窒素をつくり、さらに酸化して生じた二酸化窒素を、水に吸収させてつくる。
2　硝酸自体は、爆発性、燃焼性はないが、強い酸化性がある。
3　かんなくず、木片、紙、布などの有機物と接触すると、発火することがある。
4　貯蔵には、ステンレス鋼製の容器は使用しない。
5　硝酸自体は燃えないので、燃焼物に適応した消火剤を用いる。

解答・解説

4が誤り。硝酸は金属を腐食させるので、比較的安定なステンレス鋼製の容器を用いる。**1**、**2**、**3**、**5**はその通りで正しい。

4 その他のもので政令で定めるもの

政令(危険物の規制に関する政令第1条第4項)*により、「ハロゲン間化合物」の1品名が第6類危険物として定められている。ハロゲン間化合物とは、2種類のハロゲン元素(フッ素、臭素、ヨウ素など)が結合した化合物の総称である。

*「Section11 甲種で学ぶ危険物一覧 表1.甲種で学ぶ危険物一覧表 第6類 4.(p.250)」参照。

● 表63.その他のもので政令で定めるもの
(ハロゲン間化合物)の主な物品

三フッ化臭素	BrF_3
五フッ化臭素	BrF_5
五フッ化ヨウ素	IF_5

多数のフッ素原子を含むものは特に反応性に富んでおり、ほとんどすべての金属及び多くの非金属と反応し、フッ化物をつくります。

①三フッ化臭素 BrF_3

形状・性質	• 無色の液体 • 比重2.84 • 空気中で発煙する。 • 低温で固化する(融点9℃であるため)。
危険性	• 可燃物(木材、紙、油脂など)との接触で反応が起こり、発熱する。 • 水と激しく反応して発熱、分解し、その際、猛毒で腐食性のあるフッ化水素(HF)を生成する。
火災予防方法・貯蔵取扱いの注意	• 可燃物との接触を避ける。 • 水と接触させない。 • 容器は密栓する。 • 容器はポリエチレン製のものを用い、金属や陶器は不可。
消火方法	• 粉末消火剤または乾燥砂などで消火する。 • 水系の消火剤は不適当である。

②五フッ化臭素 BrF_5

形状・性質	• 無色の液体 • 比重2.46 • 融点－60℃ • **気化**しやすい（沸点**41**℃）。 • 臭素とフッ素を200℃で反応させてつくる。
危険性	• **水**と反応して、**三フッ化一酸化臭素**（$BrOF_3$）と**フッ化水素**（HF）を生成する。 • 三フッ化臭素よりも**反応性**に富む。 • ほとんどすべての元素、化合物と**反応**する。
火災予防方法・貯蔵取扱いの注意	• 三フッ化臭素と同じ。
消火方法	• 三フッ化臭素と同じ。

③五フッ化ヨウ素 IF_5

形状・性質	• 無色の液体 • 比重3.19
危険性	• **水**と激しく反応して、**フッ化水素**（HF）と**ヨウ素酸**（HIO_3）を生じる。
火災予防方法・貯蔵取扱いの注意	• 三フッ化臭素と同じ。
消火方法	• 三フッ化臭素と同じ。

こんな問題がでる！

問 題

ハロゲン間化合物について、次のうち正しいものはどれか。

1　ハロゲン元素と金属の化合物である。
2　水とは反応しない。
3　強力な還元性を有する。
4　通気穴のついた容器に入れて貯蔵する。
5　粉末消火剤または乾燥砂で消火する。

解答・解説

5が正しい。ハロゲン間化合物は、水と激しく反応して有毒なフッ化水素を生じるので、水系消火剤は適切ではない。**5**のように消火する。

誤っている**1**は、正しくは、ハロゲン間化合物は、2種類のハロゲン元素が結合した化合物の総称である。**2**は、水と反応して、フッ化水素を生じる。**3**は、強力な酸化性を有する。**4**は、容器は密栓して貯蔵する（通気穴のついた容器の使用は、過酸化水素である）。

語呂合わせで覚えよう　過塩素酸の性質

園の　**ぞうさん**
（過　塩　素酸）

水中で
（水中に滴下すると）

おっと　**発熱**
（音を発し）（発熱）

過塩素酸は、水中に滴下すると音を発し、発熱する。

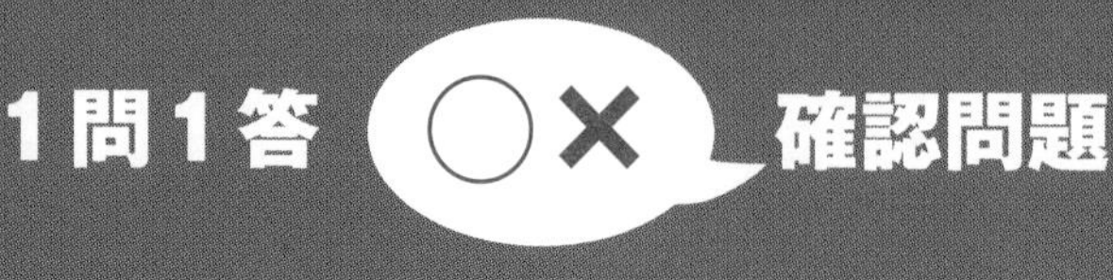

〔類ごとの共通性質の概要〕

次の問題の内容が正しければ○、誤っていれば×で答えなさい。

	問　題	チェック
類ごとの共通性質の概要	1. 第1類危険物は酸化性液体、第6類危険物は酸化性固体である。	
	2. 第2類危険物は可燃性固体、第3類危険物は自然発火性物質及び禁水性物質で、液体または固体である。	
	3. 第4類危険物は引火性液体、第5類危険物は自己反応性物質で、液体または固体である。	

〔解答・解説〕

1.× 第1類危険物は酸化性固体、第6類危険物は酸化性液体である。　2.○
3.○

〔類ごとの各論〕

次の問題の内容が正しければ○、誤っていれば×で答えなさい。

	問　題	チェック
第1類危険物（消火・物品）	1. アルカリ金属の過酸化物にかかわる火災の場合でも、注水による冷却消火でよい。	
	2. 硝酸カリウムは、別名を「硝石」といい、黒色火薬（数種類の混合物）の原料となる。	
	3. 過マンガン酸カリウムは、硫酸を加えても、爆発の危険性はない。	

〔解答・解説〕

1.× アルカリ金属の過酸化物は、水と反応すると熱と酸素を発生するので、注水は厳禁である。　2.○　3.× 過マンガン酸カリウムは、硫酸を加えると、爆発の危険性がある。

	問　題	チェック
第２類危険物（性質・物品）	4. 一般に、酸化剤との接触または混合・打撃などにより爆発する危険性がある。	
	5. 硫化リンとは、リンの硫化物で、リン（P）と硫黄（S）の組成比により、三硫化四リン（P_4S_3）、五硫化二リン（P_2S_5）、七硫化四リン（P_4S_7）に区別される。	
	6. 引火性固体とは、消防法では、固形アルコールその他1気圧において引火点40℃以上のものをいう。	
第３類危険物（火災予防・物品）	7. 禁水性の物品は、空気との接触を避け、自然発火性の物品は、水との接触を避ける。	
	8. アルキルアルミニウムは、空気に触れると酸化反応を起こし、自然発火する。	
	9. 黄リンは、水と激しく反応して水素を発生する。	
第４類危険物（性質・物品）	10. 一般に、電気の不良導体で、発生した静電気が蓄積されやすく、静電気の火花によって引火することがある。	
	11. 二硫化炭素は、発火点が100℃以下であり、第４類危険物で最も低い。	
第５類危険物（消火・物品）	12. アジ化ナトリウムの火災には、注水は厳禁である。	
	13. エチルメチルケトンパーオキサイドを貯蔵する際は、容器は密栓する。	
	14. ピクリン酸は、無色の液体である。	
第６類危険物（貯蔵取扱い・物品）	15. 第６類危険物の容器は、すべて密栓する。	
	16. 過塩素酸は、水中に滴下すれば音を発し、発熱する。	
	17. 発煙硝酸は、硝酸よりさらに酸化力が強い。	

〔解答・解説〕

4.○　5.○　6.× 引火点40℃**未満**のものをいう。　7.× 禁水性の物品は、**水**との接触を避け、自然発火性の物品は、**空気**との接触を避ける。　8.○　9.× 黄リンは水と反応**しない**（禁水性**はない**）物質である。　10.○　11.○ 二硫化炭素の発火点は**90**℃。　12.○ **乾燥砂**などで覆い消火する。　13.× 容器は**密栓せず**、ふたは**通気性**をもたせる（容器を密栓すると、内圧が上昇し分解を促進するため）。　14.× ピクリン酸は**黄色の結晶**（固体）。　15.× **過酸化水素**だけは密栓しない（分解で生じる酸素によって容器が破損することがあるため、通気穴のあいた栓をしておく）。　16.○　17.○

索　引

※第３章で詳述する危険物（品名・物品）については、赤字のページが詳細解説となります。

数字

A～Z

あ

い

う

え

索引
英数字 あ~え

お

か

き

く

け

こ

さ

し

す

せ

そ

た

ち

つ

て

と

な

に

ね

の

は

ひ

ふ

へ

ほ

ま

み

む

め

も

や

ゆ

よ

ら

り

る

れ

ろ

甲種危険物取扱者試験 模擬試験問題 [2回分]

第1回　模擬試験問題

[制限時間 150分]

[危険物に関する法令]

問1　消防法別表第一に掲げられている危険物は、次のA～Eのうちいくつあるか。

A　硫化りん
B　カリウム
C　硝酸
D　水素
E　過酸化水素

1　1つ
2　2つ
3　3つ
4　4つ
5　5つ

問2　次に示す危険物を、同一の製造所等で貯蔵し、または取り扱う場合、指定数量の倍数として正しいものはどれか。

鉄粉	500kg
過酸化水素	1,200kg
アセトン	2,000L

1　7倍
2　10倍
3　14倍
4　19倍
5　27倍

問3 法令上、予防規程を定めなければならない製造所等は次のうちどれか。

1 指定数量の 100 倍の軽油を貯蔵し、または取り扱う屋外タンク貯蔵所
2 指定数量の 50 倍の赤りんを貯蔵し、または取り扱う屋内貯蔵所
3 指定数量の 100 倍のガソリンを貯蔵し、または取り扱う地下タンク貯蔵所
4 指定数量の 50 倍のギヤー油を貯蔵し、または取り扱う屋外貯蔵所
5 指定数量の 100 倍の重油を取り扱う移送取扱所

問4 次の製造所等のうち、危険物を貯蔵し、または取り扱う建築物等の周囲に空地を設けなければならないものはいくつあるか。

製造所　屋内タンク貯蔵所　屋外タンク貯蔵所
地下タンク貯蔵所　簡易タンク貯蔵所（屋外に設けるもの）
給油取扱所　販売取扱所
一般取扱所

1 1つ
2 2つ
3 3つ
4 4つ
5 5つ

解答・解説 ▶▶ 別冊 p.2

問5 製造所等に設置する消火設備について、誤っているものは次のうちどれか。

1　スプリンクラー設備は、第2種の消火設備である。
2　乾燥砂は、第5種の消火設備である。
3　第4種の消火設備は、防護対象物の各部分から一の消火設備に至る歩行距離が40m以下となるように設ける。
4　地下タンク貯蔵所には、第5種の消火設備を2個以上設けなければならない。
5　第1種の屋内消火栓設備は、製造所等の建築物の階ごとに、その階の各部分から一のホース接続口までの水平距離が25m以下となるように設ける。

問6 第一石油類を貯蔵する屋外タンク貯蔵所の防油堤の技術上の基準について、次のうち誤っているものはどれか。

1　防油堤の高さは0.5m以上とすること。
2　1基の屋外貯蔵タンクの周囲に設ける防油堤の容量は、タンクの容量の110%以上とすること。
3　2基以上の屋外貯蔵タンクの周囲に設ける防油堤の容量は、容量が最大であるタンクの容量の110%以上とすること。
4　防油堤内に設置する屋外貯蔵タンクの数は、20以下とすること。
5　防油堤は、土または鉄筋コンクリートで造ること。

問7 給油取扱所の懸垂式の固定給油設備について、次のうち誤っているものはどれか。

1　道路境界線から 4m 以上の距離を保たなければならない。
2　敷地境界線から 2m 以上の距離を保たなければならない。
3　給油取扱所の建築物の壁に開口部がある場合は、その壁から 2m 以上の間隔を保たなければならない。
4　給油取扱所の建築物の壁に開口部がない場合は、その壁から 1m 以上の間隔を保たなければならない。
5　地下専用タンクの給油口から 20m 以上の間隔を保たなければならない。

問8 法令により定められている手続きが、市町村長等への「届出」であるものは、次のうちどれか。

1　危険物保安監督者を選任したとき。
2　製造所等の設備を変更するとき。
3　製造所等以外の場所で、指定数量以上の危険物を仮に貯蔵するとき。
4　製造所等において定期点検を行うとき。
5　製造所等の変更工事を行う際に、変更の工事に係る部分以外の部分を仮に使用するとき。

解答・解説 ▶▶ 別冊 p.2 ～ 4

問 9 製造所等の所有者等に対し、市町村長等が製造所等の使用停止を命ずることができる事由に該当しないものは、次のうちどれか。ただし、製造所等は、危険物保安監督者を選任しなければならない製造所等とする。

1 危険物保安監督者を定めていない。
2 危険物保安監督者を選任したが、市町村長等に届け出なかった。
3 危険物保安監督者に、危険物の取扱作業に関する保安の監督をさせていない。
4 危険物保安監督者の解任命令にしたがわなかった。
5 危険物の貯蔵・取扱い基準の遵守命令にしたがわなかった。

問 10 危険物保安監督者を定めなければならない製造所等は、次のうちどれか。

1 ガソリン 10,000L を貯蔵し、または取り扱う移動タンク貯蔵所
2 灯油 40,000L を貯蔵し、または取り扱う屋内貯蔵所
3 灯油 20,000L を貯蔵し、または取り扱う屋内タンク貯蔵所
4 重油 50,000L を貯蔵し、または取り扱う地下タンク貯蔵所
5 灯油 20,000L を貯蔵し、または取り扱う屋外貯蔵所

問 11 危険物の取扱作業の保安に関する講習について、次のうち正しいものはどれか。

1 すべての危険物取扱者が受講しなければならない。
2 危険物施設保安員は、すべて受講しなければならない。
3 危険物保安監督者及び危険物施設保安員は、すべて受講しなければならない。
4 製造所等において危険物の取扱作業に従事している者は、すべて受講しなければならない。
5 製造所等において危険物の取扱作業に従事している危険物取扱者は受講しなければならない。

第３類の危険物には、法令上、同じ類の危険物であっても同一の貯蔵所に貯蔵できないものがある。次のうち、カリウムと同一の貯蔵所に貯蔵できないものはどれか。

1　ナトリウム
2　アルキルアルミニウム
3　黄りん
4　炭化カルシウム
5　リチウム

問13

製造所等における危険物の貯蔵及び取扱いのすべてに共通する技術上の基準として、次のうち誤っているものはどれか。

1　製造所等において、許可もしくは届出された品名以外の危険物を貯蔵し、または取り扱ってはならない。
2　製造所等においては、みだりに火気を使用してはならない。
3　危険物のくず、かす等は、１日に１回以上、危険物の性質に応じて安全な場所で廃棄その他適当な処置をしなければならない。
4　危険物は、その性質に応じた適正な温度、湿度または圧力を保つように貯蔵し、または取り扱わなければならない。
5　貯留設備にたまった危険物を排出するときは、希釈しなければならない。

解答・解説 ▶▶ 別冊 p.4～5

問 14 製造所等の定期点検の実施者として、次のうち誤っているものはどれか。ただし、規則で定める漏れの点検、固定式の泡消火設備の泡の適正な放出を確認する点検を除く。

1　乙種危険物取扱者
2　丙種危険物取扱者
3　丙種危険物取扱者の立会いを受けた、免状の交付を受けていない者
4　免状の交付を受けていない危険物保安統括管理者
5　免状の交付を受けていない危険物施設保安員

問 15 危険物は、その危険性に応じて、危険等級 I、危険等級 II、危険等級 III に区分されている。次のうち、危険等級 I に区分されているものはどれか。

1　硫化りん
2　ガソリン
3　赤りん
4　黄りん
5　エタノール

［物理学及び化学］

問 16 静電気に関する説明として、次のうち誤っているものはどれか。

1　静電気は、蓄積すると放電火花を生じることがある。
2　静電気は、一般に物体の摩擦などによって生じる。
3　静電気は、人体にも帯電する。
4　物質に静電気が蓄積すると、その物体は蒸発しやすくなる。
5　静電容量をCとし、電圧をVとすると、静電気の放電エネルギーE〔J〕は、$E=\frac{1}{2}CV^2$で与えられる。

問 17 次の原子について、陽子、中性子、質量数の数として、正しい組合せはどれか。

$^{16}_{8}O$

	陽子	中性子	質量数
1	8	8	16
2	8	16	16
3	16	8	16
4	16	16	8
5	8	8	8

解答・解説 ▶▶ 別冊 p.5 ～ 6

問 18 次の燃焼の化学反応式のうち、誤っているものはどれか。

1 $C_2H_2 + \frac{5}{2} O_2 \longrightarrow 2 CO_2 + H_2O$

2 $H_2 + \frac{1}{2} O_2 \longrightarrow H_2O$

3 $C_3H_8 + O_2 \longrightarrow CO_2 + H_2O$

4 $CS_2 + 3 O_2 \longrightarrow CO_2 + 2 SO_2$

5 $CO + \frac{1}{2} O_2 \longrightarrow CO_2$

問 19 酸化物とその分類として、次のうち正しいものはどれか。

1 CaO 酸性酸化物
2 CO_2 塩基性酸化物
3 ZnO 両性酸化物
4 Na_2O 酸性酸化物
5 SO_2 塩基性酸化物

問 20 炎色反応で黄色を示す金属はどれか。

1 リチウム
2 ナトリウム
3 バリウム
4 カルシウム
5 銅

問21 鋼製の配管を埋設した場合、次のうち腐食が進まない環境のものはどれか。

1 迷走電流の流れる土壌中
2 湿度が高いなど、水分の存在する場所
3 酸性が高い土中の場所
4 塩分が多い場所
5 強アルカリ性が保たれているコンクリートの中

問22 次の物質と、それがもっている官能基の組合せとして、誤っているものはどれか。

1 アセトアルデヒド ……… $-C_2H_5$（エチル基）
2 ベンゼンスルホン酸 ……… $-SO_3H$（スルホ基）
3 アニリン ……… $-NH_2$（アミノ基）
4 グリセリン ……… $-OH$（ヒドロキシ基）
5 ピクリン酸 ……… $-NO_2$（ニトロ基）

問23 次の物質とその燃焼の仕方で、組合せとして誤っているものはどれか。

1 コークス ……… 表面燃焼
2 ナフタレン ……… 表面燃焼
3 灯油 ……… 蒸発燃焼
4 木材 ……… 分解燃焼
5 プラスチック ……… 分解燃焼

解答・解説 ▶▶ 別冊 p.6 ～ 7

問 24 次の燃焼範囲の危険物の蒸気を 100L の空気と混合させ、その均一な混合気体に点火したとき、燃焼可能な蒸気量はどれか。

燃焼下限値 1.3〔vol%〕
燃焼上限値 7.1〔vol%〕

1　1L
2　3L
3　10L
4　15L
5　20L

問 25 ヨウ素価とは、油脂 100 g が吸収するヨウ素の質量を g 単位であらわした数値をいう。油脂の不飽和の度合いを示すのに、ヨウ素価が使われる。不飽和の度合いの高いものほど、ヨウ素価は大きい。次の油脂のうち、ヨウ素価の値が最も大きいものはどれか。

1　アマニ油
2　ゴマ油
3　オリーブ油
4　キリ油
5　ナタネ油

[危険物の性質並びにその火災予防及び消火の方法]

問 26 類別の危険物の性状として、次のうち誤っているものはどれか。

1　過塩素酸ナトリウムは、第 1 類の過塩素酸塩類で、200℃以上に加熱すると酸素を発生する。
2　固形アルコールは、第 2 類の引火性固体で、常温で可燃性蒸気を発生するため引火しやすい。
3　マグネシウムは、第 3 類の禁水性物質で、空気中で吸湿すると発熱し自然発火することがある。
4　酸化プロピレンは、第 4 類の特殊引火物で、蒸気を吸入すると有毒である。
5　過酸化ベンゾイルは、第 5 類の有機過酸化物で、強力な酸化作用を有する。

問 27 次の物質の火災予防として、誤っているものはどれか。

1　固形アルコールは、火気に注意する。
2　ナトリウムは、湿気に注意する。
3　ピクリン酸は、摩擦、衝撃に注意する。
4　過酸化水素は、貯蔵容器は必ず密栓する。
5　過塩素酸は、可燃物との接触に注意する。

解答・解説 ▶▶ 別冊 p.7 ～ 8

問 28 次の危険物に適応する消火剤・消火器として、誤っているものはどれか。

1　$KClO_3$　⟶　水
2　K_2O_2　⟶　強化液消火器
3　Al　⟶　乾燥砂
4　CH_3COCH_3　⟶　耐アルコール泡
5　$C_6H_2(NO_2)_3CH_3$　⟶　水

問 29 塩素酸カリウムの性状として、次のうち誤っているものはどれか。

1　無色の光沢のある結晶である。
2　水に溶けにくいが、熱水には溶ける。
3　400℃以上に加熱すると、塩素を発生する。
4　少量の強酸の添加により爆発する。
5　赤リン、硫黄等との混合は、わずかの刺激で爆発の危険性がある。

問 30 三酸化クロムの性状として、次のうち誤っているものはどれか。

1　形状は、暗赤色の針状結晶である。
2　潮解性はない。
3　水や希エタノールに溶ける。
4　約 250℃で分解し、酸素を発生する。
5　有毒で皮膚を腐食させる。

問 31 二酸化鉛の性状で、正しいものは次のうちどれか。

1　白色の粉末である。
2　水・アルコールに溶ける。
3　多くの酸やアルカリに溶けない。
4　金属並みの導電性はない。
5　毒性が強い。

問 32 五硫化二リンが水と反応して発生する有毒な気体は、次のうちどれか。

1　二酸化硫黄
2　リン化水素
3　リン化水素と二酸化硫黄
4　硫化水素
5　硫化水素と二酸化硫黄

問 33 アルミニウム粉について、次のうち誤っているものはどれか。

1　塩酸にも水酸化ナトリウム溶液にも反応しない。
2　水と反応して水素を発生する。
3　燃焼すると酸化アルミニウムを生じる。
4　粉末状のアルミニウムと酸化鉄（Ⅲ）の混合物に点火すると、激しい反応が起こる。
5　火災の場合は、乾燥砂などで覆い窒息消火をする。

解答・解説 ▶▶ 別冊 p.8 ～ 9

問 34 硫黄について、次のうち正しいものはどれか。

1　斜方硫黄、単斜硫黄、ゴム状硫黄の同素体が存在する。
2　水や二硫化炭素に溶ける。
3　約 360℃で発火し、硫化水素を発生する。
4　電気の導体である。
5　硫黄の消火には、水と土砂などを用いない。

問 35 黄リンの性状として、次のうち誤っているものはどれか。

1　白色または淡黄色のロウ状の固体である。
2　融点は 100℃より高い。
3　水に溶けない。
4　ベンゼン、二硫化炭素に溶ける。
5　猛毒性を有する。

問 36 水素化ナトリウムについて、次のうち誤っているものはどれか。

1　常温（20℃）で液体である。
2　約 800℃で分解し、ナトリウムと水素を発生する。
3　還元性が強い。
4　窒素封入ビンなどに密栓して貯蔵する。
5　乾燥砂、消石灰、ソーダ灰で窒息消火をする。

問 37 炭化カルシウムの性状について、(　　)内に当てはまる語句の組合せとして、正しいものはどれか。

「純粋なものは無色透明または、白色の結晶であるが、一般には不純物のために（ A ）を呈する。水と反応して（ B ）ガスと熱を発生し、水酸化カルシウムになる。高温では強い（ C ）を有して、多くの酸化物を還元する。」

	A	B	C
1	灰色	エチレン	還元性
2	褐色	アセチレン	酸化性
3	灰色	アセチレン	還元性
4	褐色	水素	還元性
5	灰色	アセチレン	酸化性

問 38 トリクロロシランの性状について述べた次の文中の下線部分 A ～ E のうち、誤っているもののみの組合せはどれか。

「トリクロロシランは、常温において A 無色の液体であり、B 無毒で、揮発性、刺激臭がある。また、C 引火点が低く、D 燃焼範囲が広いため、引火する危険性が高い。E 水と反応して塩素を発生する。」

1　A と D
2　A と E
3　B と C
4　B と E
5　C と D

解答・解説 ▶▶ 別冊 p.9

問 39 危険物の貯蔵及び取扱いについて、火災予防上、水や湿気との接触を避けなければならない物質は、次のうちどれか。

1　$NaClO_2$
2　$KClO_3$
3　$KClO_4$
4　NH_4ClO_4
5　K_2O_2

問 40 エチルメチルケトンパーオキサイドの希釈剤として、次のうち一般に用いられるものはどれか。

1　ジメチルアニリン
2　水
3　二硫化炭素
4　メタノール
5　フタル酸ジメチル

問 41 過酢酸について、次のうち誤っているものはどれか。

1　過酢酸の化学式は、酢酸に酸素原子（O）が１つ多い。
2　灰色の液体で、刺激臭はない。
3　110℃に加熱すると、発火爆発する。
4　火気を避け、換気良好な冷暗所に、可燃物と隔離して貯蔵する。
5　火災の際は、大量の水または泡などにより消火する。

問 42 ピクリン酸の性質について、次のうち誤っているものはどれか。

1　熱湯、アルコール、ジエチルエーテルなどに溶ける。
2　単独では打撃、衝撃、摩擦などにより、発火、爆発の危険がある。
3　ガソリンやアルコールなどと混合したものは、摩擦、打撃により爆発するおそれはない。
4　少量に点火すれば、ばい煙を出して燃える。
5　毒性がある。

問 43 過塩素酸について、次のうち誤っているものはどれか。

1　加熱すれば爆発する。
2　おがくずや木片などの有機物に接触すると、自然発火することがある。
3　強い酸化力をもつ。
4　皮膚を腐食することはない。
5　消火の際は、多量の水による消火が最も有効である。

問 44 過酸化水素の安定剤として用いられるものは、次のうちいくつあるか。

酢酸	尿酸	アセトアニリド
エタノール	二酸化マンガン	リン酸

1　1つ
2　2つ
3　3つ
4　4つ
5　5つ

解答・解説 ▶▶ 別冊 p.9 ～ 10

問 45 硝酸について、次のうち誤っているものはどれか。

1　硝酸は実験室では、アンモニアを酸化して一酸化窒素をつくり、さらに酸化して生じた二酸化窒素を、水に吸収させてつくる。
2　硝酸自体は、爆発性、燃焼性はないが、強い酸化性がある。
3　かんなくず、木片、紙、布などの有機物と接触すると、発火することがある。
4　貯蔵には、ステンレス鋼製の容器を使用する。
5　硝酸自体は燃えないので、燃焼物に適応した消火剤を用いる。

第2回 模擬試験問題

[制限時間 150分]

[危険物に関する法令]

問1 法令上、屋外貯蔵所において貯蔵し、または取り扱うことができない危険物は、次のうちどれか。

1 硫黄
2 引火性固体で、引火点が0℃以上のもの
3 灯油
4 エタノール
5 ガソリン

問2 次に示す危険物を、同一の製造所等で貯蔵し、または取り扱う場合、指定数量の倍数として正しいものはどれか。

キシレン	2,000L
酢酸エチル	1,000L
1-ブタノール	1,000L

1 3倍
2 4倍
3 7倍
4 8倍
5 12倍

解答・解説 ▶▶ 別冊 p.10 ～ 11

問3 予防規程について、次のうち正しいものはどれか。

1 予防規程は、危険物保安監督者が定めなければならない。
2 予防規程を定めたときは、市町村長等の認可を受けなければならない。
3 予防規程は、製造所等における危険物取扱者の遵守事項を定めるものである。
4 消防署長は、火災予防のために必要なときは、予防規程の変更を命ずることができる。
5 予防規程を変更したときは、市町村長等に届け出なければならない。

問4 法令上、製造所の外壁またはこれに相当する工作物の外側との間に50m以上の距離（保安距離）を保たなければならない建築物等は、次のうちどれか。

1 使用電圧が35,000ボルトを超える特別高圧架空電線
2 病院
3 重要文化財に指定されている建築物
4 高圧ガス施設
5 劇場

問５ 製造所等に消火設備を設置する場合の所要単位の計算方法として、次のうち誤っているものはどれか。

1 製造所の建築物で、外壁が耐火構造のものは、延べ面積 100m² を 1 所要単位とする。
2 製造所の建築物で、外壁が耐火構造でないものは、延べ面積 50m² を 1 所要単位とする。
3 貯蔵所の建築物で、外壁が耐火構造のものは、延べ面積 150m² を 1 所要単位とする。
4 貯蔵所の建築物で、外壁が耐火構造でないものは、延べ面積 75m² を 1 所要単位とする。
5 危険物は、指定数量の 100 倍を 1 所要単位とする。

問６ 屋内タンク貯蔵所（引火点が 40℃以上の第４類の危険物のみを貯蔵し、または取り扱うものを除く）の位置、構造及び設備の技術上の基準について、誤っているものは次のうちどれか。

1 屋内貯蔵タンクは、平家建の建築物に設けられたタンク専用室に設置する。
2 屋内貯蔵タンクの容量は、指定数量の 40 倍以下（第四石油類及び動植物油類以外の第 4 類の危険物の場合は、指定数量の 40 倍以下かつ 20,000L 以下）であること。
3 タンク専用室は、壁、柱及び床を耐火構造としなければならない。
4 液体の危険物の屋内貯蔵タンクには、危険物の量を自動的に表示する装置を設けること。
5 屋内貯蔵タンクとタンク専用室の壁との間及び同一のタンク専用室内に屋内貯蔵タンクを 2 以上設置する場合におけるそれらのタンクの相互間に、0.3m 以上の間隔を保つこと。

解答・解説 ▶▶ 別冊 p.11 ～ 12

問７ 給油に附帯する業務のための用途として、給油取扱所に設置することができる建築物として、次のうち誤っているものはどれか。

1　給油のために出入りする者を対象とした店舗
2　給油のために出入りする者を対象とした飲食店
3　給油取扱所の所有者が居住する住居
4　自動車等の点検・整備を行う作業場
5　ガソリンの詰替えのための作業場

問８ 製造所等の位置、構造または設備を変更する場合の手続きとして、次のうち正しいものはどれか。

1　変更工事終了後、10日以内に市町村長等の承認を受ける。
2　市町村長等の承認を受けてから、変更工事を開始する。
3　変更工事終了後に、市町村長等の承認を受ける。
4　変更工事を開始する10日前までに、市町村長等に届け出る。
5　市町村長等の許可を受けてから、変更工事を開始する。

問９ 製造所等の所有者等に対し、市町村長等が製造所等の許可の取消しを命ずることができる事由に該当しないものは、次のうちどれか。

1　製造所等において危険物の取扱作業に従事している危険物取扱者が、保安講習を受けていないとき
2　製造所の位置、構造、設備を無許可で変更したとき
3　製造所の修理、改造、または移転の命令に違反したとき
4　完成検査を受けずに屋内貯蔵所を使用したとき
5　給油取扱所の定期点検を実施していないとき

危険物取扱者の免状の交付を受けている者が、免状を亡失、滅失、汚損または破損した場合の再交付の申請について、次のうち誤っているものはどれか。

1　免状を交付した都道府県知事に再交付を申請することができる。
2　免状の書換えをした都道府県知事に再交付を申請することができる。
3　居住地もしくは勤務地の都道府県知事に再交付を申請することができる。
4　免状を亡失して再交付を受けてから、亡失した免状を発見した場合は、10日以内に免状の再交付を受けた都道府県知事に提出しなければならない。
5　免状の汚損、破損により再交付を申請する場合は、申請書に汚損、破損した免状を添えて提出しなければならない。

問 11　危険物の取扱作業の保安に関する講習について、次の文のＡ～Ｃに当てはまる年数の組み合わせとして、正しいものはどれか。

「製造所等において危険物の取扱作業に従事する危険物取扱者は、当該取扱作業に従事することとなった日から（　Ａ　）以内に講習を受けなければならない。ただし、当該取扱作業に従事することとなった日前（　Ｂ　）以内に危険物取扱者免状の交付を受けている場合または講習を受けている場合は、それぞれ当該免状の交付を受けた日または当該講習を受けた日以後における最初の４月１日から（　Ｃ　）以内に講習を受けることをもって足りるものとする。」

	A	B	C
1	1年	1年	2年
2	1年	2年	2年
3	1年	2年	3年
4	2年	2年	2年
5	2年	2年	3年

解答・解説 ▶▶ 別冊 p.12 ～ 13

問 12 製造所等のうち、政令で定める一定規模以上になると、市町村長等が行う保安に関する検査の対象となるものは、次のうちのどれか。

1　製造所
2　一般取扱所
3　給油取扱所
4　屋外タンク貯蔵所
5　地下タンク貯蔵所

問 13 給油取扱所の懸垂式固定給油設備（ホース機器）について、誤っているものは次のうちどれか。

1　敷地境界線から 4m 以上の間隔を保たなければならない。
2　道路境界線から 4m 以上の間隔を保たなければならない。
3　ホース機器の下方に、自動車等に直接給油し、及び給油を受ける自動車等が出入りするための、間口 10m 以上、奥行 6m 以上の給油空地を保有しなければならない。
4　給油取扱所の建築物の壁（開口部のあるもの）から 2m 以上の間隔を保たなければならない。
5　給油取扱所の建築物の壁（開口部のないもの）から 1m 以上の間隔を保たなければならない。

問 14 製造所には、見やすい箇所に製造所である旨を表示した標識を設けなければならない。この標識の大きさと色について、次の組合せのうち正しいものはどれか。

	幅	長さ	地の色	文字の色
1	0.3m以上	0.3m以上	白	黒
2	0.3m以上	0.6m以上	白	黒
3	0.3m以上	0.6m以上	黄	黒
4	0.4m以上	0.6m以上	白	黒
5	0.4m以上	0.6m以上	黄	黒

問 15 危険物の運搬に関する技術上の基準について、次のうち正しいものはどれか。

1 指定数量以上の危険物を車両で運搬する場合は、市町村長等に届け出なければならない。
2 指定数量以上の危険物を車両で運搬する場合は、車両の前後の見やすい箇所に、「危」と表示した標識を掲げなければならない。
3 類を異にする危険物の混載は、一切禁止されている。
4 指定数量未満の危険物を車両で運搬する場合は、運搬に関する基準は適用されない。
5 運搬容器は、不燃性のもののみが認められている。

解答・解説 ▶▶ 別冊 p.13 ～ 14

[物理学及び化学]

問 16 非水溶性で導電率の小さい液体は、配管中の流動によって静電気を発生する。次のＡ～Ｅのうち、特に静電気が発生しやすいものはいくつあるか。

Ａ 管内の流速が大きいとき。
Ｂ 管内の流れが乱れているとき。
Ｃ 管内の内壁の表面の粗さが少ないとき。
Ｄ 空気中の湿度が高いとき。
Ｅ 液温が高いとき。

1 1つ
2 2つ
3 3つ
4 4つ
5 5つ

問 17 元素の周期表について、次のうち誤っているものはどれか。

1 元素の周期表の縦の列を族、横の列を周期という。
2 同族の元素は、似たような性質を有することが多い。
3 ハロゲン族は、1価の陽イオンになりやすい。
4 希ガスは、ほとんど化学反応を起こさない。
5 H（水素）を除く1族の元素をアルカリ金属元素、ベリリウム（Be）、マグネシウム（Mg）を除く2族の元素をアルカリ土類金属という。

問 18 反応熱に関する説明として、次のうち誤っているものはどれか。

1　生成物のもつエネルギーが反応物のもつエネルギーより小さいときは、その差が熱となって放出されるので発熱反応になる。
2　生成物のもつエネルギーが反応物のもつエネルギーより大きいときは、その差が周囲から熱として吸収されるので吸熱反応になる。
3　ある化合物 1mol がその成分元素（単体）から生成するとき、発生または吸収する熱量をその化合物の生成熱という。
4　酸の水溶液と塩基の水溶液を混ぜ合わせると中和反応が起こり、発熱する。この熱も反応熱の一種で、中和熱と呼ばれる。
5　反応熱のうち、燃焼反応で発生する反応熱をとくに燃焼熱といい、この反応は発熱反応または吸熱反応になる。

問 19 pH 値が n である水溶液の水素イオン濃度を 100 倍に薄めると、この溶液の pH 値は、次のうちどれか。

1　$n-\frac{1}{2}$
2　$n-2$
3　$n+2$
4　$100n$
5　$\frac{n}{100}$

問 20 鉄の配管を埋設する場合、防錆のため異種金属をそれに取り付けるが、次のうちどれが適切で正しいか。

1　銀
2　銅
3　スズ
4　ニッケル
5　アルミニウム

解答・解説 ▶▶ 別冊 p.14 ～ 15

問 21 官能基とその化合物の一般名で、誤っているものはどれか。

	官能基	化合物の一般名
1	$-NO_2$	アミン
2	$>C=O$	ケトン
3	$-CHO$	アルデヒド
4	$-COOH$	カルボン酸
5	$-SO_3H$	スルホン酸

問 22 可燃性物質の燃えやすい条件として、次の組合せのうち正しいものはどれか。

	酸素との接触面積	酸　化	熱伝導率
1	小	酸化されやすい	小
2	小	酸化されやすい	大
3	大	酸化されにくい	大
4	大	酸化されやすい	小
5	大	酸化されにくい	小

問 23 ある危険物の燃焼範囲は、1.9 ～ 36〔vol%〕である。この危険物の蒸気1Lに対し、空気を次の量で混合している場合、点火しても火がつかないものはどれか。

1　1L
2　2L
3　3L
4　4L
5　5L

問 24 消火設備の区分について、次のうち誤っているものはどれか。

1　第 1 種消火設備は屋内・屋外消火栓設備である。
2　第 2 種消火設備はスプリンクラー設備である。
3　第 3 種消火設備は泡・粉末等消火設備である。
4　第 4 種消火設備は小型消火器である。
5　乾燥砂や水バケツ等は第 5 種消火設備である。

問 25 消火に関して、次のうち正しいものはどれか。

1　除去消火、窒息消火、抑制消火を消火の三要素という。
2　ガスの元栓を閉めての消火は、窒息消火である。
3　たき火に水をかけての消火は、主に冷却消火である。
4　アルコールランプにふたをしての消火は、除去消火である。
5　ロウソクの火に息を吹きかけての消火は、冷却消火である。

解答・解説 ▶▶ 別冊 p.15 ～ 16

[危険物の性質並びにその火災予防及び消火の方法]

問 26 危険物の類ごとの共通性状として、次のうち正しいものはどれか。

1　第１類の危険物は、酸化性であり、それ自体は燃焼しない。
2　第２類の危険物は、着火しやすいが、引火の危険性はない。
3　第３類の危険物は、水と接触すると発熱し、発火する。
4　第５類の危険物は、酸素含有物質であり、引火性は有しない。
5　第６類の危険物は、強酸であり、腐食性がある。

問 27 火災予防のため、水その他の液体の保護液の中に貯蔵される危険物は、次のうちいくつあるか。

A　ナトリウム　　B　二硫化炭素
C　赤リン　　D　黄リン
E　過酸化カリウム　　F　アセトン
G　軽油

1　１つ
2　２つ
3　３つ
4　４つ
5　５つ

問 28 次の危険物にかかわる火災の消火方法として、次のうち誤っているものはどれか。

1	第1類のアルカリ金属過酸化物	………	注水消火
2	第2類の硫黄	………	水と土砂
3	第3類のアルカリ金属	………	乾燥砂
4	第5類のピクリン酸	………	注水消火
5	第6類の過塩素酸	………	注水消火

問 29 過塩素酸塩類について、次のうち正しいものはどれか。

1 過塩素酸塩類とは、過塩素酸の水素原子が、金属または他の陽イオンと置き換わった形の化合物である。
2 過塩素酸カリウムは、水によく溶ける。
3 過塩素酸ナトリウムは、紫色の結晶である。
4 過塩素酸アンモニウムは、潮解性はない。
5 消火方法は、無機過酸化物と同様に注水は避ける。

問 30 次のうち、第1類の危険物ではないものはどれか。

1 K_2O_2
2 Na_2O_2
3 CaO_2
4 MgO_2
5 H_2O_2

解答・解説 ▶▶ 別冊 p.17

問31 高度さらし粉について、誤っているものはどれか。

1 次亜塩素酸カルシウムのことで、プールの消毒に使われる。
2 空気中では強力な塩素臭がある。
3 水溶液は容易に分解して酸素を発生する。
4 光や熱により分解は進行しない。
5 火災の場合の消火方法は、注水消火である。

問32 三硫化四リンについて、次のうち誤っているものはどれか。

1 黄色の結晶である。
2 約 100℃で発火の危険性がある。
3 熱湯と反応して、有毒なリン化水素を発生する。
4 二硫化炭素、ベンゼンに溶ける。
5 消火方法は、乾燥砂や不燃性ガスにより窒息消火をする。

問 33 次の金属粉である亜鉛粉について、誤っているものはどれか。

1　亜鉛粉は、燃焼すると酸化亜鉛を生じる。
2　亜鉛粉は、硫黄と混合して加熱すると、硫化亜鉛を生じる。
3　亜鉛粉は塩酸の水溶液と反応し、水素を発生する。
4　亜鉛粉は水酸化ナトリウムと反応し、水素を発生する。
5　亜鉛粉による火災が発生した場合は、注水消火で十分である。

問 34 固形アルコールについて、次のうち誤っているものはどれか。

1　乳白色のゲル状の固体で、アルコールと同様の臭気がある。
2　40℃未満で可燃性蒸気を発生する。
3　常温で、引火危険を有する。
4　密閉しないと、アルコールが蒸発する。
5　消火方法は、泡、二酸化炭素、粉末は有効でない。

問 35 リチウムについて、次のうち誤っているものはどれか。

1　アルカリ金属であり、第３類の危険物である。
2　比重は、固体単体中最も軽い。
3　水と反応し、水素を発生する。
4　固形の場合は、常温（20℃）で発火する。
5　火災の場合、乾燥砂などを用いて窒息消火をする。

解答・解説 ▶▶ 別冊 p.18

問36 炭化アルミニウムについて、次のうち誤っているものはどれか。

1　アルミニウムと炭素との化合物である。
2　純粋なものは無色透明の結晶であるが、一般には不純物のため黄色を呈する。
3　水とは常温でも反応して、エタンを発生する。
4　空気中では、そのものは安定している。
5　消火方法は、粉末または乾燥砂を用いて消火する。

問37 次の危険物と水との反応により生成されるガスとの組合せとして、次のA～Eのうち誤っているものはどれか。下の解答群から、2つの組合せの両方共誤っているものを選びなさい。

A　ジエチル亜鉛　………　エタン
B　水素化リチウム　………　水素
C　カルシウム　………　水素
D　リチウム　………　酸素
E　炭化カルシウム　………　メタン

1　AとB
2　AとC
3　BとD
4　CとE
5　DとE

問 38 泡消火剤の中には、一般の泡消火剤と、水溶性液体用泡消火薬剤がある。次の危険物が火災になった場合、水溶性液体用泡消火薬剤でなければ効果的に消火できない危険物の組合せはどれか。

1	アセトアルデヒド	ガソリン
2	アセトン	ベンゼン
3	酸化プロピレン	*n*-プロピルアルコール
4	トルエン	エタノール
5	酢酸	灯油

問 39 過マンガン酸カリウムについて、次のうち正しいものはどれか。

1 青色の結晶である。
2 水に溶けた場合は、緑色を呈する。
3 約 200℃で分解し、酸素を発生する。
4 可燃物と混合したものは、加熱、衝撃などにより爆発する危険性はない。
5 火災の場合は、注水消火は厳禁である。

解答・解説 ▶▶ 別冊 p.18 ～ 19

問 40 トリニトロトルエンについて、次のうち正しいものはどれか。

1　淡黄色の結晶である。
2　水に溶けるが、アルコールには溶けない。
3　金属と反応する。
4　酸化されやすいものと混在しても、爆発する危険性はない。
5　消火方法は、注水して消火できない。

問 41 ニトロセルロースについて、次のうち誤っているものはどれか。

1　硝化綿ともいい、外観は原料の綿や紙と同様である。
2　硝化度（含有窒素量）12.8％を超えるものを弱硝化綿といい、硝化度12.8％未満のものを強硝化綿という。
3　水に溶けない。
4　酢酸エチル、アセトンなどによく溶ける。
5　消火方法は、注水による冷却消火がよい。

問42 過酸化ベンゾイルの貯蔵・取扱いについて、次のうち誤っているものはどれか。

1　直射日光を避ける。
2　火気や加熱を避ける。
3　強酸と接触すると、燃焼や爆発の危険があるので、このものと隔離する。
4　乾燥した状態で取り扱う。
5　取り扱う際は、摩擦や衝撃を与えないように注意する。

問43 ハロゲン間化合物について、次のうち正しいものはどれか。

1　ハロゲン元素と金属の化合物である。
2　常温（20℃）では固体である。
3　金属や非金属と反応しない。
4　通気穴のついた容器に入れて貯蔵する。
5　粉末消火剤または乾燥砂で消火する。

解答・解説 ▶▶ 別冊 p.19

問 44 過酸化水素について、次のうち誤っているものはどれか。

1　約3%水溶液は、消毒液オキシドールと呼ばれる。
2　強酸化剤であるので、還元剤としてはたらく場合はない。
3　きわめて不安定で、濃度50%以上では、常温でも水と酸素に分解する。
4　容器は密栓せず、通気のための穴のある栓をする。
5　注水により消火する。

問 45 次のうち、同じ類に属する危険物を組合せているものはどれか。

1	$NaClO_3$	NH_4NO_3	CrO_3
2	CS_2	$C_6H_5CH_3$	Al
3	CH_3NO_3	$HClO_4$	S
4	Mg	Ca_3P_2	C_2H_5OH
5	HNO_3	NaH	P_2S_5

解答・解説 ▶▶ 別冊 p.20

MEMO

本書の正誤情報や法改正情報は、下記のアドレスでご確認ください。
http://www.s-henshu.info/kkgt2107/

上記掲載以外の箇所で正誤についてお気づきの場合は、**書名・発行日・質問事項（該当ページ・行数・問題番号**などと**誤りだと思う理由**）・**氏名・連絡先**を明記のうえ、お問い合わせください。

・web からのお問い合わせ：上記アドレス内【正誤情報】へ
・郵便または FAX でのお問い合わせ：下記住所または FAX 番号へ

※電話でのお問い合わせはお受けできません。

［宛先］　コンデックス情報研究所
『1 回で受かる！甲種危険物取扱者合格テキスト』係
住所　　：〒 359-0042　所沢市並木 3-1-9
FAX 番号：04-2995-4362　（10:00 ～ 17:00　土日祝日を除く）

※本書の正誤以外に関するご質問にはお答えいたしかねます。また受験指導などは行っておりません。
※ご質問の受付期限は、各試験日の 10 日前必着といたします。
※回答日時の指定はできません。また、ご質問の内容によっては回答まで 10 日前後お時間をいただく場合があります。
あらかじめご了承ください。

編著：コンデックス情報研究所
1990 年 6 月設立。法律・福祉・技術・教育分野において、書籍の企画・執筆・編集、大学および通信教育機関との共同教材開発を行っている研究者・実務家・編集者のグループ

執筆代表：江部明夫
甲種危険物取扱者。一般毒物劇物取扱者。各種専門学校等の講師として、「危険物取扱者」や「毒物劇物取扱者」の資格取得の受験対策講座を担当。現在、キバンインターナショナルよりネット動画で「危険物乙種第 4 類頻出問題集」や「毒物劇物取扱者（一般）受験対策講座」を配信中。著書に『1 回で受かる！乙種第 4 類危険物取扱者テキスト＆問題集』、『いちばんわかりやすい！毒物劇物取扱者テキスト＆問題集＋予想模試』（ともに成美堂出版）など多数。

本文イラスト：ひらのんさ

1回で受かる! 甲種危険物取扱者 合格テキスト

2021年10月20日発行

編　著　コンデックス情報研究所

発行者　深見公子

発行所　成美堂出版
〒162-8445　東京都新宿区新小川町1-7
電話(03)5206-8151 FAX(03)5206-8159

印　刷　大盛印刷株式会社

ISBN978-4-415-23355-0
落丁･乱丁などの不良本はお取り替えします
定価はカバーに表示してあります

別冊

1回で受かる！
甲種 危険物取扱者
合格テキスト

模擬試験
解答・解説編

※矢印の方向に引くと
解答・解説が取り外せます。

成美堂出版

甲種危険物取扱者試験
模擬試験問題
［2回分］

解答・解説

第1回　解答・解説

危険物に関する法令

問1　【解答　4】

消防法別表第一に掲げられている危険物はA、B、C、Eの4つ、**4**が正しい。

A○　硫化りんは**第2類危険物(可燃性固体)**である。

B○　カリウムは**第3類危険物(自然発火性物質及び禁水性物質)**である。

C○　硝酸は**第6類危険物(酸化性液体)**である。

D×　水素は消防法上の危険物ではない。消防法上の危険物はすべて、1気圧、20℃の状態において**固体**または**液体**であり、気体である水素は含まれない。

E○　過酸化水素は**第6類危険物(酸化性液体)**である。

[→本冊p.10～12]

問2　【解答　2】

鉄粉の指定数量は500kg、過酸化水素の指定数量は300kg、アセトンの指定数量は400Lである。これらを同一の場所に貯蔵する場合の指定数量の倍数は、次のように求められる。

$$\frac{500}{500}+\frac{1200}{300}+\frac{2000}{400}=1+4+5$$
$$=\mathbf{10}(倍)$$

[→本冊p.17～18]

問3　【解答　5】

1×　屋外タンク貯蔵所は、**指定数量の倍数が200以上**の危険物を貯蔵し、または取り扱う場合に予防規程を定めなければならない。

2×　屋内貯蔵所は、**指定数量の倍数が150以上**の危険物を貯蔵し、または取り扱う場合に予防規程を定めなければならない。

3×　地下タンク貯蔵所については、予防規程の**作成義務はない**。

4×　屋外貯蔵所は、**指定数量の倍数が100以上**の危険物を貯蔵し、または取り扱う場合に予防規程を定めなければならない。

5○　移送取扱所は、**指定数量の倍数にかかわらず**、予防規程を定めなければならない。

[→本冊p.56]

問4　【解答　4】

保有空地が必要な製造所等は、**製造所**、屋内貯蔵所、**屋外タンク貯蔵所**、屋外貯蔵所、**一般取扱所**、**簡易タンク貯蔵所**(屋外に設けるもの)、移送取扱所(地上設置のもの)である。

[→本冊p.69]

問5　【解答　3】

1○　スプリンクラー設備は、**第2種**の消火設備である。

2○　第5種の消火設備は、小型消火器、水バケツまたは水槽、**乾燥砂**、膨張ひる石または膨張真珠岩である。

3×　第4種の消火設備は、防護対象物の各部分から一の消火設備に至る歩行距離が**30m以下**となるように設ける。

4○　地下タンク貯蔵所には、その規模や、危険物の品名、数量等にかかわらず、

第5種の消火設備を**2個以上**設けなければならない。

5〇　第1種の消火設備のうち、屋内消火栓設備は、製造所等の建築物の階ごとに、その階の各部分から一のホース接続口までの水平距離が**25m以下**となるように設ける。

[→本冊p.116～118]

問6　【解答　4】

1〇　防油堤の高さは**0.5**m以上とする。高さが1mを超える防油堤には、おおむね30mごとに堤内に出入りするための階段を設置し、または土砂の盛上げ等を行う。

2〇　1基の屋外貯蔵タンクの周囲に設ける防油堤の容量は、タンクの容量の**110**%（引火性を有しない危険物では100%）以上とする。

3〇　2基以上の屋外貯蔵タンクの周囲に設ける防油堤の容量は、容量が**最大**であるタンクの容量の**110**%（引火性を有しない危険物では100%）以上とする。

4×　防油堤内に設置する屋外貯蔵タンクの数は、**10**以下とする（危険物の引火点等により緩和規定がある）。

5〇　防油堤は、**土**または**鉄筋コンクリート**で造り、かつ、その中に収納された危険物が防油堤の外に流出しない構造にしなければならない。

[→本冊p.81～82]

問7　【解答　5】

1〇　懸垂式の固定給油設備は、道路境界線から**4**m以上の距離を保たなければならない（懸垂式でない固定給油設備の場合は、最大給油ホース全長により、道路境界線との間に保たなければならない間隔が異なる）。

2〇　固定給油設備は、敷地境界線から**2**m以上の距離を保たなければならない。

3〇　固定給油設備は、給油取扱所の建築物の壁に開口部がある場合は、その壁から**2**m以上の間隔を保たなければならない。

4〇　固定給油設備は、給油取扱所の建築物の壁に開口部がない場合は、その壁から**1**m以上の間隔を保たなければならない。

5×　固定給油設備と地下専用タンクの給油口の距離については定められていない。

[→本冊p.100～101]

問8　【解答　1】

1〇　危険物保安監督者を選任したときは、遅滞なくその旨を**市町村長等**に**届け出**なければならない。

2×　製造所等の位置、構造または設備を**変更**しようとする者は、**市町村長等**の**許可**を受けなければならない。

3×　指定数量以上の危険物は、貯蔵所以外の場所で貯蔵し、または製造所等以外の場所で取り扱ってはならない。ただし、**所轄消防長または消防署長**の**承認**を受けて、指定数量以上の危険物を**10日以内**の期間、仮に貯蔵し、または取り扱う場合はこの限りでない。

4×　製造所等において定期点検を行うと

きは、届出等の手続きは**必要ない**。

5×　製造所等の位置、構造または設備を変更する場合、変更工事に係る部分以外の部分の全部または一部について**市町村長等**の**承認**を受けたときは、完成検査を受ける前においても、仮に、その承認を受けた部分を使用することができる。

[→本冊 p.34～35]

問9　【解答　2】

製造所等の所有者、管理者または占有者は、以下の事項に該当する場合は、市町村長等から期間を定めて製造所等の**使用停止命令**を受けることがある。

①危険物の貯蔵・取扱い基準の遵守命令に違反したとき

②危険物保安統括管理者を定めないとき、またはその者に事業所における危険物の保安に関する業務を統括管理させていないとき

③**危険物保安監督者**を定めないとき、またはその者に危険物の取扱作業に関して**保安の監督**をさせていないとき

④危険物保安統括管理者または危険物保安監督者の**解任命令**に違反したとき

このほか、製造所等の「設置許可の取消し、または使用停止命令」の事由に該当するのは、製造所等の無許可変更、完成検査前使用、製造所等の位置、構造、設備にかかわる措置命令違反、保安検査未実施、定期点検未実施の場合である。

危険物保安監督者を選任、または解任したときは、遅滞なく市町村長等に届け出なければならないが、届出義務に違反しても、製造所等の使用停止命令を受ける事由にはならない（罰則として30万円以下の罰金または拘留に処せられる）。

[→本冊 p.144]

問10　【解答　2】

1×　**移動タンク貯蔵所**は、危険物保安監督者の選任を必要としない。

2〇　指定数量の倍数が**30**を超える第4類危険物を貯蔵し、または取り扱う屋内貯蔵所には、危険物保安監督者を定めなければならない。灯油の指定数量は1,000Lである。

3×　引火点**40**℃以上の第4類危険物のみを貯蔵し、または取り扱う屋内タンク貯蔵所は、危険物保安監督者の選任を必要としない。灯油の引火点は**40**℃以上である。

4×　指定数量の倍数が**30**以下の、引火点**40**℃以上の第4類危険物のみを貯蔵し、または取り扱う地下タンク貯蔵所は、危険物保安監督者の選任を必要としない。重油の指定数量は2,000Lである。

5×　指定数量の倍数が**30**以下の第4類危険物のみを貯蔵し、または取り扱う屋外貯蔵所は、危険物保安監督者の選任を必要としない。

[→本冊 p.50]

問11　【解答　5】

保安講習を受講しなければならないのは、製造所等において危険物の取扱作業に従事している**危険物取扱者**である。

[→本冊 p.43]

問12 【解答 3】

第3類の危険物のうち、**黄りん**その他水中に貯蔵する物品と**禁水性物品**とは、同一の貯蔵所において貯蔵してはならない。カリウムは禁水性物品に含まれるため、**3**の黄りんと同一の貯蔵所に貯蔵することはできない。

[→本冊 p.124]

問13 【解答 5】

1○ 製造所等において、**許可**もしくは**届出**された品名以外の危険物、またはこれらの許可もしくは届出された数量もしくは指定数量の倍数を超える危険物を貯蔵し、または取り扱ってはならない。

2○ 製造所等においては、みだりに**火気**を使用してはならない。

3○ 危険物のくず、かす等は、**1**日に1回以上、危険物の性質に応じて安全な場所で廃棄その他適当な処置をしなければならない。

4○ 危険物は、温度計、湿度計、圧力計等の計器を監視して、危険物の性質に応じた適正な**温度**、**湿度**または**圧力**を保つように貯蔵し、または取り扱わなければならない。

5× 貯留設備または油分離装置にたまった危険物は、あふれないように随時**くみ上げ**なければならない。

[→本冊 p.121]

問14 【解答 4】

定期点検を実施できるのは、以下の者である。

・危険物取扱者

・**危険物施設保安員**

・危険物取扱者の立会いを受けた、危険物取扱者以外の者(丙種危険物取扱者も立会いができる)

[→本冊 p.62]

問15 【解答 4】

1× 硫化りんは、**危険等級**IIに区分されている。

2× ガソリンは、第4類危険物の第一石油類に含まれ、**危険等級**IIに区分されている。

3× 赤りんは、**危険等級**IIに区分されている。

4○ 黄りんは、**危険等級**Iに区分されている。

5× エタノールは、第4類危険物のアルコール類に含まれ、**危険等級**IIに区分されている。

[→本冊 p.136]

物理学及び化学

問16 【解答 4】

4が誤り。

静電気が蓄積したからといって蒸発しやすくなることはない。

1○ 2○ 3○ 4× 静電気の蓄積と物質の蒸発とは無関係。 **5○**

[→本冊 p.160〜163]

問17 【解答 1】

1の組合せが正しい。

陽子の数は「**8**」、中性子の数は「(Oの左肩の数字) 16 − (左下の数字) 8 = **8**」、質量数は「**16**」である。

[→本冊 p.176]

問18 【解答 3】

1○ アセチレン(C_2H_2)の燃焼で、**二酸化炭素**(CO_2)と**水**または**水蒸気**(H_2O)が生じる。

2○ 水素(H_2)の燃焼で、**水**または**水蒸気**(H_2O)が生じる。

3× プロパン(C_3H_8)の燃焼で、化学反応式の左辺と右辺で、**各原子の数の総和**が不一致である。

正しくは、

$$C_3H_8 + 5\,O_2 \longrightarrow 3\,CO_2 + 4\,H_2O$$

4○ **二硫化炭素**(CS_2)の燃焼で、**二酸化炭素**(CO_2)と二酸化硫黄(SO_2)を生じる。

5○ 一酸化炭素(CO)の燃焼で、**二酸化炭素**(CO_2)を生じる。

[→本冊 p.186〜187]

問19 【解答 3】

1× CaO(酸化カルシウム)は、**塩基性酸化物**。

2× CO_2(二酸化炭素)は、**酸性酸化物**。

3○ ZnO(酸化亜鉛)は、酸とも塩基とも反応する酸化物(**両性酸化物**)である。

4× Na_2O(酸化ナトリウム)は、**塩基性酸化物**。

5× SO_2(二酸化硫黄)は、**酸性酸化物**。

[→本冊 p.199]

問20 【解答 2】

1× リチウム(Li)は**赤色**を示す。

2○ ナトリウム (Na)は炎色反応で**黄色**を示す。

3× バリウム(Ba)は**緑色**を示す。

4× カルシウム(Ca)は**橙赤色**を示す。

5× 銅(Cu)は**青緑色**を示す。

[→本冊 p.210]

問21 【解答 5】

1× **迷走電流**とは、鉄道のレールから漏れる電流などをいう。鉄の腐食が**進みやすい**。

2× 鉄の腐食が**進みやすい**。

3× 鉄の腐食が**進みやすい**。

4× 鉄の腐食が**進みやすい**。

5○ 鉄の腐食が進まない。鋼製配管がコンクリートの中でさびないのは、コンクリートのpH(水素イオン指数)が12〜13の**強アルカリ性**に保たれているからである。

[→本冊 p.213]

問22 【解答 1】

1× アセトアルデヒド(CH_3CHO)は、**メチル基**($-CH_3$)及び**アルデヒド基**($-CHO$)をもつ。エチル基($-C_2H_5$)

はもたない。

2○　ベンゼン**スルホン酸**($C_6H_5SO_3H$)は、スルホ基($-SO_3H$)及び**フェニル基**($-C_6H_5$)をもつ。

3○　アニリン($C_6H_5NH_2$)は、**アミノ基**($-NH_2$)及び**フェニル基**($-C_6H_5$)をもつ。

4○　グリセリン($C_3H_5(OH)_3$)は、**ヒドロキシ基**($-OH$)をもつ。

5○　ピクリン酸($C_6H_2(NO_2)_3OH$)は、**ニトロ基**($-NO_2$)及び**ヒドロキシ基**($-OH$)をもつ。

〔→本冊p.215,218～219,356〕

問23　【解答　2】

2が誤り。

ナフタレンは、固体が蒸発して気体となり(昇華)、それが燃えるため、表面燃焼ではなく**蒸発燃焼**である。

1○　2×　3○　4○　5○

〔→本冊p.226〕

問24　【解答　2】

2が正しい。

可燃性蒸気の濃度〔vol%〕＝

$$\frac{\text{蒸気の体積〔L〕}}{\text{蒸気の体積〔L〕}+\text{空気の体積〔L〕}}\times 100$$

この式により、**蒸気3Lの場合**は、

$$\frac{3}{3+100}\times 100 \fallingdotseq \mathbf{2.91}\text{〔vol\%〕}$$

したがって、**燃焼範囲1.3～7.1〔vol%〕の間**にある。

1×　$\frac{1}{1+100}\times 100 \fallingdotseq 0.99$

燃焼範囲1.3～7.1〔vol%〕外。

2○　燃焼範囲1.3～7.1〔vol%〕内。

3×　$\frac{10}{10+100}\times 100 \fallingdotseq 9.09$

燃焼範囲1.3～7.1〔vol%〕外。

4×　$\frac{15}{15+100}\times 100 \fallingdotseq 13.04$

燃焼範囲1.3～7.1〔vol%〕外。

5×　$\frac{20}{20+100}\times 100 \fallingdotseq 16.67$

燃焼範囲1.3～7.1〔vol%〕外。

〔→本冊p.229～231〕

問25　【解答　1】

問題に示された油脂のうち、ヨウ素価の値が最も大きいものは**1**の**アマニ油**である。

1○　アマニ油のヨウ素価　190～204

2×　ゴマ油のヨウ素価　103～118

3×　オリーブ油のヨウ素価　75～90

4×　キリ油のヨウ素価　149～176

5×　ナタネ油のヨウ素価　96～106

〔→本冊p.343〕

危険物の性質並びにその火災予防及び消火の方法

問26 【解答 3】

3が誤り。

マグネシウムは、第3類ではなく、第2類の危険物(**可燃性固体**)である。

1○ 2○ 3× 第2類危険物。 4○ 5○

[→本冊p.263,298～300,333,350～351]

問27 【解答 4】

1○ **40**℃未満で引火の危険。

2○ **水と作用**して発火。

3○ **発火**、**爆発**の危険性。

4× 過酸化水素は、容器は**密栓せず**、**通気**のための穴(ガス抜き口)のある栓をする。これにより、分解による酸素ガスでの容器破裂を防ぐ。

5○ **自然発火**の危険性。

[→本冊p.299～300,309,356,373～375]

問28 【解答 2】

1○ $KClO_3$ (塩素酸カリウム)は、**注水消火**が最もよい。

2× K_2O_2(過酸化カリウム)は、消火方法として、注水(強化液を含む)を避け、**乾燥砂**などをかける。

3○ Al(アルミニウム粉)は、**乾燥砂**などで覆い、窒息消火をするか、**金属火災用粉末消火剤**を用いる。

4○ CH_3COCH_3 (アセトン)は、**耐アルコール泡**でも有効。耐アルコール泡とは、水溶性液体用泡消火薬剤のことで、普通の泡消火薬剤ではない。

5○ $C_6H_2(NO_2)_3CH_3$ (トリニトロトルエン)は、**注水消火**。

[→本冊p.260,265～266,295～296,331,356～357]

問29 【解答 3】

3が誤り。

塩素酸カリウム($KClO_3$)は、**400℃以上**に熱すると、塩素ではなく**酸素**を発生する。

1○ 2○ 3× 4○ 強酸は硫酸など。 5○

[→本冊p.260]

問30 【解答 2】

2が誤り。

三酸化クロムは、**潮解性が強い**。

1○ 2× 3○ 4○ 5○

[→本冊p.280～281]

問31 【解答 5】

1× **黒褐色**の粉末。

2× 水・アルコールに**不溶**。

3× 多くの酸やアルカリに**可溶**。

4× 金属並みの**導電性がある**。

5○ **毒性**が強い。

[→本冊p.281]

問32 【解答 4】

4が正しい。

五硫化二リン (P_2S_5)は、水と反応して有毒で可燃性の**硫化水素**(H_2S) ガスを発生する。

1× 2× 3× 4○ 5×

[→本冊p.289]

問33 【解答 1】

1が誤り。

塩酸(HCl)、水酸化ナトリウム溶液

(NaOH)の**どちらにも反応**して(アルミニウムは、酸にもアルカリにも反応する両性元素)、**水素**を発生する。

1× 2○ 3○ 酸化アルミニウムは、Al_2O_3。 4○ **テルミット反応**と呼ばれる。 5○ **注水厳禁**、金属火災用粉末消火剤を用いてもよい。

[→本冊p.295～296]

問34 【解答 1】

1○ 斜方硫黄、単斜硫黄、ゴム状硫黄の**同素体**が存在する。

2× 二硫化炭素に溶けるが、**水には溶けない**。

3× 硫化水素(H_2S)ではなく、**二酸化硫黄**(SO_2)が発生する。

4× 電気の**不良導体**である。

5× **水**と**土砂**などにより消火する。

[→本冊p.292]

問35 【解答 2】

2が誤り。

融点は低く44℃である。

1○ 2× 3○ 水中貯蔵。 4○ 5○

[→本冊p.313～314]

問36 【解答 1】

1が誤り。

水素化ナトリウム(NaH)は、**灰色の結晶**(**固体**)。

1× 2○ 3○ 4○ 5○ 消石灰は水酸化カルシウム($Ca(OH)_2$)の別名。ソーダ灰は炭酸ナトリウム(Na_2CO_3)の別名。水、泡による消火は厳禁。

[→本冊p.320]

問37 【解答 3】

3が正しい。

A:**灰色**、B:**アセチレン**、C:**還元性**。

1× 2× 3○ 4× 5×

[→本冊p.323]

問38 【解答 4】

4が誤っているもののみの組合せである。

A○ **無色の液体**である。

B× **有毒**である。

C○ 引火点は－14℃と**低い**。

D○ 燃焼範囲は1.2～90.5vol%と**広い**。

E× 水と反応すると**塩化水素**(HCl)を発生する。

[→本冊p.325]

問39 【解答 5】

5が正しい。

無機過酸化物は禁水であるので、水や湿気との接触を避ける。5のアルカリ金属の過酸化物であるK_2O_2(**過酸化カリウム**)は、**禁水性**が求められる。

因みに、1の$NaClO_2$は亜塩素酸ナトリウム、2の$KClO_3$は塩素酸カリウム、3の$KClO_4$は過塩素酸カリウム、4のNH_4ClO_4は過塩素酸アンモニウムである。

[→本冊p.260,263～266,269]

問40 【解答 5】

5が正しい。

純品は不安定で非常に危険なので(直射日光や衝撃で分解発火する)、市販品は**フタル酸ジメチル**(ジメチルフタレート)で60%に希釈している。

1× 2× 3× 4× 5○

[→本冊 p.351]

問41 【解答 2】

2が誤り。

灰色ではなく、**無色の液体**で、**強い刺激臭**がある。

1○ 過酢酸の化学式は CH_3COOOH で、酢酸(CH_3COOH)より O(酸素原子)が1つ多い。 2× 3○ 4○ 5○

[→本冊 p.352]

問42 【解答 3】

3が誤り。

ガソリンやアルコールなどと混合すると、摩擦、打撃により**爆発の危険性がある**。

1○ **熱湯**には溶けるが、**冷水**には溶けない。 2○ 3× 4○ 5○ **有毒**。

[→本冊 p.356]

問43 【解答 4】

4が誤り。

過塩素酸は、触れると**皮膚を腐食**する。

1○ 2○ 3○ 4× 5○

[→本冊 p.373～374]

問44 【解答 3】

3の3つが正しい。

尿酸、**アセトアニリド**、**リン酸**が過酸化水素の**安定剤**として用いられる。

1× 2× 3○ 過酸化水素の分解を抑制するため安定剤を用いる。

4× 5×

[→本冊 p.375]

問45 【解答 1】

1が誤り。

硝酸は実験室では、**硝酸塩**に**濃硫酸**を作用させ、加熱してつくる。1の記述は工業的製法になっている。

1× 2○ 3○ 4○ 5○

[→本冊 p.377]

第2回　解答・解説

危険物に関する法令

問1　【解答　5】

法令上、屋外貯蔵所において貯蔵し、または取り扱うことができる危険物は、以下のものに限られる。

- 第2類の危険物のうち、①硫黄、②硫黄のみを含有するもの、③引火性固体(引火点が0℃以上のものに限る)
- 第4類の危険物のうち、①第一石油類(引火点が0℃以上のものに限る)、②アルコール類、③第二石油類、④第三石油類、⑤第四石油類、⑥動植物油類

1○　**硫黄**は、屋外貯蔵所において貯蔵し、または取り扱うことができる。

2○　**引火性固体で、引火点が0℃以上のもの**は、屋外貯蔵所において貯蔵し、または取り扱うことができる。

3○　灯油は、第4類危険物の**第二石油類**に含まれるので、屋外貯蔵所において貯蔵し、または取り扱うことができる。

4○　エタノールは、第4類危険物の**アルコール類**に含まれるので、屋外貯蔵所において貯蔵し、または取り扱うことができる。

5×　ガソリンは、第4類危険物の**第一石油類**に含まれるが、**引火点が0℃未満**なので、屋外貯蔵所において貯蔵し、または取り扱うことが**できない**。

[→本冊p.24]

問2　【解答　4】

キシレン、1-ブタノール(*n*-ブチルアルコール)は、ともに第二石油類の非水溶性液体で、指定数量は1,000Lである。酢酸エチルは、第一石油類の非水溶性液体で、指定数量は200Lである。これらを同一の場所に貯蔵する場合の指定数量の倍数は、次のように求められる。

$$\frac{2000}{1000}+\frac{1000}{200}+\frac{1000}{1000}=2+5+1$$
$$=\mathbf{8}(倍)$$

[→本冊p.17～18]

問3　【解答　2】

1×　予防規程は、製造所等の**所有者**、**管理者**または**占有者**が定めなければならない。

2○　予防規程を定めたときは、市町村長等の**認可**を受けなければならない。

3×　予防規程を定める製造所等の所有者、管理者または占有者及びその**従業者**は、危険物取扱者であるか否かにかかわらず、予防規程を遵守しなければならない。

4×　**市町村長等**は、火災予防のために必要なときは、予防規程の変更を命ずることができる。

5×　予防規程を変更したときは、市町村長等の**認可**を受けなければならない。

[→本冊p.56～57,143]

問4　【解答　3】

1×　使用電圧が35,000ボルトを超える特別高圧架空電線と製造所の外壁等の間には、**水平距離5m**以上の保安距離を保たなければならない。

2×　病院と製造所の外壁等の間には、**30m**以上の保安距離を保たなければ

ならない。

3○　重要文化財に指定されている建築物と製造所の外壁等の間には、**50m**以上の保安距離を保たなければならない。

4×　高圧ガス施設と製造所の外壁等の間には、**20m**以上の保安距離を保たなければならない。

5×　劇場と製造所の外壁等の間には、**30m**以上の保安距離を保たなければならない。

[→本冊p.68]

問5　【解答　5】

1○　製造所または取扱所の建築物は、外壁が耐火構造のものは延べ面積**100**m² を1所要単位とする。

2○　製造所または取扱所の建築物は、外壁が耐火構造でないものは延べ面積**50**m² を1所要単位とする。

3○　貯蔵所の建築物は、外壁が耐火構造のものは延べ面積**150**m² を1所要単位とする。

4○　貯蔵所の建築物は、外壁が耐火構造でないものは延べ面積**75**m² を1所要単位とする。

5×　危険物は、指定数量の**10**倍を1所要単位とする。

[→本冊p.117]

問6　【解答　5】

1○　屋内貯蔵タンクは、原則として**平家建**の建築物に設けられたタンク専用室に設置する。ただし、引火点が40℃以上の第4類の危険物のみを貯蔵する場合は、平家建以外の建築物に設けられたタンク専用室に設置することができる。

2○　屋内貯蔵タンクの容量は、指定数量の**40倍**以下（第四石油類及び動植物油類以外の第4類の危険物を貯蔵する場合は、指定数量の**40倍**の数量が20,000Lを超えるときは**20,000L**以下）でなければならない。

3○　引火点が70℃以上の第4類の危険物のみを貯蔵する場合を除き、タンク専用室は、壁、柱及び床を**耐火構造**としなければならない。引火点が70℃以上の第4類の危険物のみを貯蔵する場合は、延焼のおそれのない外壁、柱及び床を**不燃材料**で造ることができる。

4○　液体の危険物の屋内貯蔵タンクには、**危険物の量**を自動的に表示する装置を設ける。

5×　屋内貯蔵タンクとタンク専用室の壁との間及び同一のタンク専用室内に屋内貯蔵タンクを2以上設置する場合のタンクの相互間には、**0.5m**以上の間隔を保つこととされている。

[→本冊p.85～87]

問7　【解答　5】

給油取扱所に、給油またはこれに附帯する業務のための用途に供する建築物として設置できるのは、以下のものである。

・給油または**灯油**もしくは**軽油**の詰替えのための作業場
・給油取扱所の業務を行うための事務所
・給油、灯油もしくは軽油の詰替えまたは自動車等の点検・整備もしくは洗浄のために給油取扱所に出入りする者を対象とした**店舗**、**飲食店**または展示場

・自動車等の点検・整備を行う作業場
・自動車等の洗浄を行う作業場
・給油取扱所の所有者、管理者もしくは占有者が居住する**住居**またはこれらの者に係る他の給油取扱所の業務を行うための事務所

[→本冊 p.101]

問8 【解答 5】

指定数量以上の危険物を貯蔵し、または取り扱うために製造所等を設置しようとする者は、市町村長等に申請し、**許可**を受けなければならない。製造所等の位置、構造または設備を**変更**しようとする場合も同様である。これらの場合、許可を受けるまでは設置・変更の工事に**着工してはならない**。許可を受けて工事が完了したときは、市町村長等が行う**完成検査**を受けなければならない。

[→本冊 p.29]

問9 【解答 1】

製造所等の設置許可の取消しの事由に該当するのは、製造所等の**無許可変更**、**完成検査前使用**、製造所等の位置、構造、設備にかかわる**措置命令違反**、保安検査未実施、**定期点検未実施**の場合である。

[→本冊 p.144]

問10 【解答 3】

免状の再交付の申請先は、免状を**交付**または**書換え**した都道府県知事である。

免状の書換えの申請先は、免状を交付した都道府県知事、または居住地もしくは勤務地の都道府県知事である。

[→本冊 p.40～41]

問11 【解答 3】

製造所等において危険物の取扱作業に従事する危険物取扱者は、当該取扱作業に従事することとなった日から**1年**以内に講習を受けなければならない。ただし、当該取扱作業に従事することとなった日前**2年**以内に危険物取扱者免状の交付を受けている場合または講習を受けている場合は、それぞれ当該免状の交付を受けた日または当該講習を受けた日以後における最初の4月1日から**3年**以内に講習を受けることをもって足りるものとする。

[→本冊 p.43～44]

問12 【解答 4】

製造所等のうち、政令で定める一定規模以上になると、市町村長等が行う保安検査の対象となるものは、**屋外タンク貯蔵所**、**移送取扱所**である。

[→本冊 p.64]

問13 【解答 1】

1× 懸垂式固定給油設備(ホース機器)は、敷地境界線から**2m**以上の間隔を保って設置しなければならない。

2○ 懸垂式固定給油設備(ホース機器)は、道路境界線から**4m**以上の間隔を保って設置しなければならない。

3○ 懸垂式固定給油設備(ホース機器)は、ホース機器の下方に、間口**10m**以上、奥行**6m**以上の給油空地を保有しなければならない。

4○ 懸垂式固定給油設備(ホース機器)は、給油取扱所の建築物の壁(開口部のあるもの)から**2m**以上の間隔を保って設置しなければならない。

5○　懸垂式固定給油設備（ホース機器）は、給油取扱所の建築物の壁（開口部のないもの）から**1m**以上の間隔を保って設置しなければならない。

［→本冊p.99～101］

問14　【解答　2】

製造所等（移動タンク貯蔵所を除く）に設ける標識については、以下のように定められている。

- 標識は、幅**0.3m**以上、長さ**0.6m**以上の板であること。
- 標識の色は、地を**白色**、文字を**黒色**とすること。

［→本冊p.111］

問15　【解答　2】

1×　指定数量以上の危険物を運搬する場合、**届出**の義務はない。

2○　指定数量以上の危険物を車両で運搬する場合は、車両の前後の見やすい箇所に、「危」と表示した**標識**を掲げなければならない。

3×　同一車両において、**類の異なる危険物**を混載してはならない場合がある。ただし、指定数量の1/10以下の危険物を運搬する場合は、その規定は適用されない。

4×　危険物の運搬に関する技術上の基準は、**指定数量未満**の危険物を運搬する場合にも適用される。

5×　運搬容器の**材質**は、鋼板、アルミニウム板、ブリキ板、ガラス、金属板、紙、プラスチック、ファイバー板、ゴム類、合成繊維、麻、木または陶磁器とする。

［→本冊p.134,137～138］

物理学及び化学

問16　【解答　2】

A、Bの2つ、**2**が正しい。

A○　**流速が大き**ければ、流体が配管内面を速くこすることになり、静電気が発生しやすい。

B○　**流れが乱れ**ていれば、流体と内壁面が接触する機会が多くなり、静電気が発生しやすい。

C×　配管の内面の粗さが少なければ、流れる流体との**接触面積は小さく**なるため、静電気は発生しにくい。

D×　空気中の**湿度が高**ければ、静電気は発生しにくい。

E×　液温と静電気の発生しやすさとは関係がない。

［→本冊p.163～164］

問17　【解答　3】

3が誤り。

ハロゲン族は、1価の**陰イオン**になりやすい。

1○　2○　3×　ハロゲン族は、フッ素、塩素、臭素など。　4○　希ガスは、ヘリウム、ネオン、アルゴンなど。　5○

［→本冊p.177～178,210］

問18　【解答　5】

5が誤り。

5の燃焼熱は、すべて**発熱**反応となるので、必ず「**＋**」となる。

［→本冊p.192～193］

問19　【解答　3】

3が正しい。

水素イオン指数pH $= \log \frac{1}{[H^+]} = n$

水素イオン濃度を100倍に薄めると、

$$pH = \log \frac{1}{[H^+]/100} = \log \frac{1}{[H^+]} \times 100$$

$$= \log \frac{1}{[H^+]} + \log 100 = \log \frac{1}{[H^+]} + 2$$

$= n + 2$

1×　2×　3○（対数計算、log100＝2）
4×　5×

［→本冊p.202～203］

問20　【解答　5】

5が適切で正しい。

選択肢から、鉄（Fe）より**イオン化傾向の大きい**ものを選べばよい。金属のイオン化列は、イオン化傾向（下図参照）の大きい順より、

Li K Ca Na Mg Al Zn **Fe** Ni Sn Pb (H₂) Cu Hg Ag Pt Au
大 ←――――― イオン化傾向 ―――――→ 小

鉄（Fe）より左にある金属として、アルミニウム（Al）を取り付ければよい。

1×　2×　3×　4×　5○

［→本冊p.212～213］

問21　【解答　1】

1×　$-NO_2$は**ニトロ基**であり、これをもつものを**ニトロ化合物**という。アミンは$-NH_2$（アミノ基）をもつものである。
（例）ニトロ化合物として、
ニトロベンゼン（$C_6H_5NO_2$）

2○　$>C=O$は**カルボニル基**（ケトン基）で、これをもつものを**ケトン**という。
（例）アセトン（CH_3COCH_3）

3○　$-CHO$は**アルデヒド基**で、これをもつものを**アルデヒド**という。
（例）アセトアルデヒド（CH_3CHO）

4○　$-COOH$は**カルボキシ基**で、これをもつものを**カルボン酸**という。
（例）酢酸（CH_3COOH）

5○　$-SO_3H$は**スルホ基**（スルホン酸基）で、これをもつものを**スルホン酸**という。
（例）ベンゼンスルホン酸（$C_6H_5SO_3H$）

［→本冊p.218～219］

問22　【解答　4】

4の組合せが正しい。

可燃性物質の燃えやすい条件は、この場合「酸素との接触面積が**大きい**」、「酸化され**やすい**」、「熱伝導率が**小さい**」ということである。

［→本冊p.227］

問23　【解答　1】

1が正しい。（ある危険物とは、この場合ジエチルエーテルである。）

可燃性蒸気の濃度〔vol%〕＝

$$\frac{蒸気の体積〔L〕}{蒸気の体積〔L〕+空気の体積〔L〕} \times 100$$

この式により、**蒸気1Lに対する空気1Lの混合の場合**は、

$$\frac{1}{1+1} \times 100 = \mathbf{50}〔vol\%〕$$

したがって、**燃焼範囲1.9～36〔vol%〕**

の外にあり、**点火しても火がつかない**。

1○　燃焼範囲1.9～36〔vol%〕外、火がつかない。

2×　$\frac{1}{1+2} \times 100 \fallingdotseq 33.33$

燃焼範囲1.9～36〔vol%〕内、火がつく。

3×　$\frac{1}{1+3} \times 100 = 25$

燃焼範囲1.9～36〔vol%〕内、火がつく。

4×　$\frac{1}{1+4} \times 100 = 20$

燃焼範囲1.9～36〔vol%〕内、火がつく。

5×　$\frac{1}{1+5} \times 100 \fallingdotseq 16.67$

燃焼範囲1.9～36〔vol%〕内、火がつく。

[→本冊p.229～230]

問24　【解答　4】

1○　危険物の規制に関する政令別表第五を参照。

2○　危険物の規制に関する政令別表第五を参照。

3○　危険物の規制に関する政令別表第五を参照。

4×　第4種消火設備は、小型消火器ではなく、**大型消火器**である（危険物の規制に関する政令別表第五）。

5○　**乾燥砂や水バケツ等**は第5種消火設備である（危険物の規制に関する政令別表第五）。

[→本冊p.238～239]

問25　【解答　3】

1×　消火の三要素は、**除去**消火、**窒息**消火、**冷却**消火である。

2×　ガスの元栓を閉めての消火は、**除去**消火である。

3○　たき火に水をかけるのは**冷却**消火が歴然であるので正しいが、発生した水蒸気による**窒息**効果もあることに注意する。

4×　アルコールランプにふたをしての消火は、**窒息**消火である。

5×　ロウソクの火に息を吹きかけての消火は、**除去**消火である。

[→本冊p.235～236]

危険物の性質並びにその火災予防及び消火の方法

問26 【解答 1】

1○ 第1類危険物は、**酸化性固体**で、**そのもの自体は燃焼しない**。

2× 第2類危険物は、**着火**または**引火**の危険性がある。たとえば、鉄粉は着火の危険性があり、固形アルコールは引火の危険性がある。

3× 第3類危険物は、ナトリウムやアルキルアルミニウムなどは、**水**と接触すると**激しく反応**し、発生したガスが**発火**する。しかし、黄リン(P)は水とは反応しない。したがって、題意の共通性状とはいえない。

4× 第5類危険物の多くは**酸素含有物**であるが、アジ化ナトリウム (NaN_3)のような酸素を含んでいない**窒素含有物**もある。また、**引火性のもの**(硝酸メチル、硝酸エチルなど)もある。

5× 第6類危険物のうち、硝酸は**強酸**であり、**腐食性**があるが、第6類危険物すべてが強酸ではない。過酸化水素(H_2O_2)は弱酸である。

[→本冊p.251,346,369,375]

問27 【解答 3】

A、B、Dの3つ、**3**が正しい。

Aのナトリウムの保護液は**灯油**。

Bの二硫化炭素の保護液は**水**。

Dの黄リンの保護液は**水**。

以上の3つは、「**水その他の液体の保護液**」の中に貯蔵される危険物である。C、E、F、Gの危険物は保護液を用いない。

1× 2× 3○ 4× 5×

[→本冊p.265,291,309,313～314,333,335,339]

問28 【解答 1】

1が誤り。

第1類危険物の一般的な消火方法は**注水消火**であるが、**アルカリ金属過酸化物**(過酸化カリウム (K_2O_2)や過酸化ナトリウム(Na_2O_2))については、注水は避け、**乾燥砂**などをかける。

1× 2○ 3○ 4○ 5○

[→本冊p.257,265～266,292,307～309,315～317,356,373～374]

問29 【解答 1】

1○ **過塩素酸塩類の定義**である。

たとえば、過塩素酸🄷ClO_4→(置き換わる)過塩素酸カリウム🄺ClO_4

2× 過塩素酸カリウムは、水に**溶けにくい**。

3× 過塩素酸ナトリウムは、**無色の結晶**。

4× 過塩素酸アンモニウムは、**潮解性はある**。

5× 消火方法は、**注水が最もよい**。

[→本冊p.262～264]

問30 【解答 5】

1○ K_2O_2(過酸化カリウム)は、第1類危険物の中の無機過酸化物。

2○ Na_2O_2 (過酸化ナトリウム)は、第1類危険物の中の無機過酸化物。

3○ CaO_2(過酸化カルシウム)は、第1類危険物の中の無機過酸化物。

4○ MgO_2(過酸化マグネシウム)は、第1類危険物の中の無機過酸化物。

5× H_2O_2(過酸化水素)は、**第6類危険物**である。

[→本冊p.265～268,374～375]

問31 【解答 4】

4が誤り。

光や熱によって分解は**急激に進行する**。

1○ 2○ 3○ 4× 5○

[→本冊p.281～282]

問32 【解答 3】

3が誤り。

有毒なリン化水素(PH_3、ホスフィンともいう)ではなく、**熱湯と反応**して、有毒な**硫化水素**(H_2S)を発生する。

1○ 2○ 発火点100℃ 3× 4○ 5○

[→本冊p.288～289]

問33 【解答 5】

1○ $2Zn + O_2 \longrightarrow 2ZnO$
(亜鉛)(酸素) (酸化亜鉛)

2○ $Zn + S \longrightarrow ZnS$
(亜鉛)(硫黄) (硫化亜鉛)

3○ $Zn + 2HCl \longrightarrow ZnCl_2 + H_2$
(亜鉛)(塩酸) (塩化亜鉛)(水素)

4○ $Zn + 2NaOH \longrightarrow Na_2ZnO_2 + H_2$
(亜鉛)(水酸化ナトリウム)(亜鉛酸ナトリウム)(水素)

5× 亜鉛粉による火災が発生した場合は、**注水厳禁**で、**乾燥砂**などで覆い、窒息消火する。または、**金属火災用粉末消火剤**を用いて消火する。

[→本冊p.296]

問34 【解答 5】

5が誤り。

泡、二酸化炭素、粉末が**有効**である。

1○ 2○ 3○ 引火しやすい。 4○ 密封貯蔵。 5× **窒息消火**。

[→本冊p.299～300]

問35 【解答 4】

1○ **アルカリ金属**とは、Li、Na、Kなど。

2○ 比重0.5。

3○ 水と接触すると、**常温では徐々に、高温では激しく**反応し、水素を発生する。

4× 固形の場合は、**融点**(180.5℃)以上に加熱すると発火する。常温でも発火することがあるのは、粉末状のリチウムの場合である。

5○ **注水厳禁**。

[→本冊p.315～316]

問36 【解答 3】

3が誤り。

エタン(C_2H_6)の発生ではなく、**メタン**(CH_4)を発生する。

1○ Al_4C_3 2○ 3× 4○ 5○ 注水厳禁。

[→本冊p.323～324]

問37 【解答 5】

5(DとE)が誤り。

Dのリチウムは、水と反応して**水素ガス**(H_2)を発生する。Eの炭化カルシウムは、水と反応して**アセチレンガス**(C_2H_2)を発生する。

因みに、Aのジエチル亜鉛は、**エタンガス**(C_2H_6)を発生して正しい。Bの水素化リチウムは、**水素ガス**を発生して正しい。Cのカルシウムは、**水素ガス**を発生して正しい。

[→本冊p.315～316,318,320,323]

問38 【解答 3】

1× アセトアルデヒドは水溶性のため

○、ガソリンは**非水溶性**のため×。

2× アセトンは水溶性のため○、ベンゼンは**非水溶性**のため×。

3○ 酸化プロピレンと*n*-プロピルアルコールは、水溶性のため、**水溶性液体用泡消火薬剤**(**耐アルコール泡**)が効果的である。

4× トルエンは**非水溶性**のため×、エタノールは水溶性のため○。

5× 酢酸は水溶性のため○、灯油は**非水溶性**のため×。

[→本冊p.331,333,335,337,339]

問39 【解答 3】

1× **赤紫色**の結晶である。

2× **水**によく溶けて**濃紫色**を呈する。

3○ $2KMnO_4 \longrightarrow K_2MnO_4 + MnO_2 + \underline{O_2}$

(過マンガン酸カリウム)(マンガン酸カリウム)(酸化マンガン)(酸素)

4× **可燃物**と混合したものは、加熱、衝撃などにより**爆発の危険性がある**。

5× 火災の場合は、**注水**して消火するのがよい。

[→本冊p.276]

問40 【解答 1】

1○ トリニトロトルエンは略称TNTといわれ、**淡黄色の結晶**である。ただし、日光に当たると、**茶褐色に変色**。

2× 水に不溶、アルコールには**熱すると溶ける**。

3× 金属とは**反応しない**。

4× **打撃などで爆発**する危険性がある。

5× **注水消火**がよい。

[→本冊p.356～357]

問41 【解答 2】

2が誤り。

硝化度(**含有窒素量**)12.8%を超えるものを**強硝化綿**(**強綿薬**)といい、硝化度12.8%未満のものを**弱硝化綿**(**弱綿薬**)という。

1○ また、**硝酸繊維素**ともいう。 2× なお、硝化度12.5～12.8%のものを**ピロ綿薬**という。 3○ 4○ 5○ 窒息消火は効果がない。

[→本冊p.354～355]

問42 【解答 4】

4が誤り。

乾燥したほうが**爆発する危険性が大きい**ので、乾燥状態で貯蔵・取扱いを行わない。

1○ 2○ 3○ 4× 乾燥状態を避ける。 5○

[→本冊p.350～351]

問43 【解答 5】

1× ハロゲン間化合物は、**2種類のハロゲン元素**が結合した**化合物**の総称である。

2× 常温(20℃)では**液体**である。

3× 一般に、**金属**や**非金属**と反応し、フッ化物をつくる。

4× 容器は**密栓**して貯蔵する(通気穴のついた容器の使用は、過酸化水素である)。

5○ ハロゲン間化合物は、**水**と激しく反応して有毒な**フッ化水素**を生じるので、**水系**消火剤は適切ではない。**粉末消火剤**または**乾燥砂**などで消火する。

[→本冊p.379～380]

問44 【解答 2】

1○ **約3%**水溶液は、消毒液**オキシドール**と呼ばれる。

2× 過酸化水素(H_2O_2)は**強酸化剤**であるが、過マンガン酸カリウム($KMnO_4$)のように、より酸化性の強い酸化剤と反応するときには、**還元剤**としてはたらく。

3○ きわめて不安定で、濃度**50%**以上では、常温でも**水**と**酸素**に分解する。

4○ 容器はふつう密栓するものであるが、過酸化水素を貯蔵する場合は、**通気のための穴**(**ガス抜き口**)のある栓をしなければならない(分解による酸素ガスでの容器破裂を防ぐ)。

5○ **注水消火**する。

[→本冊p.375]

問45 【解答 1】

1が正しい。

$NaClO_3$、NH_4NO_3、CrO_3の組合せが、ともに第1類危険物である(下表を参照)。

1○	$NaClO_3$ (塩素酸ナトリウム)	第1類	NH_4NO_3 (硝酸アンモニウム)	第1類	CrO_3 (三酸化クロム)	第1類
2×	CS_2 (二硫化炭素)	第4類	$C_6H_5CH_3$ (トルエン)	第4類	Al (アルミニウム粉)	第2類
3×	CH_3NO_3 (硝酸メチル)	第5類	$HClO_4$ (過塩素酸)	第6類	S (硫黄)	第2類
4×	Mg (マグネシウム)	第2類	Ca_3P_2 (リン化カルシウム)	第3類	C_2H_5OH (エタノール)	第4類
5×	HNO_3 (硝酸または発煙硝酸)	第6類	NaH (水素化ナトリウム)	第3類	P_2S_5 (五硫化二リン)	第2類

[→本冊p.259,271,280,288,292,295,297,319,321,333,335,337,353,373,376]

模擬試験問題［第１回］解答一覧

合格基準：試験科目ごとの成績が、それぞれ60%以上。

法令

問1	問2	問3	問4	問5	問6	問7	問8	問9	問10	問11	問12	問13	問14	問15
1	1	1	1	1	1	1	**1**	1	1	1	1	1	1	1
2	**2**	2	2	2	2	2	2	**2**	**2**	2	2	2	2	2
3	3	3	3	**3**	3	3	3	3	3	3	**3**	3	3	3
4	4	4	**4**	4	**4**	4	4	4	4	4	4	4	**4**	**4**
5	5	**5**	5	5	5	**5**	5	5	5	**5**	5	**5**	5	5

物理・化学

問16	問17	問18	問19	問20	問21	問22	問23	問24	問25
1	**1**	1	1	1	1	**1**	1	1	**1**
2	2	2	2	**2**	2	2	**2**	**2**	2
3	3	**3**	**3**	3	3	3	3	3	3
4	4	4	4	4	4	4	4	4	4
5	5	5	5	5	**5**	5	5	5	5

性質・消火

問26	問27	問28	問29	問30	問31	問32	問33	問34	問35	問36	問37	問38	問39	問40	問41	問42	問43	問44	問45
1	1	1	1	1	1	1	**1**	**1**	1	**1**	1	1	1	1	1	1	1	1	**1**
2	2	**2**	2	**2**	2	2	2	2	**2**	2	2	2	2	2	**2**	2	2	2	2
3	3	3	**3**	3	3	3	3	3	3	3	**3**	3	3	3	3	**3**	3	**3**	3
4	**4**	4	4	4	4	**4**	4	4	4	4	4	**4**	4	4	4	4	**4**	4	4
5	5	5	5	5	**5**	5	5	5	5	5	5	5	**5**	**5**	5	5	5	5	5

模擬試験問題［第2回］解答一覧

合格基準：試験科目ごとの成績が、それぞれ60%以上。

法令

	問1	問2	問3	問4	問5	問6	問7	問8	問9	問10	問11	問12	問13	問14	問15
1	□	□	□	□	□	□	□	□	■	□	□	□	■	□	□
2	□	□	■	□	□	□	□	□	□	□	□	□	□	■	■
3	□	□	□	■	□	□	□	□	□	■	■	□	□	□	□
4	□	■	□	□	□	□	□	□	□	□	□	■	□	□	□
5	■	□	□	□	■	■	■	■	□	□	□	□	□	□	□

物理・化学

	問16	問17	問18	問19	問20	問21	問22	問23	問24	問25
1	□	□	□	□	□	■	□	■	□	□
2	■	□	□	□	□	□	□	□	□	□
3	□	■	□	■	□	□	□	□	□	■
4	□	□	□	□	□	□	■	□	■	□
5	□	□	■	□	■	□	□	□	□	□

性質・消火

	問26	問27	問28	問29	問30	問31	問32	問33	問34	問35	問36	問37	問38	問39	問40	問41	問42	問43	問44	問45
1	■	□	■	■	□	□	□	□	□	□	□	□	□	□	■	□	□	□	□	■
2	□	□	□	□	□	□	□	□	□	□	□	□	□	□	□	■	□	□	■	□
3	□	■	□	□	□	□	■	□	□	□	■	□	■	■	□	□	□	□	□	□
4	□	□	□	□	□	■	□	□	□	■	□	□	□	□	□	□	■	□	□	□
5	□	□	□	□	■	□	□	■	■	□	□	■	□	□	□	□	□	■	□	□

解答用紙（マーク・カード）

※この解答用紙は、実際の試験のものとは異なります。
コピーしてお使いください。

法令	問1	問2	問3	問4	問5	問6	問7	問8	問9	問10	問11	問12	問13	問14	問15
	1	1	1	1	1	1	1	1	1	1	1	1	1	1	1
	2	2	2	2	2	2	2	2	2	2	2	2	2	2	2
	3	3	3	3	3	3	3	3	3	3	3	3	3	3	3
	4	4	4	4	4	4	4	4	4	4	4	4	4	4	4
	5	5	5	5	5	5	5	5	5	5	5	5	5	5	5

(1) 必ずHB又はBの鉛筆を使用してください。また間違えたときは消しゴムできれいに消してください。

(2) マークは、上下の点を太線で濃くまっすぐ結んでください。

物理・化学	問16	問17	問18	問19	問20	問21	問22	問23	問24	問25
	1	1	1	1	1	1	1	1	1	1
	2	2	2	2	2	2	2	2	2	2
	3	3	3	3	3	3	3	3	3	3
	4	4	4	4	4	4	4	4	4	4
	5	5	5	5	5	5	5	5	5	5

性質・消火	問26	問27	問28	問29	問30	問31	問32	問33	問34	問35	問36	問37	問38	問39	問40	問41	問42	問43	問44	問45
	1	1	1	1	1	1	1	1	1	1	1	1	1	1	1	1	1	1	1	1
	2	2	2	2	2	2	2	2	2	2	2	2	2	2	2	2	2	2	2	2
	3	3	3	3	3	3	3	3	3	3	3	3	3	3	3	3	3	3	3	3
	4	4	4	4	4	4	4	4	4	4	4	4	4	4	4	4	4	4	4	4
	5	5	5	5	5	5	5	5	5	5	5	5	5	5	5	5	5	5	5	5

解答一覧は、別冊p.21～22にあります。

解答用紙（マーク・カード）

※この解答用紙は、実際の試験のものとは異なります。
コピーしてお使いください。

法令

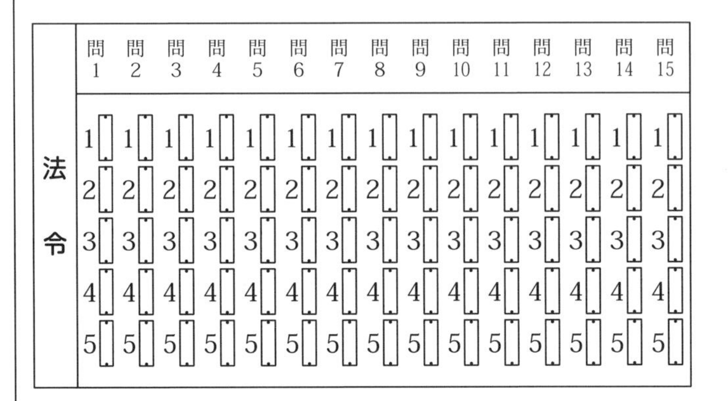

問1	問2	問3	問4	問5	問6	問7	問8	問9	問10	問11	問12	問13	問14	問15
1	1	1	1	1	1	1	1	1	1	1	1	1	1	1
2	2	2	2	2	2	2	2	2	2	2	2	2	2	2
3	3	3	3	3	3	3	3	3	3	3	3	3	3	3
4	4	4	4	4	4	4	4	4	4	4	4	4	4	4
5	5	5	5	5	5	5	5	5	5	5	5	5	5	5

【記入例】

物理・化学

問16	問17	問18	問19	問20	問21	問22	問23	問24	問25
1	1	1	1	1	1	1	1	1	1
2	2	2	2	2	2	2	2	2	2
3	3	3	3	3	3	3	3	3	3
4	4	4	4	4	4	4	4	4	4
5	5	5	5	5	5	5	5	5	5

(1) 必ずHB又はBの鉛筆を使用してください。また間違えたときは消しゴムできれいに消してください。

(2) マークは、上下の点を太線で濃くまっすぐ結んでください。

性質・消火

問26	問27	問28	問29	問30	問31	問32	問33	問34	問35	問36	問37	問38	問39	問40	問41	問42	問43	問44	問45
1	1	1	1	1	1	1	1	1	1	1	1	1	1	1	1	1	1	1	1
2	2	2	2	2	2	2	2	2	2	2	2	2	2	2	2	2	2	2	2
3	3	3	3	3	3	3	3	3	3	3	3	3	3	3	3	3	3	3	3
4	4	4	4	4	4	4	4	4	4	4	4	4	4	4	4	4	4	4	4
5	5	5	5	5	5	5	5	5	5	5	5	5	5	5	5	5	5	5	5

解答一覧は、別冊p.21～22にあります。

※矢印の方向に引くと解答・解説が取り外せます。